焊接工艺

HAN JIE GONG YI

主　编◎杨　双　刘智海

副主编◎曾　武

参编人◎李显其　李　昕　刘国刚　王检辉

经济管理出版社

ECONOMY & MANAGEMENT PUBLISHING HOUSE

图书在版编目（CIP）数据

焊接工艺/杨双，刘智海主编. —北京：经济管理出版社，2015.6
ISBN 978-7-5096-3754-8

Ⅰ. ①焊…　Ⅱ. ①杨… ②刘…　Ⅲ. ①焊接工艺—中等专业学校—教材　Ⅳ. ①TG44

中国版本图书馆 CIP 数据核字（2015）第 088773 号

组稿编辑：杨国强
责任编辑：杨国强　张瑞军
责任印制：黄章平
责任校对：张　青

出版发行：经济管理出版社
　　　　　（北京市海淀区北蜂窝 8 号中雅大厦 A 座 11 层　100038）
网　　址：www. E-mp. com. cn
电　　话：(010) 51915602
印　　刷：三河市延风印装有限公司
经　　销：新华书店
开　　本：787mm×1092mm/16
印　　张：18.75
字　　数：411 千字
版　　次：2015 年 9 月第 1 版　2015 年 9 月第 1 次印刷
书　　号：ISBN 978-7-5096-3754-8
定　　价：36.00 元

前　言

根据《中共中央办公厅国务院办公厅印发〈关于进一步加强高技能人才工作的意见〉的通知》（中发办［2006］15号）和《人力资源和社会保障部办公厅关于印发技工院校一体化课程教学改革试点工作方案的通知》（人社厅［2009］86号）的精神，为了进一步深化技工院校教学改革，加快技能人才培养，推动技工教育可持续发展，我们根据人力资源和社会保障部颁发的《一体化课程标准》编写了本书。

本书以焊接工艺为主，把安全生产、焊接设备、焊接工艺以及其他专业基础金属材料学等以点带面有机地结合起来。本书作为一体化课程教材，避免了传统专业课教学中存在理论和实训脱节的缺点，更加突出以国家职业标准为依据，以综合职业能力培养为目标，以典型工作任务为载体，以学生为中心，根据典型工作任务和工作过程设计课程体系和内容，按照工作过程的顺序和学生自主学习的要求进行教学设计并安排教学活动，实现理论教学与实训教学融通合一、能力培养与工作岗位对接合一。

本教材适用于参加技能鉴定的在校学生及企业培训的技术工人。

教材编写的基本思路：以任务驱动教学法为主导，结合直观教学法、现场教学法等手段，以安全生产、焊接设备、焊接工艺为重点，熟练掌握焊接加工的基本工序，模拟工厂情境，培养学生养成文明生产、安全生产的良好习惯，加强6S现场管理，使学生在学校学习期间就能感受到将来的工厂环境，实现学校与工厂的无缝对接。

参加本书编写工作的人员：长沙市望城区职业中等专业学校杨双、刘智海主编，长沙市望城区职业中等专业学校曾武副主编，长沙市望城区职业中等专业学校李显其、李昕、刘国刚和中联重科焊接工程师王检辉参编。

由于我们水平有限，对一体化教学的理解还很粗浅，书中缺点和错误一定不少，我们恳请读者批评指正。

编　者
2015 年 6 月

目 录

项目一　板对接焊 ………………………………………………………… 001

　　任务 1　平敷焊操作 ……………………………………………… 003
　　任务 2　薄板对接平焊 …………………………………………… 058
　　任务 3　V 形坡口板对接平焊单面焊双面成型 ………………… 076
　　任务 4　V 形坡口板对接横焊单面焊双面成型 ………………… 100
　　任务 5　V 形坡口板对接立焊单面焊双面成型 ………………… 145

项目二　管对焊接 ………………………………………………………… 189

　　任务 1　钢管 V 形坡口对接水平转动焊 ………………………… 191
　　任务 2　钢管 V 形坡口对接水平固定焊 ………………………… 206

项目三　管板焊接 ………………………………………………………… 243

　　任务 1　插入式水平固定焊 ……………………………………… 245
　　任务 2　管板骑坐式水平固定焊 ………………………………… 260

项目一　板对接焊

【项目引入】

本项目包含了平敷焊操作、手工钨极氩弧焊平位薄板 I 形坡口对接操作、V 形坡口板对接平焊单面焊双面成型、V 形坡口板对接横焊单面焊双面成型、V 形坡口板对接立焊单面焊双面成型五个任务，按照由简单到复杂、由单一到综合的认知规律、技能形成规律编排教学内容。让学生在学习过程中，经历一系列焊接任务的完整过程，并在不同学习情境的学习过程中，反复强化学生的工作能力。

【项目目标】

知识目标

（1）掌握焊接工艺基础知识，了解平敷焊、手工钨极氩弧焊平位薄板 I 形坡口对接焊基本知识；V 形坡口板对接平焊、横焊、立焊单面焊双面成型操作的基本知识。

（2）了解平敷焊、手工钨极氩弧焊平位薄板焊及平焊、横焊、立焊位置 V 形坡口板对接焊单面焊双面成型的焊接参数选择方法。

（3）掌握焊接的安全知识，做到安全文明生产。

技能目标

（1）掌握平敷焊、手工钨极氩弧焊平位薄板焊、V 形坡口对接平焊、横焊、立焊位置单面焊双面成型的操作过程、操作技巧。

（2）培养学生自我分析焊接质量的能力，使学生通过学习能预防和解决焊接过程出现的质量问题。

素质目标

（1）养成遵纪、守法、依规、文明的行为习惯。

（2）具有良好的道德品质、职业素养、竞争和创新意识。

（3）具有爱岗敬业、能吃苦耐劳、高度责任心和良好的团队合作精神。

（4）严格执行焊接各项安全操作规程和实施防护措施，保证安全生产，避免发生事故。

任务 1 平敷焊操作

【任务描述】

  本任务包含平敷焊之焊条电弧焊及平敷焊之氩弧焊两个学习情境。平敷焊操作是在平敷焊位置的焊件上堆敷焊道的一种操作方法。平敷焊操作是焊接操作的入门知识，原因在于其在操作过程中所涉及的操作步骤与其他位置焊基本是一致的，并且通过平敷焊操作的练习，既可以让学生从整体上对焊条电弧焊、氩弧焊有所了解，又可以提高焊接操作的规范性、稳定性，为进行其他位置焊课题做准备。因此进行平敷焊操作对于焊接初学者是十分重要的。

情境一　平敷焊操作之焊条电弧焊

【资讯】

1. 本课程学习任务

（1）掌握焊接工艺的基础知识。

（2）掌握焊条电弧焊焊接设备的使用方法及焊接工艺参数的选用和使用原则。

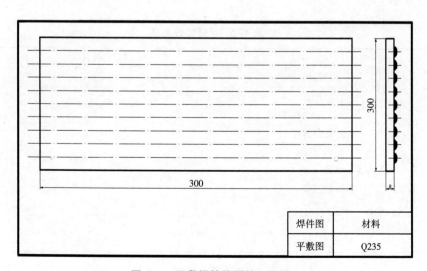

图 1-1　平敷焊技能训练工作图

注：技术要求：①焊缝宽度 $C = 8_0^{+2}$，焊缝高度 $H = 3_{-1}^0$；②焊缝基本保证平直。

（3）掌握焊条电弧焊平敷焊的操作要领。

（4）了解焊条电弧焊焊接设备的维护和保养知识及安全用电常识。

（5）能够使用焊缝检测尺测量焊缝尺寸。

2. 任务步骤

（1）焊机、工件、焊接材料准备。

（2）平敷焊示范、操作。

（3）焊缝检查。

3. 工具、设备、材料准备

（1）焊件清理：Q235 钢板，规格：100mm×300mm×8mm。

（2）焊接设备：BX3-300 型或 ZX5-500 型手弧焊机。

（3）焊条：E4303 型或 E5015 型，直径为 3.2mm、4.0mm。焊条烘干 150~200℃，并恒温 2h，随用随取。

（4）劳动保护用品：焊帽、手套、工作服、工作帽、绝缘鞋、白光眼镜。

（5）辅助工具：锉刀、刨锤、钢丝刷、角磨机、焊条保温筒、焊缝检验尺。

（6）确定焊接工艺参数，如表 1-1 所示。

表 1-1　平敷焊焊接工艺参数参考

焊条型号	焊条直径/mm	焊接电流/A	焊接电压/V
E4303	3.2	90~110	22~26
	4.0	130~160	22~24

【计划与决策】

经过对工作任务相关的各种信息分析，制订并经集体讨论确定如下平敷焊方案，如表 1-2 所示。

表 1-2　平敷焊方案

序号	实施步骤		工具设备材料	工时
1	平敷焊前准备	工件除锈并画线	钢丝刷、划针	1
		焊条准备	焊条、烘箱	
		焊机安全检查	电焊机	
2	示范与操作	示范讲解	焊帽、手套、工作服、工作帽、绝缘鞋、刨锤、钢丝刷等	12
		引弧		
		运条		
		焊缝连接		
		焊缝收尾		
3	焊缝检查过程评价	焊缝外观检查	焊缝检测尺	2
		焊缝检测尺检测		

【实施】

平敷焊概念

一、平敷焊的特点

平敷焊是焊件处于水平位置时，在焊件上堆敷焊道的一种操作方法。在选定焊接工艺参数和操作方法的基础上，利用电弧电压、焊接速度，达到控制熔池温度、熔池形状来完成焊接焊缝。如图 1-2 所示。

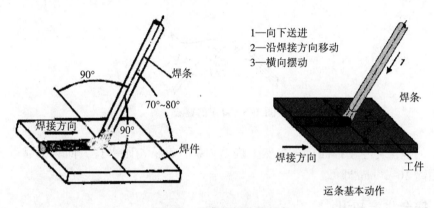

1—向下送进
2—沿焊接方向移动
3—横向摆动

焊条

焊条

焊接方向

焊件

焊接方向

工件

运条基本动作

图 1-2　平敷焊操作及运条

二、基本操作姿势

焊接基本操作姿势有蹲姿、坐姿、站姿，如图 1-3 所示。

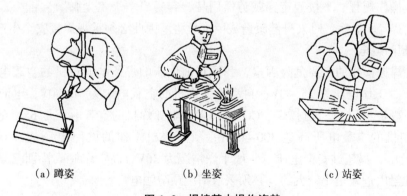

（a）蹲姿　　　　　　（b）坐姿　　　　　　（c）站姿

图 1-3　焊接基本操作姿势

焊钳与焊条的夹角如图 1-4 所示。

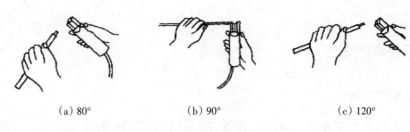

(a) 80°　　　　　　　(b) 90°　　　　　　　(c) 120°

图 1-4　焊钳与焊条的夹角

辅助姿势，焊钳的握法如图 1-5 所示。

图 1-5　焊钳的握法

面罩的握法为左手握面罩，自然上提至内护目镜框与眼平行，向脸部靠近，面罩与鼻尖距离 10~20mm 即可。

🖑 安全生产知识

一、认识焊接安全生产的重要性

（一）焊接劳动保护和安全检查

焊工在焊接过程中会受到一些有害气体、金属蒸气和烟尘、电弧光的辐射、放射性物质、高频磁场、焊接热源（电弧、气体火焰）高温等职业危害的伤害，如果焊工不遵守安全操作规程、不按规定穿戴劳保用品，容易患"焊工尘肺"、"锰中毒"、"神经系统疾病"等职业病。对人身健康造成巨大危害。因此必须重视焊接安全生产。

（二）预防触电

触电是焊接操作的主要危险因素，我国目前生产的焊条电弧焊机的空载电压限制在 90V 以下，工作电压为 25~40V；自动电弧焊机的空载电压为 70~90V；电渣焊机的空载电压一般是 40~65V；氩弧焊、CO_2 气体保护电弧焊机的空载电压是 65V 左右；等离子弧切割机的空载电压高达 300~450V；所有焊机工作的网路电压为 380~220V，50Hz 的交流电，都超过安全电压（一般干燥情况为 36V、高空作业或特别潮湿场所为 12V），因此触电危险是比较大的，必须采取措施预防触电。

二、焊接劳动保护

焊接劳动保护是指为保障焊工在焊接生产过程中的安全和健康所采取的措施。焊接劳动保护应贯穿于整个焊接过程中。加强焊接劳动保护的措施主要从两方面控制：

一是从采用和研究安全卫生性能好的焊接技术及提高焊接机械化、自动化程度方面着手；二是加强焊工的个人防护。

推荐选用的安全卫生性能好的焊接技术措施如表 1-3 所示。

表 1-3 安全卫生性能好的焊接技术措施

目 的	措 施
全面改善安全卫生条件	①提高焊接机械化、自动化水平 ②对重复性生产的产品，设计程控焊接生产线 ③采用各种焊接机械手和机器人
取代手工焊，以消除焊工触电的危险和电焊烟尘危害	①优先选用安全卫生性能好的埋弧焊等自动焊方法 ②对适宜的焊接结构采用高效焊接方法 ③选用电渣焊
避免焊工进入狭窄空间焊接，以减少焊工触电和电焊烟尘对焊工的危害	①对薄板和中厚板的封闭和半封闭结构，应优先采取利用各类衬垫的埋弧焊单面焊双面成型工艺 ②创造条件，采用平焊工艺 ③管道接头，采用单面焊双面成型工艺
避免焊条电弧焊触电	每台焊机应安装防电击装置
降低氩弧焊的臭氧发生量	在氩气中加入 0.3% 的一氧化碳，可使臭氧发生量降低90%
降低等离子切割的烟尘和有害气体	①采用水槽式等离子切割工作台 ②采用水弧等离子切割工艺
降低电焊烟尘	①采用发尘量较低的焊条 ②采用发尘量较低的焊丝

（一）职业性有害因素的种类

1. 弧光辐射

焊接过程中会产生强烈的弧光，弧光由紫外线、红外线和可见光组成。弧光辐射包括可见光、红外线和紫外线。过强的可见光耀眼眩目；红外线会引起眼部强烈的灼伤和灼痛，发生闪光幻觉；紫外线对眼睛和皮肤有较大的刺激性，引起电光性眼炎。在各种明弧焊、保护不好的埋弧焊等都会形成弧光辐射。弧光辐射的强度与焊接方法、工艺参数及保护方法等有关，CO_2 焊弧光辐射的强度是焊条电弧焊的 2~3 倍，氩弧焊是焊条电弧焊的 5~10 倍，而等离子弧焊割比氩弧焊更强烈。为了防护弧光辐射，必须根据焊接电流来选择面罩中的电焊防护玻璃。

玻璃镜片遮光号的选用如表 1-4 所示。

表 1-4 玻璃镜片遮光号的选用

焊接、切割方法	镜片遮光号			
	焊接电流（A）			
	≤30	30~75	75~200	200~400
电弧焊	5~6	7~8	8~10	11~12
碳弧气刨			10~11	12~14
焊接辅助工	3~4			

经验点滴：

防护电弧光辐射应采取下列措施：

（1）焊工必须使用有电焊防护玻璃的面罩。

（2）面罩应该轻便、成型合适、耐热、不导电、不导热、不漏光。

（3）焊工工作时，应穿白色帆布工作服，防止弧光灼伤皮肤。

（4）操作引弧时，焊工应该注意周围工人，以免强烈弧光伤害他人眼睛。

（5）在厂房内和人多的区域进行焊接时，尽可能地使用屏风板，避免周围人受弧光伤害。

（6）重力焊或装配定位焊时，要特别注意弧光的伤害，因此要求焊工或装配工应戴防光眼镜。

2. 有毒气体

用碱性焊条焊接时，药皮中的萤石在高温下会产生氟化氢气体。气焊有色金属时有时也会产生铅、锌等有毒气体。

3. 有害气体

在各种熔焊过程中，焊接区都会产生或多或少的有害气体。特别是电弧焊中在焊接电弧的高温和强烈的紫外线作用下，产生有害气体的程度尤甚。所产生的有害气体主要有臭氧、氮氧化物、一氧化碳和氟化氢等。这些有害气体被吸入体内，会引起中毒，影响焊工健康。

排出烟尘和有害气体的有效措施是加强通风和加强个人防护，如戴防尘口罩、防毒面罩等。

烟尘、毒气防治方法

焊工长期呼吸这些烟尘和气体，对身体健康是不利的，因此应采取下列措施。

（1）焊接场地应有良好的通风，焊接区的通风是排除烟尘和有毒气体的有效措施，通风防护分为自然通风和机械通风（固定式、移动式、多投式、随机式、强力小风机、气力引射器、低电压风机）。通风的方式有以下几种：

1）全面机械通风。在焊接车间内安装数台轴流式风机向外排风，使车间内经常更换新鲜空气。

2）局部机械通风。在焊接工位安装小型通风机械，进行送风或排气。

3）充分利用自然通风。正确调节车间的侧窗和天窗，加强自然通风。

（2）在容器内或双层底舱等狭小的地方焊接时，应注意通风排气工作。通风应用压缩空气、严禁使用氧气。

（3）合理组织劳动布局，避免多名焊工拥挤在一起操作。

（4）尽量扩大埋弧自动焊的适用范围，以代替手工电弧焊。

（5）个人防护：防护口罩、送风防护头盔、送风封闭头盔、送风口罩、分子筛除臭氧口罩、改善焊接工艺和改进焊接材料。

（二）职业性有害因素对人体的伤害

（1）焊工尘肺。焊工尘肺是指焊工长期吸入超过规定浓度的烟尘或粉尘所引起的肺组织纤维化的病症，是焊工易患的一种职业病。

（2）眼睛和皮肤的伤害。弧光中的紫外线可造成对人眼睛的伤害，引起畏光、眼睛流泪、剧痛等症状，重者可导致电光性眼炎。紫外线还能烧伤皮肤。眼睛受到强红外线的辐射，时间过长会引起白内障。

（3）噪声性耳聋。长期接触噪声可引起噪声性耳聋以及对神经、血光系统的危害等。

三、劳动保护用品

（一）劳动保护用品种类及使用要求

（1）工作服。焊接工作服的种类很多，最常见的是棉白帆布工作服。白色对弧光有反射作用，棉帆布有隔热、耐磨、不易燃烧可防止烧伤和烫伤等作用。焊接与切割作业的工作服，不能用一般合成纤维织物制作。

（2）焊工防护鞋。焊工防护鞋应具有绝缘、抗热、不易燃、耐磨损和防滑的性能，焊工防护鞋的橡胶鞋底，经过电压 5000V 耐压试验，合格（不击穿）后方能使用。如在易燃易爆场合焊接时，鞋底不应有鞋钉，以免产生摩擦火星。在有积水的地面焊接切割时，焊工应穿用经 6000V 耐压试验合格的防水橡胶鞋。

（3）耳塞、耳罩和防噪声盔。国家标准规定工作企业噪声不应超过 85dB，最高不能超过 90dB。为了消除和降低噪声，经常采取隔声、消声、减震等一系列噪声控制技术。当仍不能把噪声降低到允许标准下时，则应采用耳塞、耳罩或防噪声盔等个人噪声防护用品。

（二）劳动保护用品的正确使用

（1）正确穿戴工作服。穿着工作服时要把衣领和袖子扣好，上衣不应系在工作裤里边，工作服不应有破损、空洞和缝隙，不允许粘有油脂，或穿着潮湿的工作服。

（2）使用耳罩时，应先检查外壳有无裂纹和漏气，使用时务必使耳罩软垫圈与周围皮肤贴合。

（三）电光性眼炎可到医院就医治疗也可用以下方法治疗

（1）奶汁滴治法。用奶汁滴眼连续 4~5 次。

（2）凉物敷盖法。用黄瓜片、豆腐片盖眼。

（3）凉水浸敷法。眼睛浸入凉水中睁开几次。

（4）火烤治愈法。到无烟的火源旁烤一会。

四、焊接安全检查

（一）焊接场地设备及工具、夹具的安全检查

1. 焊接场地检查的必要性

由于焊接场地不符合安全要求造成火灾、爆炸、触电等事故时有发生，破坏性和危害性很大。要防患于未然，必须对焊接场地进行检查。

2. 焊接场地的类型

焊接作业场地一般有两类：一类是正常结构产品的焊接场地，如车间等；另一类是现场检修、抢修工作场地。

3. 焊接场地检查的内容

（1）焊接前要认真检查工作场地周围是否有易燃、易爆物品（如棉纱、油漆、汽油、煤油、木屑、乙炔发生器等），如有易燃、易爆物，应将这些物品搬离焊接工作点5米以外。

（2）检查焊接场地是否保持必要的通道，且车辆通道宽度不小于3米；人行通道不小于1.5米。

（3）检查焊工作业面积是否足够，焊工作业面积不应小于4平方米；地面应干燥；工作场地要有良好的自然采光或局部照明，以保证工作面照度达50~100Lx。

（4）检查焊割场地周围10米范围内，可燃易爆物品是否清除干净。如不能清除干净，应采取可靠的安全措施如用水喷湿或用防火盖板、湿麻袋、石棉布等覆盖。放在焊割场地附近的可燃材料需预先采取安全措施以隔绝火星。

（5）在高空作业时更应注意防止金属火花飞溅而引起的火灾。

（6）严禁在有压力的容器和管道上进行焊接。

（7）焊补储存过易燃物的容器（如汽油箱等）时，焊前必须将容器内的介质放净，并用碱水清洗内壁，再用压缩空气吹干，应将所有孔盖完全打开，确认安全可靠，方可焊接。

（8）在进入容器内工作时，焊、割炬应随焊工同时进出，严禁将焊、割炬放在容器内而焊工擅自离去，以防混合气体燃烧和爆炸。

（9）焊条头及焊后的焊件不能随便乱扔，要妥善管理，更不能扔在易燃、易爆物品的附近，以免发生火灾。

（10）每天下班时应检查工作场地附近是否有引起火灾的隐患，如确认安全，才可离开。

（二）工具、夹具的安全检查

1. 工具

（1）电焊钳。电焊钳的作用是用以夹持焊条和传导电流，由上钳、下钳、弯臂、弹簧、直柄、胶布手柄及固定销等组成，应检查电焊钳的导电性能，隔热性能，夹持焊条要牢固，装换焊条要方便。

电焊钳的规格有300A和500A两种。

（2）面罩和护目镜片。面罩是为防止焊接时的飞溅、弧光及其他辐射对焊工面部及颈部损伤的一种遮蔽工具，有手持和头盔式两种。

2. 辅助工具

（1）敲渣锤：是两端制成尖铲形和扁铲形的清渣工具。

（2）錾子：用于清除熔渣、飞溅物和焊瘤的工具。

（3）钢丝刷：用以清除焊件表面铁锈、污物和熔渣的工具。

（4）锉刀：用于修整焊件坡口钝边、毛刺和焊件根部的接头。

（5）烘干箱：是烘干焊条的专用设备，其温度可按需要调节。

（6）焊条保温筒：是焊工现场携带的保温容器，用于保持焊条的干燥度，可以随焊随取。

3. 焊缝万能量规

焊缝万能量规是一种精密量规，用以测量焊前焊件的坡口角度、装配间隙、错位及焊后焊缝的余高、焊缝宽度和角焊缝焊脚尺寸等。

使用焊缝万能量规时应避免磕碰划伤，保持尺面清洁，用毕放入封套内。

4. 夹具

为保证焊件尺寸，提高装配效率，防止焊接变形所采用的夹具叫焊接夹具。

（1）加紧工具：用来紧固装配零件。常用的有楔口夹板、螺旋弓形夹，带压板的楔口收紧夹等。

（2）撑具：是扩大或撑紧装配件用的一种工具。一般利用螺钉或正反螺钉达到。

🖊 电弧焊电源基本知识

一、焊条电弧焊电源的选择

不同类型的弧焊电源，其结构、电气性能和主要技术条件参数不同，在不同场合下表现出来的工艺特点和经济性是有区别的，见表 1-5。因此正确选择弧焊电源，对获得良好的焊接质量及提高焊接生产率有很大的作用。

表 1-5　交、直流弧焊电源特点比较

项目	交流	直流	项目	交流	直流
电弧的稳定性	低	高	构造与维修	较简	较复杂
磁偏吹	很小	较大	噪声	不大	较小
极性可换性	无	有	成本	低	较高
空载电压	较高	较低	供电	一般单相	一般三相
触电危险	较大	较小	重量	较轻	较重

如何选择弧焊电源，主要考虑如下几个方面。

(一) 电流类型

电弧的稳定性在采用直流电源施焊时比采用交流电源时高，但从实际的工作经验得知，在用优质焊条并以中等或大的焊接电流施焊时，用交流电源电弧同样也有足够的稳定性，能保证得到质量满意的焊接接头。这是因为在上述情况下，电极空间的电离程度得到改善，降低了电弧恢复电压的缘故。

在用小焊接电流（40~90A）焊接时，因为电极空间的电离程度很低，所以采用直流为宜，并且由于用直流焊接能通过选择正接或反接来改变电弧的热量分布，焊接薄板或有色金属采用直流电源就更为有利。

从消耗电能、设备维修等经济性方面考虑，一般交流弧焊电源比直流弧焊电源具有结构简单、制造方便、使用可靠、维修容易、效率高及成本低等一系列优点。因此，在满足技术要求的前提下应优先选用交流弧焊电源。当然，焊接电源的选择还必须依据焊条药皮的类型，结合上述的分析合理选用。

(二) 焊接电源的功率

设备的额定功率也是选择电源的一个重要方面，因为焊接工作一般是间断的，而且焊件也不固定，如果采用大功率的设备会因利用率不高而造成浪费，用过小功率的焊机，如经常过载将使设备损坏，则应该根据产品对象选用适合额定功率的焊接电源。

如在弧焊变压器上安装通风电扇，以改善焊机的散热条件时，焊机使用的焊接电流一般允许增大 20%~40%。

二、焊接电源的极性及其应用

(一) 焊接电源的极性

极性是指直流电弧焊或直流电弧切割时，焊件与电源输出端正、负极的接法。有正接和反接两种：焊件接电源正极，电极接电源负极的接线法，称正接也称为正极性；焊件接电源负极，电极接电源正极的接线法，称反接也称为反极性，如图 1-6 所示。

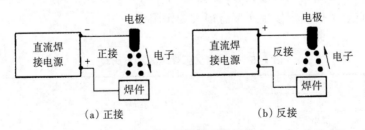

(a) 正接　　　　　　　　(b) 反接

图 1-6　焊接电弧的极性

(二) 焊接电源极性的应用

焊接时极性的选用，主要根据焊件所需的热量和焊条的性能而定。直流弧焊时，为获得较大的熔深，可采用正接，因此时焊件处于电弧的阳极区温度较高；在焊接薄板时，为了防止烧穿，可采用反接。

采用低氢型焊条焊接时，必须用反接，因为在碱性焊条药皮中，含有较多的氟石

（CaF₂），在电弧气氛中分解出电离电位较高的氟，会使电弧的稳定性大大降低；若采用正接，在熔滴向熔池过渡时，将受到由熔池方向射来的正离子流的撞击，阻碍了熔滴过渡，以致出现飞溅和电弧不稳的现象；采用反接使熔池处于阴极，则由焊条方向射来的氢正离子与熔池表面的电子中和形成氢原子，减少了氢气孔的出现。

在实际生产中，由于某些直流弧焊机使用时间已久，两次接线板上没有正负标记。在这种情况下，可通过观察电弧的形态来判断电源的正、负极。当使用碱性焊条时，如果电弧燃烧不稳定，出现爆裂声和飞溅大等现象，则表明极性是正接，与焊条要求用反接不符。如果电弧燃烧稳定，声音较平静均匀，飞溅也小，则表明是反接。

焊条基本知识

一、焊条的定义及组成

（1）定义：涂有药皮的供焊条电弧焊用的焊接材料。

（2）组成：由焊芯和药皮两部分组成。

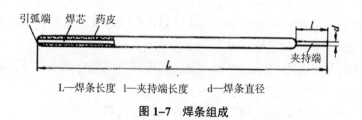

L—焊条长度　l—夹持端长度　d—焊条直径

图1-7　焊条组成

（3）电焊条（以下简称焊条）：带有涂层的供焊条电弧焊用的融化电极。

图1-8　电焊条

二、焊条的分类及其型号和牌号的编制

（一）焊条的分类

1. 按焊条的用途

（1）低碳钢和低合金高强度钢焊条（以下简称结构钢焊条）。这类焊条的熔敷金属在自然气候环境中具有一定的力学性能。

（2）钼和铬钼耐热钢焊条。这类焊条的熔敷金属具有不同程度的高温工作能力。

（3）不锈钢焊条。这类焊条的熔敷金属，在常温、高温或低温中具有不同程度的耐

表 1-6　《焊接材料产品样本》统一编号

类　别	名　称	代　号	
		字母	汉字
1	结构钢焊条	J	结
2	钼及铬钼耐热钢焊条	R	热
3	低温钢焊条	W	温
4	不锈钢焊条	G	铬
		A	奥
5	堆焊焊条	D	堆
6	铸铁焊条	Z	铸
7	镍及镍合金焊条	NI	镍
8	铜及铜合金焊条	T	铜
9	铝及铝合金焊条	L	铝
10	特殊用途焊条	TS	特殊

大气或腐蚀性介质腐蚀的能力和一定的力学性能。

（4）堆焊焊条。这类焊条为用于金属表面层堆焊的焊条，其熔敷金属在常温或高温中具有一定程度的耐不同类型磨耗或腐蚀等性能。

（5）低温钢焊条。这类焊条的熔敷金属，在不同的低温介质条件下，具有一定的低温工作能力。

（6）铸铁焊条。这类焊条是指专用作补焊或焊接铸铁用的焊条。

（7）镍及镍合金焊条。这类焊条用于镍及镍合金的焊接、补焊或堆焊。某些焊条可用于铸铁补焊、异种金属的焊接。

（8）铜及铜合金焊条。这类焊条用于铜及铜合金的焊接、补焊或堆焊。某些焊条可用于铸铁补焊、异种金属的焊接。

（9）铝及铝合金焊条。这类焊条用于铝及铝合金的焊接、补焊或堆焊。

（10）特殊用途焊条。用于水下焊接、切割以及管状焊条、高硫堆焊焊条、铁锰铝焊条等。

目前已制定为国家标准的焊条有 GB/T 5117—1995《碳钢焊条》、GB/T 5118—1995《低合金钢焊条》、GB/T 983—1995《不锈钢焊条》、GB/T 984—2001《堆焊焊条》、GB/T10044—2006《铸铁焊条及焊丝》、GB/T 13814—2008《镍及镍合金焊条》、GB/T 3670—1995《铜及铜合金焊条》、GB/T 3669—2001《铝及铝合金焊条》等。

在以上焊条的国家标准中，规定了各类焊条的分类型号和基本要求。

2. 按焊条药皮熔化后的熔渣特性

（1）酸性焊条，其熔渣的成分主要是酸性氧化物（如 SiO_2、TiO_2、Fe_2O_3）及其他在焊接时易放出氧的物质，药皮里的造气剂为有机物，焊接时产生保护气体。

此类焊条药皮里有各种氧化物，具有较强的氧化性，促使合金元素的氧化；同时，电弧里的氧电离后形成负离子，与氢离子有很大的亲和力，生成氢氧根离子（OH），从而防止了氢离子溶入熔化的金属里，所以这类焊条对铁锈不敏感，焊缝很少产生由氢引起的气孔；酸性熔渣主要靠扩散方式脱氧，故脱氧不完全；同时它不能有效地清除焊缝里的硫磷等杂质，故焊缝金属的冲击韧度较低。这类焊条一般只宜用在焊接低碳钢和不太重要的钢结构中，但是，这类焊条也在不断地发展和改善，如 E4303（J422）、E5515–B2–VNb（R332）等焊条，也可用于相应钢种的较重要结构的焊接。

（2）碱性焊条，其熔渣的成分主要是碱性氧化物（如大理石、氟石等），并含有较多的铁合金作为脱氧剂和合金剂。焊接时由大理石（$CaCO_3$）分解产生的二氧化碳作为保护气体。由于焊接时放出的氧少，合金元素很少氧化，焊缝金属合金化的效果较好。这类焊条的抗裂性很好。但由于电弧中含氧量较低，如遇焊件或焊条存在铁锈和水分等，就容易出现氢气孔。为防止氢气孔的产生，在药皮里加入一定量的氟石（CaF_2），在焊接过程中，与氢化合生成氟化氢（HF），从而排除了氢。但是氟石的存在，不利于电弧的稳定，必须采用直流反接进行焊接。若在药皮中加入稳定电弧的组成物碳酸钾、碳酸钠等，便可使用交流电源，如 E4316、E5016 等焊条。

碱性熔渣的脱氧较完全，但又能有效地清除焊缝中的硫。焊缝中合金元素的烧损较少，故能有效地进行合金化，所以焊缝金属的力学性能良好。主要用于合金钢和重要碳钢结构的焊接。

表 1–7 酸、碱性焊条的分类

酸性焊条	碱性焊条
熔渣的成分为酸性氧化物	熔渣的成分为碱性氧化物和氟化钙
对水、铁锈敏感性不大	对水、铁锈敏感性不大
电弧稳定，交直流两用	直流反接，加稳弧剂可交直流两用
焊接电流较大	同比小 10%左右
可长弧操作	必须短弧操作
合金元素过渡效果差	合金元素过渡效果好
熔深较浅，焊缝成型较好	熔深较深，焊缝成型一般
熔渣呈玻璃状，脱渣较方便	熔渣呈结晶状，脱渣不及酸性焊条
焊缝含硫和扩散氢含量较高	脱氧、硫、磷能力强
焊缝的常、低温冲击韧度一般	焊缝的常、低温冲击韧度较高
焊缝的抗裂性较差	焊缝的抗裂性较好
焊缝的含氢量较高，影响塑性	焊缝的含氢量低
焊接时烟尘较少	焊接时烟尘较多
适用于一般低碳钢和强度等级较低的普通低合金结构的焊接	适用于合金钢和重要碳钢结构的焊接

（二）焊条型号的编制方法

（1）根据 GB/T5117—1995《碳钢焊条》标准中的规定，碳钢焊条型号的表示方法为：

E×$_1$×$_2$×$_3$×$_4$

其中：E——电焊条。

×$_1$×$_2$——熔敷金属抗拉强度的最小值。

×₃——焊条适用的位置，"0"和"1"表示焊条适用于全位置焊接，即平、立、横、仰焊皆可；"2"表示焊条适用于平焊及平角焊；"4"表示焊条适用于立同下焊。

×₃×₄的组合——焊条药皮类型及电流种类，如表 1-8 所示。

在×₄后面有时附加"R"表示耐吸潮焊条；附加"M"表示耐吸潮和力学性能有特殊规定的焊条；附加"-1"表示冲击韧度有特殊规定的焊条。

表 1-8　碳钢焊条型号中×₃×₄的含义

焊条型号	第三位数字代表的焊接位置	第三和第四位数字组合代表的	
		涂层类型	焊接电源种类
E××00	各种位置 （平、立、横、仰）	特殊型	交流或直流正、反接
E××01		钛铁矿型	
E××03		钛钙型	
E××10		高纤维素钠型	直流反接
E××11		高纤维素钾型	交流或直流反接
E××12	各种位置 （平、立、横、仰）	高钛钠型	交流或直流正接
E××13		高钛钾型	交流或直流正、反接
E××14		铁粉钛型	交流或直流正、反接
E××15	各种位置 （平、立、横、仰）	低氢钠型	直流反接
E××16		低氢钾型	交流或直流反接
E××18		铁粉低氢型	
E××20	平角焊	氧化铁型	交流或直流正接
E××22	平		交流或直流正、反接
E××23	平、平角焊	铁粉钛钙型	交流或直流正、反接
E××24		铁粉钛型	
E××27		铁粉氧化铁性	交流或直流正接
E××28		铁粉低氢型	交流或直流反接
E××48	平、立、仰、立向下	铁粉低氢型	交流或直流反接

焊条型号示例：

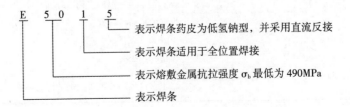

（2）根据 GB/T 5118—1995《低合金钢焊条》标准中的规定，低合金钢焊条型号编制方法与碳钢焊条相同，只是在四位数字后添加了后缀字母和附加化学成分记号。其型号表示方法为：

E×₁×₂×₃×₄－×₅－×₆

与碳钢焊条型号表示内容的区别为：

1）前两位数字 $\times_1\times_2$，表示焊条系列有 50、55、60、70、75、85 共 6 种，分别表示熔敷金属抗拉强度的最小值为 490MPa（50kgf/mm²）、540MPa（55kgf/mm²）、590MPa（60kgf/mm²）、690MPa（70kgf/mm²）、740MPa（75kgf/mm²）和 830MPa（85kgf/mm²）。

2）$\times_5$ 为后缀字母，表示熔敷金属的化学成分分类代号。A1 表示碳钼钢焊条；B1、B2、B3、B4、B5 表示铬钼钢焊条；D1、D2、D3 表示锰钼钢焊条；G、M、M1、W 表示其他合金钢焊条。

3）$\times_6$ 为附加的化学元素符号，如不具有附加化学成分时，该项省略。

4）对于 E50×x-x、E55××-×、E60××-× 型低氢焊条的熔敷金属化学成分分类后缀字母，或附加化学成分后面加字母"R"时，表示耐吸潮焊条。

焊条型号示例：

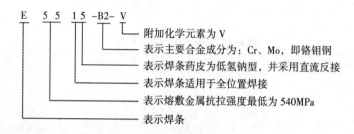

（3）根据 GB/T 983—1995《不锈钢焊条》标准中的规定，不锈钢焊条型号的表示方法为：

E $\times_1\times_2\times_3\times_4$-$\times_5\times_6$

其中：E——焊条。

$\times_1\times_2\times_3$——熔敷金属化学成分分类代号。

$\times_4$——用符号表示熔敷金属中含有一种或多种具有特殊要求的化学元素，如果没有，该项省略。

$\times_5\times_6$——药皮类型、焊接位置与焊接电源种类，如表 1-9 所示。

表 1-9　不锈钢型号中 $\times_5\times_6$ 的含义

$\times_5\times_6$ 代号	焊接电源	焊接位置	药皮类型
15	直流反接	全位置	碱性药皮
25		平焊、横焊	
16	交流或直流反接	全位置	碱性或其他类型药皮
17			
26		平焊、横焊	

在 $\times_3$ 后面或 $\times_4$ 后面有时附加字母 L、H 或 R，分别表示含碳量较低或较高或含硫、磷、硅量较低。

焊条型号示例：

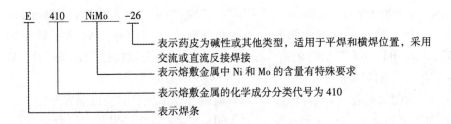

（4）根据 GB/T 10044—2006《铸铁焊条及焊丝》标准的规定，铸铁焊条型号由字母"E"和"Z"组成，"E"表示焊条，"Z"表示用于铸铁焊接；在"EZ"之后用熔敷金属的主要成分的元素符号或金属类型代号表示，如表 1-10 所示。

表 1-10　铸铁焊条型号分类

类　别	焊条型号	名　称
铁基焊条	EZC	灰铸铁焊条
	EZCQ	球墨铸铁焊条
镍基焊条	EZNi	纯镍铸铁焊条
	EZNiFe	镍铁铸铁焊条
	EZNiCu	镍铜铸铁焊条
	EZNiFeCu	镍铁铜铸铁焊条
其他焊条	EZFe	纯铁及碳钢焊条
	EZV	高钒焊条

焊条型号标记示例：

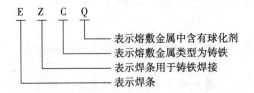

（5）根据 GB/T 984—2001《堆焊焊条》标准的规定，堆焊焊条型号的表示方法为：
$ED \times_1 \times_2 — \times_3 — \times_4 \times_5$

其中：E——焊条。

D——用于表面耐磨堆焊。

$\times_1 \times_2$——字母、元素符号表示焊条熔敷金属化学成分分类代号，如表 1-11 所示。

$\times_3$——表示在基本型号内可用数字，字母进行细分类，即细分类代号。

$\times_4 \times_5$——其数字表示药皮类型和焊接电源种类，如表 1-12 所示。

表 1-11 堆焊焊条型号分类

型号分类	熔敷金属化学成分分类	型号分类	熔敷金属化学成分分类
EDP × × - × ×	低、中合金钢	EDZ×× -××	合金铸铁
EDR × × - × ×	热强合金钢	EDZCr × × - × ×	高铬铸铁
EDCr × × - × ×	高铬钢	EDCoCr × × - × ×	钴基合金
EDMn × × - × ×	高锰钢	EDW × × - × ×	碳化钨
EDCrMn × × - × ×	高铬锰钢	EDT × × - × ×	特殊型
EDCrNi × × - × ×	高铬镍钢	EDNi × × - × ×	镍基合金
EDD × × - × ×	高速钢		

表 1-12 药皮类型和焊接电源种类

焊条型号	药皮类型	焊接电源种类
ED × × -00	特殊型	交流或直流
ED × × -03	钛钙型	
ED × × -15	低氢钠型	直流
BD × × -16	低氢钾型	交流或直流
ED × × -08	石墨型	

（6）根据 GB/T 3670—1995《铜及铜合金焊条》标准的规定，铜及铜合金焊条型号的表示方法为：

E × $×_1 ×_2$ - $×_3$

其中：E——焊条。

$×_1 ×_2$——其字母直接用元素符号表示型号分类。

$×_3$——其字母表示同一分类中有不同化学成分要求。

（7）根据 GB/T 13814—2008《镍及镍合金焊条》标准的规定，镍及镍合金焊条型号的表示方法：

ENi × $×_1 ×_2$

其中：ENi——镍及镍合金焊条。

$×_1$——焊条型号。

$×_2$——焊条型号。

（8）根据 GB/T 3669—2001《铝及铝合金焊条》标准的规定，铝及铝合金焊条型号的表示方法为：

E × × × ×

其中：E——焊条。

× × × ×——其数字表示焊芯用的铝及铝合金牌号。

（三）常用焊条牌号的编制

（1）结构钢焊条。结构钢焊条的牌号不仅包括所有的碳钢焊条，同时也包括低合金钢中的低合金高强度钢焊条。

其牌号采用如下方法表示：

$J\times_1\times_2\times_3$

其中：J——结构钢焊条，也可用"结"表示。

$\times_1\times_2$——熔敷金属抗拉强度的最小值，共9个等级，如表1-13所示。

$\times_3$——药皮的类型和焊接电源的种类，如表1-14所示。

表1-13　结构钢焊条牌号中$\times_1\times_2$代表的含义

牌号	熔附金属抗拉强度等级/MPa（kgf/mm²）	熔附金属屈服强度等级/MPa（kgf/mm²）	牌号	熔附金属抗拉强度等级/MPa（kgf/mm²）	熔附金属屈服强度等级/MPa（kgf/mm²）
J42×	420（43）	330（34）	J75×	740（75）	640（65）
J50×	490（49）	410（42）	J80×	780（80）	—
J55×	540（55）	440（45）	J85×	830（85）	740（75）
J60×	590（60）	530（54）	J90×	980（100）	—
J70×	690（70）	590（60）			

表1-14　结构钢焊条牌号中$\times_3$代表的含义

牌号	药皮类型	焊接电源种类	牌号	药皮类型	焊接电源种类
××0	不属已规定类型	不规定	××4	氧化铁型	直流或交流
××1	氧化钛型	直流或交流	××5	纤维素型	直流或交流
××2	氧化钛钙型	直流或交流	××6	低氢钾型	直流或交流
××3	钛铁矿型	直流或交流	××7	低氢钠型	直流

数字后面的字母符号表示焊条的特殊性能和用途，如表1-15所示。

表1-15　各字母符号的意义

字母符号	表示的意义	字母符号	表示的意义
D	底层焊条	R	压力容器用焊条
DF	低尘焊条	RH	高韧性超低氢焊条
Fe	铁粉焊条	SL	渗铝钢焊条
Fe13	铁粉焊条，焊条名义熔敷效率130%	X	向下立焊用焊条
Fe18	铁粉焊条，焊条名义熔敷效率180%	XG	管子用向下立焊焊条
G	高韧性焊条	Z	重力焊条
GM	盖面焊条	Z15	重力焊条，焊条名义熔敷效率150%
GR	高韧性压力容器用焊条	CuP	含Cu和P的耐大气腐蚀焊条
H	超低氢焊条	CrNi	含Cr和Ni的耐海水腐蚀焊条
LMA	低吸潮焊条		

（2）其他常用焊条的牌号编制方法。

1）耐热钢焊条牌号表示方法：

$R \times_1 \times_2 \times_3$

其中：R（或热）——耐热钢焊条。

$\times_1$——熔敷金属化学成分组成类型，如表1-16所示。

$\times_2$——同一化学成分组成类型中的不同编号。

$\times_3$——药皮类型及焊接电源种类。

表1-16 耐热钢焊条牌号中第一位数字$\times_1$的含义

$\times_1$—类别代号	ω（Cr）（%）	ω（Mo）（%）	$\times_1$—类别代号	ω（Cr）（%）	ω（Mo）（%）
1	—	≈0.5	5	≈5	≈0.5
2	≈0.5	≈0.5	6	≈7	≈1
3	≈1	≈0.5	7	≈9	≈1
4	≈2.5	≈1	8	≈11	≈1

2）低温钢焊条牌号表示方法：

$W \times_1 \times_2 \times_3$

其中：W（或"温"）——低温钢焊条。

$\times_1 \times_2$——工作温度等级，有40、70、90、10等。分别表示工作温度等级为：-40℃、-70℃、-90℃、-100℃等。

$\times_3$——药皮类型及焊接电源种类。

$\times_4$——元素符号，只在强调某元素作用时标明。

3）不锈钢焊条牌号表示方法：

$\square \times_1 \times_2 \times_3$

其中：□——铬不锈钢焊条用"G"或"铬"表示。奥氏体型不锈钢焊条用"A"或"奥"表示。

$\times_1$——熔敷金属主要化学成分组成等级。铬不锈钢焊条如表1-17所示，奥氏体型不锈钢焊条如表1-18所示。

$\times_2$——同一熔敷金属主要化学成分组成等级中的不同牌号，按0、1、2、…、9顺序排列。

$\times_3$——药皮的类型和焊接电源的种类。

表1-17 铬不锈钢焊条化学成分组成等级

牌号	熔敷金属主要化学成分（质量分数，%）
G2××	Cr≈13
G3××	Cr≈17
G4××	Cr≈25

表 1-18　奥氏体型不锈钢焊条化学成分组成等级

牌号	熔敷金属主要化学成分（质量分数，%）	牌号	熔敷金属主要化学成分（质量分数，%）
A0××	C≤0.04 Cr≈18 Ni≈8	A5××	Cr≈16 Ni≈25
A1××	Cr≈18 Ni≈8	A6××	Cr≈15 Ni≈35
A2××	Cr≈18 Ni≈12	A7××	Cr–Mn–N 不锈钢
A3××	Cr≈25 Ni≈13	A8××	Cr≈18 Ni≈18
A4××	Cr≈25 Ni≈20		

4）堆焊焊条牌号表示方法：

D×$_1$×$_2$×$_3$

其中：D——堆焊焊条，也可用"堆"表示。

×$_1$——焊条的用途，熔敷金属的主要组成类型，按 0、1、2、3、…、9 顺序编排。其中，"0"表示不规定用；"1"表示普通常温用；"2"表示普通常温用及常温高锰钢用；"3"表示刀具及工具钢用；"4"表示刀具及工具用；"5"表示阀门用；"6"表示合金铸铁型；"7"表示碳化钨型；"8"表示钴基合金；"9"表示待发展。

×$_2$——同一牌号的不同编号，按 0、1、2、…、9 顺序排列。

×$_3$——药皮类型的焊接电源种类。

5）铸铁焊条牌号表示方法：

Z×$_1$×$_2$×$_3$

其中：Z——铸铁焊条，也可用"铸"来表示。

×$_1$——熔敷金属主要化学成分组成类型，如表 1-19 所示。

×$_2$——同一熔敷金属主要化学成分组成类型中的不同编号，按 0、1、2、…、9 顺序排列。

×$_3$——药皮类型和焊接电源种类。

表 1-19　熔敷金属主要化学成分组成

牌号	焊缝金属主要化学成分组成类型	牌号	焊缝金属主要化学成分组成类型
Z1××	碳钢或高钒钢	Z5××	镍铜
Z2××	铸铁（包括球墨铸铁）	Z6××	铜铁
Z3××	纯镍	Z7××	待发展
Z4××	镍铁		

6）有色金属焊条的牌号表示方法：

如：镍（或铜、铝）及镍（或铜、铝）合金焊条分别用其元素符号字母 Ni、Cu、Al 表示，焊条牌号示例：

□×$_1$×$_2$×$_3$

其中：□——有色金属焊条，如 Ni（或 Cu、Al）。

×₁——熔敷金属化学成分组成类型。

$×_1$——熔敷金属化学成分组成类型。

$×_2$——同一熔敷金属化学成分组成类型中的不同编号。

$×_3$——药皮类型和焊接电源种类。

三、焊条的规格、检验、选用和存放

（一）焊条的规格

焊条的规格比较多，有不同的直径和长度，如表1-20所示。

表 1-20　焊条的规格

焊条直径（mm）		焊条长度（mm）	
基本尺寸	极限偏差	基本尺寸	极限偏差
1.6	±0.05	200~250	±2.0
2.0		250~350	
2.5			
3.2		350~450	
4.0			
5.0			

（二）焊条的检验

（1）焊接检验。通过焊接来检验焊条质量好坏。质量好的焊条，施焊时电弧燃烧极为稳定，焊芯和药皮熔化均匀，飞溅很少，焊缝成型好，脱渣容易。

（2）药皮强度检验。将焊条平举1m高，自由落到光滑的厚钢板上，如药皮无脱落现象，即证明药皮强度合乎质量要求。

（3）外表检验。药皮表面应光滑细腻、无气孔和机械损伤，药皮不偏心，焊芯无锈蚀现象。

（4）理化检验。当焊接重要焊件时，应对焊缝金属进行化学分析及力学性能复验，以检验焊条质量。

（5）鉴别焊条变质的方法。

1）将数根焊条放在手掌内互相滚击，如发出清脆的金属声，即为干燥的焊条；如有低沉的沙沙声，则为受潮的焊条。

2）将焊条在焊接回路中短路数秒钟。如药皮表面出现颗粒状斑点，则为受潮焊条。

3）受潮焊条的焊芯上常有锈痕。

4）对于厚药皮焊条，缓慢弯曲至120°，如有大块涂料脱落或涂料表面毫无裂纹，都为受潮焊条。干燥焊条在轻弯后，有小的脆裂声，继续弯至120°，在药皮受张力的一面有小裂口出现。

5）焊接时如药皮成块脱落，或产生大量水汽而有爆裂现象，说明是受潮的焊条。

受潮的焊条，若药皮脱落，应予报废。虽受潮但并不严重，可以待干燥后再用。一般焊条的焊芯有轻微锈点，焊接时基本也能保证质量，但对于重要工程用的低氢型焊条，生锈后则不能使用。

(三) 焊条的选用

焊条的种类很多，各有其应用范围，使用得恰当与否直接影响到焊接质量、劳动生产率和产品的成本。正确而合理地选用焊条的依据不仅有母材的力学性能、化学成分以及高温或低温性能等要求，而且还有焊件的结构形状、工作条件，以及焊接设备等。因此，必须经过综合考虑后才能做到焊条的合理选用。这里介绍在无指定工艺规程的情况下，选用焊条的一些原则。

1. 考虑母材的力学性能和化学成分

(1) 对于结构钢（低、中碳钢和低合金高强度钢等）的焊接，一般应按照母材的强度等级选择相应强度等级的焊条。则根据结构钢抗拉强度的保证值来选择抗拉强度保证值相同或稍高的焊条，以满足焊缝与母材等强度的要求。对于不要求焊缝与母材等强度的焊接接头，应选用抗拉强度较低的焊条。

(2) 对于合金结构钢和不锈钢的焊接，除去一般合金结构钢在选用焊条时仍以强度等级为依据外，其余如耐热钢以及不锈钢类材料，在选择焊条时，应从保证焊接接头的特殊性能要求出发，则要求焊缝金属的主要合金成分与母材相近或相同。

(3) 若母材含碳或硫、磷等杂质较高时，应适当考虑选用抗裂性较好的焊条。

2. 考虑焊件的工作条件和使用性能

(1) 若焊件是承受动载荷或冲击载荷的，那么对焊缝金属除了要求保证抗拉强度外，还对冲击韧度和伸长率有较高的要求，因此宜采用低氢型焊条。

(2) 对于在腐蚀介质中工作的不锈钢件或其他耐腐蚀材料，必须根据介质种类、浓度、工作温度等情况，选择相应的不锈钢焊条。

3. 考虑焊件的结构特点

(1) 对于几何形状复杂、大厚度的焊件，因其刚度大，焊缝金属在冷却收缩时拘束度较大，会产生很大的内应力，容易产生裂纹，所以必须选用抗裂性较好的焊条。

(2) 对于仰焊、立焊位置的焊缝，应选用适宜于全位置焊接的焊条，以确保产品的质量。

(3) 对于因受某种条件限制，焊件坡口无法清理或在坡口处存有油、锈、氧化皮等杂物时，可采用对铁锈、氧化皮和油脂敏感性较小的酸性焊条，以免产生气孔等缺陷。

4. 考虑焊接现场的设备情况

(1) 在没有直流焊机的情况下，不能选用仅限用直流电源的焊条，应选用适用于交流电源的焊条或交、直流两用的低氢型焊条。

(2) 对于焊前需预热或焊后热处理的焊件，可采用特殊焊条来弥补工地无加热条件的不足。如焊接 Cr5Mo 焊件，可选用 E310-16（A402）不锈钢焊条，而避免采用预热或热处理。

5. 考虑劳动条件、生产率和经济性

(1) 在酸性和碱性焊条都能满足要求的情况下，应尽量采用酸性焊条；为提高焊缝质量，可较多地采用碱性焊条，并适当注意劳动条件的改善。

（2）在满足力学性能和操作性能的前提下，适当选用效率较高的焊条。

（3）在满足性能要求的前提下，选用价格较低的焊条。

上述五个合理选用焊条要点是在选用焊条时都要考虑的基本原则，在具体选用时要全面地、综合地考虑。

（四）焊条的存放和使用前的烘干

1. 焊条的存放

焊条保管的好坏，对焊条以至焊接的质量有着很大的影响。焊条的存放应做到如下几点：

（1）各类焊条必须分类、分牌号存放，避免混乱。

（2）焊条应存放在干燥而且通风良好的仓库内，室内温度不应低于 5℃，相对湿度小于 60%。

（3）各类焊条贮存时，必须垫高 300mm 以上，同时必须堆放在离开墙壁 300mm 以外处，可防止焊条受潮变质。

2. 焊条使用前的烘干

由于药皮容易受潮，受潮后使焊条工艺性能变坏，增大飞溅，而且水分中的氢容易使焊缝产生气孔、裂纹等缺陷。碱性低氢型焊条在使用前应必须烘干，以降低焊条的含氢量。

焊条的烘焙随着品种的不同要求也不同，对结构钢来说，未受潮的酸性焊条焊前一般可以不烘焙，如果需要烘焙，含纤维素的只需 70%~80% 烘焙 0.5~1h；其他的可经 100~150℃烘焙 0.5~1h；低氢焊条焊前必须经 300~400℃烘焙 1~2h。对堆焊焊条和不锈钢焊条，酸性的需经 150℃烘焙 0.5~1h；碱性的需经 250℃烘焙 1~2h。对低温钢焊条需经 350℃烘焙 1~1.5h。对铸铁焊条，酸性的一般需经 150℃烘焙 1h；碱性的需经 300~350℃烘焙 1h。处在烘焙温度的焊条应避免突然受冷，以免药皮裂开。经烘干的碱性焊条最好放入另一个温度控制在 100~150℃的烘箱内或专用焊条保温筒内，以便随用随取，取出后放置时间不宜过长。

焊条不宜多次反复地烘焙。

焊接参数基本知识

一、焊接参数选择

（一）焊条直径与焊接电流的选择

焊条直径主要根据焊件厚度选择，如表 1-21 所示。多层焊的第一层以及非水平位置焊接时，焊条直径应选小一点。

表 1-21　焊条直径选择

焊件厚度（mm）	<2	2	3	4~6	6~12	>12
焊条直径（mm）	1.6	2	3.2	3.2~4	4~5	4~6

焊接电流的选择主要根据焊条直径选择电流，方法有两个：

（1）查表。如表 1-22 所示。

表 1-22　焊接电流选择

焊条直径（mm）	1.6	2.0	2.5	3.2	4.0	5.0	5.8
焊接电流（A）	25~40	40~60	50~80	100~130	160~210	200~270	260~300

注：立、仰、横焊电流应比平焊小 10% 左右。

（2）有近似的经验公式可供估算：

$I = (30 \sim 55)\, d$

式中，d——焊条直径，单位为 mm；

I——焊接电流，单位为 A。

焊角焊缝时，电流要稍大些。

打底焊时，特别是焊接单面焊双面成型焊道时，使用的焊接电流要小；填充焊时，通常用较大的焊接电流；盖面焊时，为防止咬边和获得较美观的焊缝，使用的电流稍小些。

碱性焊条选用的焊接电流比酸性焊条小 10% 左右。不锈钢焊条比碳钢焊条选用电流小 20% 左右。

焊接电流初步选定后，要通过试焊调整。

（二）焊接速度的选择

焊接速度是指单位时间所完成的焊缝长度。它对焊缝质量影响也很大。焊接速度由焊工凭经验掌握，在保证焊透和焊缝质量前提下，应尽量快速施焊。工件越薄，焊速应越高。图 1-9 表示焊接电流和焊接速度对焊缝形状的影响。

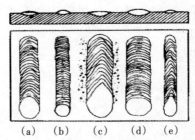

图 1-9　电流、焊速、弧长对焊缝形状的影响

（1）a 所示焊缝形状规则，焊波均匀并呈椭圆形，焊缝各部分尺寸符合要求，说明焊接电流和焊接速度选择合适。

（2）b 表示焊接电流太小，电弧不易引出，燃烧不稳定，弧声变弱，焊波呈圆形，堆高增大和熔深减小。

（3）c 所示焊接电流太大，焊接时弧声强，飞溅增多，焊条往往变得红热，焊波变尖，熔宽和熔深都增加。焊薄板时易烧穿。

（4）d 所示的焊缝焊波变圆且堆高，熔宽和熔深都增加，这表示焊接速度太慢。焊薄板时可能会烧穿。

（5）e 所示焊缝形状不规则且堆高，焊波变尖，熔宽和熔深都小，说明焊接速度过快。

掌握合适的焊接速度有两个原则：一是保证焊透；二是保证要求的焊缝尺寸。

（三）电弧长度（电弧电压）的选择

电弧电压由电弧长度决定，电弧长则电弧电压高，反之则低。焊条电弧焊时电弧长度是指焊芯熔化端到焊接熔池表面的距离，若电弧过长，电弧飘摆，燃烧不稳定，熔深减小、熔宽加大，飞溅严重、焊缝保护不好，还会使焊缝产生未焊透、咬边和气孔等缺陷。若电弧太短，熔滴过渡时可能经常发生短路，使操作困难。正常的电弧长度是小于或者等于焊条直径，即所谓短弧焊。电弧长度超过焊条直径者为长弧，反之为短弧。因此，操作时尽量采用短弧才能保证焊接质量，即弧长 L = 0.5~1d（mm），一般多为 2~4mm。

（四）焊条角度

焊接时焊条与焊件之间的夹角应为 70°~80°，并垂直于前后两个面。

二、缺陷的产生及防止

薄钢板引弧时，易出现的缺陷有烧穿、未焊透、粘条、气孔、缩孔等缺陷。

（1）烧穿：焊接时电流太大，时间太长，会烧穿。

（2）未焊透：焊接时电流太小，时间太短，会造成未焊透。

（3）粘条：焊接时电流太小，易粘条。

（4）气孔：试件上铁锈、氧化皮、油、漆等污物未清理干净；焊条没有烘干；电弧太长，都会造成气孔。

（5）缩孔：焊接时电流太大，时间太长，电弧太长，都会造成缩孔。

根据上述分析，为了防止焊接缺陷的产生，确保焊接质量，在焊前准备和焊接过程应采取相应的有效措施。防止缺陷的产生。

👆 操作说明

一、操作要点

引弧、运条及运条方法、焊道连接、收尾等。

二、焊前准备

1. 焊件

低碳钢板，100 × 300 × 8。

2. 焊条

E4303，φ3.2、φ4.0。

3. 按图画线

4. 启动焊机安全检查（Bx1-330）、调试电流（100~200A，根据电焊机、电缆电阻调节）

三、操作步骤

（一）引弧

焊条电弧焊施焊时，使焊条引燃焊接电弧的过程，称为引弧。常用的引弧方法有划擦法、直击法两种。

1. 划擦法

优点：易掌握，不受焊条端部清洁情况（有无熔渣）限制。

缺点：操作不熟练时，易损伤焊件。

操作要领：类似划火柴。先将焊条端部对准焊缝，然后将手腕扭转，使焊条在焊件表面上轻轻划擦，划的长度以 20~30mm 为佳，以减少对工件表面的损伤，然后将手腕扭平后迅速将焊条提起，使弧长约为所用焊条外径的 1.5 倍，作"预热"动作（即停留片刻），其弧长不变，预热后将电弧压短至与所用焊条直径相符。在始焊点作适量横向摆动，且在起焊处稳弧（即稍停片刻）以形成熔池后进行正常焊接，如图 1-10(a) 所示。

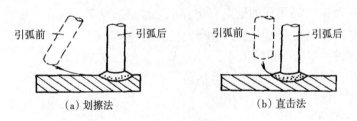

（a）划擦法　　　　　　　　　　　（b）直击法

图 1-10　引弧方法

2. 直击法

优点：直击法是一种理想的引弧方法。适用于各种位置引弧，不易碰伤工件。

缺点：受焊条端部清洁情况限制，用力过猛时药皮易大块脱落，造成暂时性偏吹，操作不熟练时易粘于工件表面。

操作要领：焊条垂直于焊件，使焊条末端对准焊缝，然后将手腕下弯，使焊条轻碰焊件，引燃后，手腕放平，迅速将焊条提起，使弧长约为焊条外径的 1.5 倍，稍作"预热"后，压低电弧，使弧长与焊条内径相等，且焊条横向摆动，待形成熔池后向前移动，如图 1-10（b）所示。

影响电弧顺利引燃的因素有工件清洁度、焊接电流、焊条质量、焊条酸碱性、操作方法等。

3. 引弧注意事项

（1）注意清理工件表面，以免影响引弧及焊缝质量。

（2）引弧前应尽量使焊条端部焊芯裸露，若不裸露可用锉刀轻锉，或轻击地面。

（3）焊条与焊件接触后提起时间应适当。

（4）引弧时，若焊条与工件出现粘连，应迅速使焊钳脱离焊条，以免烧损弧焊电源，待焊条冷却后，用手将焊条拿下。

（5）引弧前应夹持好焊条，然后使用正确操作方法进行焊接。

（6）初学引弧，要注意防止电弧光灼伤眼睛。对刚焊完的焊件和焊条头不要用手触摸，也不要乱丢，以免烫伤和引起火灾。

（二）运条

焊接过程中，焊条相对焊缝所做的各种动作的总称叫运条。在正常焊接时，焊条一般有三个基本运动相互配合，即沿焊条中心线向熔池送进、沿焊接方向移动、焊条横向摆动（平敷焊练习时焊条可不摆动），如图1-11所示。

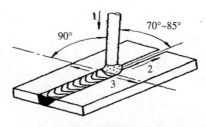

图 1-11　焊条角度与应用

1. 焊条的送进

沿焊条的中心线向熔池送进，主要用来维持所要求的电弧长度和向熔池添加填充金属。焊条送进的速度应与焊条熔化速度相适应，如果焊条送进速度比焊条熔化速度慢，电弧长度会增加；反之如果焊条送进速度太快，则电弧长度迅速缩短，使焊条与焊件接触，造成短路，从而影响焊接过程的顺利进行。

长弧焊接时所得焊缝质量较差，因为电弧易左右飘移，使电弧不稳定，电弧的热量散失，焊缝熔深变浅，又由于空气侵入易产生气孔，所以在焊接时应选用短弧。

2. 焊条纵向移动

焊条沿焊接方向移动，目的是控制焊道成型，若焊条移动速度太慢，则焊道会过高、过宽，外形不整齐，焊接薄板时甚至会发生烧穿等缺陷，如图1-12（a）所示。若焊条移动太快则焊条和焊件熔化不均造成焊道较窄，甚至发生未焊透等缺陷，如图1-12（b）所示。只有速度适中时才能焊成表面平整，焊波细致而均匀的焊缝，如图1-12（c）所示。焊条沿焊接方向移动的速度由焊接电流、焊条直径、焊件厚度、装配间隙、焊缝位置以及接头形式来决定。

3. 焊条横向摆动

焊条横向摆动，主要是为了获得一定宽度的焊缝和焊道，也是对焊件输入足够的热量、排渣、排气等。其摆动范围与焊件厚度、坡口形式、焊道层次和焊条直径有关，摆动的范围越宽，则得到的焊缝宽度也越大。

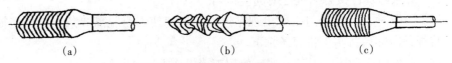

图 1-12　焊条沿焊接方向移动

　　为了控制好熔池温度，使焊缝具有一定宽度和高度及良好的熔合边缘，对焊条的摆动可采用多种方法。

　　4. 焊条角度

　　焊接时工件表面与焊条所形成的夹角称为焊条角度。焊条角度的选择应根据焊接位置、工件厚度、工作环境、熔池温度等来选择，如图 1-13 所示。

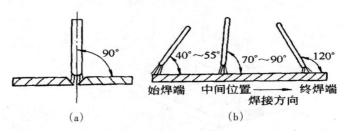

图 1-13　焊条角度

　　5. 运条时几个关键动作及作用

　　(1) 焊条角度。掌握好焊条角度是为控制铁水与熔渣很好的分离，防止熔渣超前现象和控制一定的熔深。立焊、横焊、仰焊时，还有防止铁水下坠的作用。

　　(2) 横摆动作。作用是保证两侧坡口根部与每个焊波之间相互很好地熔合及获得适量的焊缝熔深与熔宽。

　　(3) 稳弧动作（电弧在某处稍加停留之意）作用是保证坡口根部很好熔合，增加熔合面积。

　　(4) 直线动作。保证焊缝直线敷焊，并通过变化直线速度控制每道焊缝的横截面积。

　　(5) 焊条送进动作。主要是控制弧长，添加焊缝填充金属。

　　6. 运条的方法

　　在焊接实践中运条的方法很多，根据不同的焊缝位置、焊件厚度、接头形式等因素，有许多运条手法。我们暂且介绍几种常用的运条方法，如图 1-14 所示。

　　(1) 直线形运条法。焊接时，焊条不作横向摆动，仅沿焊接方向作直线移动，常用于不开坡口的对接平敷焊、多层多道焊。

　　(2) 直线往复运条法。焊接时，焊条沿焊缝的纵向作来回直线形摆动，适于薄板和接头间隙较大的焊缝。

　　(3) 锯齿形运条法。焊接时，焊条作锯齿形连续摆动且向前移动，并在两边稍作停顿。这种方法在生产中应用较广，多用于厚板的焊接。

运条方法		运条示意图	适用范围
直线形		 →→→	(1) 3~5mm 厚度，I 形坡口对接平焊 (2) 多层焊的第一层焊道 (3) 多层多道焊
直线往返形		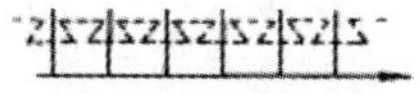	(1) 薄板焊 (2) 对接平焊（间隙较大）
锯齿形			(1) 对接接头（平焊、立焊、仰焊） (2) 角接接头（立焊）
月牙形			(1) 对接接头（平焊、立焊、仰焊） (2) 角接接头（立焊）
三角形	斜三角形		(1) 角接接头（仰焊） (2) 对接接头（开 V 形坡口横焊）
	正三角形		(1) 角接接头（立焊） (2) 对接接头
圆圈形	斜圆圈形		(1) 角接接头（平焊、仰焊） (2) 对接接头（横焊）
	正圆圈形		对接接头（厚焊件平焊）
八字形		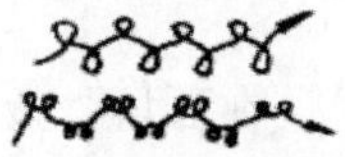	对接接头（厚焊件平焊）

图 1-14 运条方法

7. 运条时注意事项

（1）焊条运至焊缝两侧时应稍作停顿，并压低电弧。

（2）三个动作运行时要有规律，应根据焊接位置、接头形式、焊条直径与性能、焊接电流大小以及技术熟练程度等因素来掌握。

（3）对于碱性焊条应选用较短电弧进行操作。

（4）焊条在向前移动时，应达到匀速运动，不能时快时慢。

（5）运条方法的选择应在实习指导教师的指导下，根据实际情况确定。

（三）接头技术

1. 焊缝的连接方式

焊条电弧焊时，由于受到焊条长度的限制或操作姿势的变化，不可能一根焊条完成一条焊缝，因而出现了焊道前后两段的连接。焊道连接一般有以下几种方式。

（1）后焊焊缝的起头与先焊焊缝结尾相接，如图 1-15（a）所示。

（2）后焊焊缝的起头与先焊焊缝起头相接，如图 1-15（b）所示。

（3）后焊焊缝的结尾与先焊焊缝结尾相接，如图 1-15（c）所示。

（4）后焊焊缝结尾与先焊焊缝起头相接，如图 1-15（d）所示。

2. 焊道连接注意事项

（1）接头时引弧应在弧坑前 10mm 任何一个待焊面上进行，然后迅速移至弧坑处划圈进行正常焊接。

（2）接头时应对前一道焊缝端部进行认真的清理工作，必要时可对接头处进行修

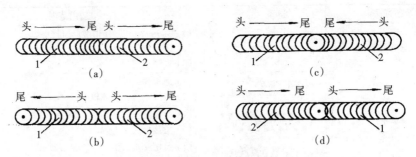

图1-15 焊缝接头的四种情况

整，这样有利于保证接头的质量。

(四) 焊缝的收尾

焊接时电弧中断和焊接结束，都会产生弧坑，常出现疏松、裂纹、气孔、夹渣等现象。为了克服弧坑缺陷，就必须采用正确的收尾方法，一般常用的收尾方法有三种。

(1) 划圈收尾法。焊条移至焊缝终点时，作圆圈运动，直到填满弧坑再拉断电弧。此法适用于厚板收尾，如图1-16 (a) 所示。

(2) 反复断弧收尾法。焊条移至焊缝终点时，在弧坑处反复熄弧，引弧数次，直到填满弧坑为止。此法一般适用于薄板和大电流焊接，不适应碱性焊条，如图1-16 (b) 所示。

(3) 回焊收尾法。焊条移至焊缝收尾处即停住，并虽改变焊条角度回焊一小段。此法适用于碱性焊条，如图1-16 (c) 所示。

收尾方法的选用还应根据实际情况来确定，可单项使用，也可多项结合使用。无论选用何种方法都必须将弧坑填满，达到无缺陷为止。

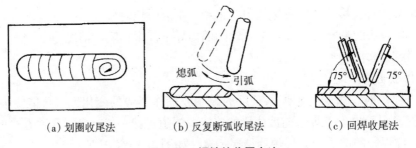

(a) 划圈收尾法　　(b) 反复断弧收尾法　　(c) 回焊收尾法

图1-16 焊缝的收尾方法

(五) 操作要领

手持面罩，看准引弧位置，用面罩挡着面部，将焊条端部对准引弧处，用划擦法或直击法引弧，迅速而适当地提起焊条，形成电弧。

1. 调试电流

(1) 飞溅。电流过大时，电弧吹力大，可看到较大颗粒的铁水向熔池外飞溅，焊接时爆裂声大；电流过小时，电弧吹力小，熔渣和铁水不易分清。

（2）焊缝成型。电流过大时，熔深大，焊缝余高低，两侧易产生咬边；电流过小时，焊缝窄而高，熔深浅，且两侧与母材金属熔合不好；电流适中时焊缝两侧与母材金属熔合得很好，呈圆滑过渡。

（3）焊条熔化状况。电流过大时，当焊条熔化了大半截时，其余部分均已发红；电流过小时，电弧燃烧不稳定，焊条易粘在焊件上。

操作要求：按指导教师示范动作进行操作，教师巡查指导，主要检查焊接电流、电弧长度、运条方法等，若出现问题，及时解决，必要时再进行个别示范。

2. 注意事项

（1）焊接时要注意对熔池的观察，熔池的亮度反映熔池的温度，熔池的大小反映焊缝的宽窄；注意对熔渣和熔化金属的分辨。

（2）焊道的起头、运条、连接和收尾的方法要正确。

（3）正确使用焊接设备，调节焊接电流。

（4）焊接的起头和连接处基本平滑，无局部过高、过宽现象，收尾处无缺陷。

（5）焊波均匀，无任何焊缝缺陷。

（6）焊后焊件无引弧痕迹。

（7）训练时注意安全，焊后工件及焊条头应妥善保管或放好，以免烫伤。

（8）为了延长弧焊电源的使用寿命，调节电流时应在空载状态下进行，调节极性时应在焊接电源未闭合状态下进行。

（9）在实习场所周围应设置有灭火器材。

（10）操作时必须穿戴好工作服、脚盖和手套等防护用品，必须戴防护遮光面罩，以防电弧灼伤眼睛，弧焊电源外壳必须有良好的接地或接零，焊钳绝缘手柄必须完整无缺。

（六）平敷焊练习要求

在试板上每道焊缝要求平行，焊缝间距 0.5~1cm，焊缝平敷焊满后，在两道焊缝之间进行模拟填充焊练习（试板两面焊缝平敷填充焊满）。

四、焊缝清理

焊缝清理主要清理焊件表面的焊接飞溅物、氧化物等。在焊接检验前，不得对焊接缺陷进行修改。焊缝应处于原始状态。清理焊件表面的焊接飞溅物、氧化物时，一定要戴好护目镜。

五、焊缝质量检验

1. 取样数量及方法

焊缝的外观应逐个检查。

2. 外观检查

（1）焊缝不得有裂缝，不得有明显引弧痕迹、气孔、咬边、夹渣等质量缺陷。

（2）焊缝平直，焊缝成型整齐、美观、均匀。

3. 焊后清理

焊接结束，关闭焊接电源，清理现场，检查安全隐患。

【检查】

（1）平敷焊完成情况检查。

（2）记录资料。

（3）文明实训。

（4）实施过程检查。

【评价】

过程性考核评价如表 1-23 所示；实训作品评价如表 1-24 所示；最后综合评价按表 1-25 执行。

表 1-23 平敷焊过程评价标准

考核项目		考核内容	配分
职业素养	安全意识	执行安全操作规程，安全操作技能，安全意识。如有违反，由考评员扣 1 分/项	10
	文明生产	做到对现场或岗位进行整理、整顿、清扫、清洁，文明生产。如不符合要求，由考评员扣 1 分/项	10
	责任心	有主人翁意识，工作认真负责，能为工作结果承担责任。如不符合要求，由考评员扣 1 分/项	10
	团队精神	有良好的合作意识，服从安排。如不符合要求，由监考员扣 1 分/项	10
	职业行为习惯	成本意识，操作细节。如不符合要求，由考评员扣 1 分/项	10
职业规范	工作前的检查	安全用电及安全防护、焊前设备检查。如不符合要求，由考评员扣 1 分/项	10
	工作前准备	场地检查、工量具齐全、摆放整齐、试件清理。如不符合要求，扣 1 分/项	10
	设备与参数的调节	参数符合要求、设备调节熟练、方法正确。如不符合要求，扣 2 分/项	10
	焊接操作	定位焊位置正确，引弧、收弧正确、操作规范；试件固定的空间位置符合要求。如不符合要求，扣 2 分/项	10
	焊后清理	关闭电源、设备维护、场地清理，符合 6S 标准。如不符合要求，由考评员扣 1 分/项	10

表 1-24 实训作品评价标准

序号	检测项目	配分	技术标准/mm
1	焊缝余高	8	允许 0.5~1.5，每超差 1 扣 4 分
2	焊缝宽度	8	允许 8~10，每超差 1 扣 4 分
3	焊缝高低差	8	允许 1，否则每超差 1 扣 4 分
4	焊缝成型	15	整齐、美观、均匀，否则每项扣 5 分
5	焊缝宽窄差	8	允许 1，每超差 1 扣 4 分
6	接头成型	6	良好，每脱节或超高每处扣 6 分
7	焊缝弯直度	8	要求平直，每弯 1 处扣 4 分

序号	检测项目	配分	技术标准/mm
8	夹渣	8	无，若有点渣每处扣4分，条渣每处扣8分
9	咬边	8	深<0.5，每长5扣4分，深>0.5，每长5扣8分
10	弧坑	4	无，若有每处扣4分
11	引弧痕迹	6	无，若有每处扣3分
12	焊件清洁	3	清洁，否则每处扣3分
13	安全文明生产	10	服从管理，文明操作，否则扣5分
14	总分	100	实训成绩

表1-25 综合评价表

学生姓名_____   学号_____

评价内容		权重（%）	自我评价	小组评价	教师评价
			占总评分（10%）	占总评分（30%）	占总评分（60%）
应知	笔试	10			
	出勤	10			
	作业	10			
应会	职业素养与职业规范	21			
	实训作品	49			
小计分					
总评分					

评价细则：综合评价表中应知部分的笔试、出勤、作业评价项及应会部分的职业素养与职业规范、实训作品评价项的各项分数按三方评价得出的分数乘以对应的权重值最后累加得出总评分。

为突出技能，分值比例为应知：应会=3：7；职业素养与职业规范：实训作品=3：7。

任务思考

1. 如何预防和解决焊接过程出现的咬边、夹杂、引弧痕迹等质量问题？

2. 如何选用焊接电源及焊条？

情境二　平敷焊操作之手工钨极氩弧焊

【资讯】

1. 本课程学习任务

（1）掌握手工钨极氩弧焊焊接工艺的基础知识；

（2）掌握手工钨极氩弧焊常见缺陷的种类、产生原因、危害和防止措施并对焊接缺陷进行返修；

（3）能编制手工钨极氩弧焊工艺规程；

（4）掌握手工钨极氩弧焊生产技术管理知识；

（5）掌握手工钨极氩弧焊平敷焊的操作要领；

（6）能够使用焊缝检测尺测量焊缝尺寸。

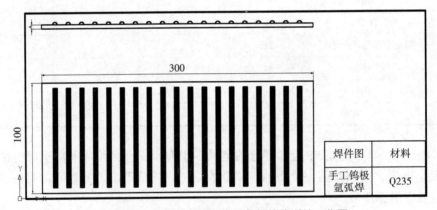

图 1-17　手工钨极氩弧焊平敷焊技能训练工作图

注：技术要求：①在 300mm×100mm×4mm 的 Q235 钢板上平敷焊；②焊道与焊道间距 15~20mm；③严格按操作规程操作。

2. 任务步骤

（1）焊前准备：焊机、工件、焊接材料准备、工艺参数选择；

（2）手工钨极氩弧焊平敷焊示范、操作；

（3）焊后清理；

（4）焊缝检查。

3. 工具、设备、材料准备

（1）焊件清理：Q235 钢板，规格：300mm×100mm×4mm，表面必须清除干净。

（2）焊接设备：

①WS-300 型钨极氩弧焊机，采用直流正接，气冷式焊炬；

护焊方法，如图 1–18 所示。通过钨极与工件之间产生电弧，利用从焊枪喷嘴中喷出的氩气流在电弧区形成严密封闭的气层，使电极和金属熔池与空气隔离，以防止空气的侵入。同时利用电弧热来熔化基本金属和填充焊丝形成熔池。液态金属熔池凝固后形成焊缝。由于氩气是一种惰性气体，不与金属起化学反应，所以能充分保护金属熔池不被氧化。同时氩气在高温时不溶于液态金属中，所以焊缝不易生成气孔。因此，氩气的保护作用是有效和可靠的，可以获得较高质量的焊缝。焊接时钨极不熔化，所以钨极氩弧焊又称为非熔化极氩弧焊。根据所采用的电源种类，钨极氩弧焊又分为直流、交流和脉冲三种。

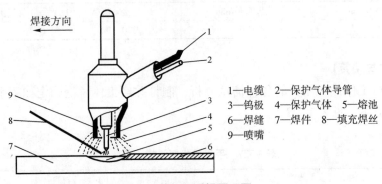

图 1–18　钨极氩弧焊原理图

二、氩弧焊的特点

（一）优点

（1）焊缝质量较高。由于氩气是惰性气体，不与金属产生化学反应，同时氩气不溶解于液态金属，将其作为气体保护层，使高温下被焊金属中的合金元素不会氧化烧损，并且保护效果好，因此，能获得较高的焊接质量。

（2）焊接变形与应力小，特别适宜于薄件的焊接。

（3）可焊的材料范围广，几乎所有的金属材料都可进行氩弧焊，特别适宜焊接化学性能活泼的金属和合金，如铝、镁、钛等。

（4）操作技术易于掌握，容易实现机械化和自动化。由于是明弧焊，所以观察方便，操作容易，尤其适用于全位置焊接。

（5）电弧稳定，飞溅少，焊后不用清渣。易控制熔池尺寸，由于焊丝和电极是分开的，焊工能够很好地控制熔池尺寸和大小。

（二）缺点

（1）设备成本较高。

（2）氩气电离势高，引弧困难，需要采用高频引弧及稳弧装置。

（3）氩弧焊产生的紫外线是手弧焊的 5~30 倍，生成的臭氧对焊工有危害，所以要加强防护。

（4）焊接时需有防风措施。

（5）焊缝熔深浅，熔敷速度小，产生率较低。

（三）应用范围

钨极氩弧焊是一种高质量的焊接方法，因此在工业行业中均广泛地被采用。特别是一些化学性能活泼的金属，用其他电弧焊焊接非常困难，而用氩弧焊则可容易地得到高质量的焊缝。另外，在碳钢和低合金钢的压力管道焊接中，现在也越来越多地采用氩弧焊打底，以提高焊接接头的质量。

手工钨极氩弧焊安全规程

（1）焊接工作场地必须备有防火设备，如砂箱、灭火器、消防栓、水桶等。易燃物品距离焊接场所不得小于 5 米。若无法满足规定距离时，可用石棉板、石棉布等妥善覆盖，防止火星落入易燃物品。易爆物品距离焊接所不得小于 10 米。氩弧焊工作场地要有良好的自然通风和固定的机械通风装置，减少氩弧焊有害气体和金属粉尘的危害。

（2）手工钨极氩弧焊机应放置在干燥通风处，严格按照使用说明书操作。使用前应对焊机进行全面检查。确定没有隐患，再接通电源。空载运行正常后方可施焊。保证焊机接线正确，必须良好、牢固接地以保障安全。焊机电源的通、断由电源板上的开关控制，严禁负载扳动开关，以免形状触头烧损。

（3）应经常检查氩弧焊枪冷却水系统的工作情况，发现堵塞或泄漏时应即刻解决，防止烧坏焊枪和影响焊接质量。

（4）焊工离开工作场所或焊机不使用时，必须切断电源。若焊机发生故障，应由专业人员进行维修，检修时应做好防电击等安全措施。焊机应至少每年除尘清洁一次。

（5）钨极氩弧焊机高频振荡器产生的高频电磁场会使人产生一定的头晕、疲乏。因此焊接时应尽量减少高频电磁场作用的时间，引燃电弧后立即切断高频电源。焊枪和焊接电缆外应用软金属编织线屏蔽（软管一端接在焊枪上，另一端接地，外面不包绝缘）。如有条件，应尽量采用晶体脉冲引弧取代高频引弧。

（6）氩弧焊时，紫外线强度很大，易引起电光性眼炎、电弧灼伤，同时产生臭氧和氮氧化合物刺激呼吸道。因此，焊工操作时应穿白帆布工作服，戴好口罩、面罩及防护手套、脚盖等。为了防止触电，应在工作台附近地面覆盖绝缘橡皮，工作人员应穿绝缘胶鞋。

钨极氩弧焊的主要设备

一、焊接电源（焊机）

为了减小和排除因弧长变化而引起的电流波动，钨极氩弧焊应该选择具有下降外特性的电源。钨极气体保护焊使用的电流种类有直流正接、直流反接和交流。

直流正接是工件接正极，钨极接负极。钨极因发热量小，不易过热，热电子发射能力强，电弧稳定而集中，同样大小直径的钨极可以采用较大的电流，工件产生大量的热，熔池深而窄，生产率高，焊件的收缩和变形都小。直流反接与之相反，因此，大多数金属宜采用直流正接法。

交直流两用氩弧焊机　　　　直流氩弧焊机　　　　　脉冲氩弧焊机

图 1-19　钨极氩弧焊的主要设备

注：铝、镁及其合金和易氧化的铜合金（铝青铜）焊接时，应该选择交流钨极氩弧焊。

二、辅助设备

（一）引弧和稳弧装置

（1）短路引弧。采用钨极和焊件近似垂直的方法，去接触焊件表面，引弧后要迅速提起，进行焊接即可。由于短路接触，产生电流较大，钨极损耗较大，所以，应尽量少用。

（2）高频引弧。利用高频振荡器产生的高频高压击穿钨极与工件之间的间隙（3mm左右）而引燃电弧。它一般用于焊接开始时的引弧。但是高频振荡器对人体伤害很大，不可以一直开着。

（3）高压脉冲引弧。在钨极和工件之间加一高压脉冲，使两集气体介质电离而引弧。焊接时，高压脉冲既可以引弧也可以稳弧。电弧引燃后，就产生稳弧脉冲，而引弧脉冲自动消失。因此，选用高压脉冲是较好的引弧方法。

（二）焊接程序控制装置

焊接程序装置应满足如下要求：

（1）焊前提前 1.5~4s 输送保护气，以驱赶内空气；

（2）焊后延迟 5~15s 停气，以保护尚未冷却的钨极和熔池；

（3）自动接通和切断引弧和稳弧电路；

（4）控制电源的通断；

（5）焊接结束前电流自动衰减，以消除火口和防止弧坑开裂，对于环缝焊接及热裂纹敏感材料，尤其重要。

三、焊枪

焊枪的作用是装夹钨极、传导焊接电流、输出氩气流和启动或停止焊机的工作系统。焊枪分为大、中、小三种，按冷却方式又可分为气冷式和水冷式。当所用焊接电流小于 100A 时，可选气冷式焊枪如图 1-20 所示。喷嘴的材料有陶瓷、紫铜和石英三种。

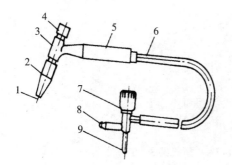

1—钨极　　2—陶瓷喷嘴
3—枪体　　4—短帽
5—手把　　6—电缆
7—气体开关手轮　8—通气接头
9—通电接头

图1-20　气冷式焊枪

焊接电流大于100A时，必须采用水冷式焊枪见图1-21：

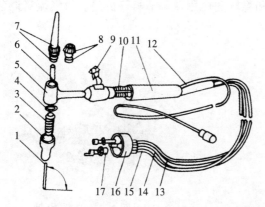

1—钨极　　　2—陶瓷喷嘴
3—导流件　　4、8—密封圈
5—枪体　　　6—钨极夹头
7—盖帽　　　9—般形开关
10—扎线　　　11—手把
12—插圈　　　13—进气皮管
14—出水皮管　15—水冷缆管
16—活动接头　17—水电接头

图1-21　水冷式焊枪

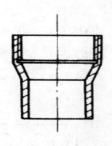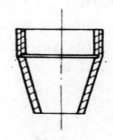

（a）圆柱带锥形　　　（b）圆柱带球形　　　（c）圆锥形

图1-22　常见的焊枪喷嘴形状示意图

四、供气系统和水冷系统

（一）供气系统

供气系统由氩气瓶、氩气流量调节器及电磁气阀组成。

（1）氩气瓶。外表涂灰色，并用绿漆标以"氩气"字样。氩气瓶最大压力为15MPa，容积为40L。

图 1-23　氩气钢瓶

（2）电磁气阀。是开闭气路的装置，由延时继电器控制，可起到提前供气和滞后停气的作用。

（3）氩气流量调节器。起降压和稳压的作用及调节氩气流量。氩气流量调节器的外形如图 1-24、图 1-25 所示。

图 1-24　AT-15 型

图 1-25　AT-30 型

（二）水冷系统

用来冷却焊接电缆、焊枪和钨极。如果焊接电流小于 100A 可以不用水冷却。使用的焊接电流超过 100A 时，必须通水冷却，并以水压开关控制，保证冷却水接通并有一定压力后才能启动焊机。

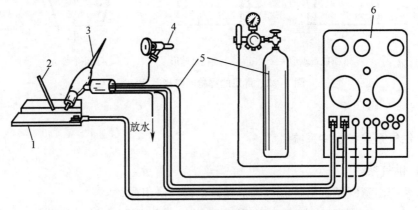

1—焊件　2—焊丝　3—焊炬　4—冷却系统　5—供气系统　6—焊接电源

图 1-26　手工钨极氩弧焊设备组成

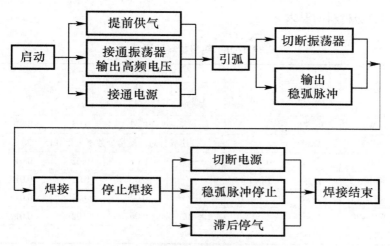

图 1-27　手工钨极氩弧焊控制程序

🖊 手工钨极氩弧焊钨极与焊丝基本知识

一、焊丝

（一）焊丝分类及牌号编制方法

（1）钢焊丝。

（2）非铁金属焊丝。

（3）焊丝牌号的编制方法。①碳素钢和合金结构钢焊丝；②不锈钢焊丝。

（二）焊丝的作用及要求

（1）焊丝的作用。焊丝是填充金属，与熔化母材混合形成焊缝。

（2）对焊丝的要求：①化学成分与母材匹配。②合金成分含量稍高。③符合国家规定。④手工焊焊丝一般每根长 500~1000mm 的直丝。⑤焊丝直径范围为 0.4~9mm。

（三）焊丝的使用与保管

（1）焊丝应符合国家标准规定。

（2）焊丝化学成分应与母材化学成分接近。

（3）焊丝应用质量合格证书。

（4）焊丝的清理。

二、钨极

（一）钨极的作用

传导电流、引燃电弧和维持电弧正常燃烧。

（二）对钨极材料的要求

表 1-28　钨极材料的要求

钨极类别	牌号	化学成分（质量分数，%）						
		W ≥	ThO₂	CeO	SiO₂≤	Fe₂O₃、Al₂O₃≤	MO≤	CaO≤
纯钨极	W1	99.92	—	—	0.03	0.03	0.01	0.01
纯钨极	W2	99.85	杂质成分总的质量分数不大于 0.15（%）					
钍钨极	WTh-7	余量	0.7~0.99	—	0.06	0.02	0.01	0.01
钍钨极	WTh-10	余量	1.0~1.49	—	0.06	0.02	0.01	0.01
钍钨极	WTh-15	余量	1.5~2.0	—	0.06	0.02	0.01	0.01
铈钨极	WCe-20	余量	—	1.8~2.2	0.06	0.02	0.01	0.01
锆钨极	WZr-15	99.63	—	—	—	—	—	—

（三）钨极的种类、牌号及规格

（1）纯钨极——W1、W2。

（2）钍钨极——WTh-7、WTh-10、WTh-15。

（3）铈钨极——Wce-20。

（4）钨极的规格。钨极的长度范围为 76~610mm，直径分为 0.5mm、1.0mm、1.6mm、2.0mm、2.5mm、3.2mm、4.0mm、5.0mm、6.3mm、8.0mm、10mm 等多种。

（四）钨极端部可磨成不同形状

图 1-28　钨极端形状

交流电时：钨极端部磨成球形；直流电时：钨极端部呈锥形或呈圆台形。

手工钨极氩弧焊工艺参数基本知识

一、焊接工艺参数选择

手工钨极氩弧焊的工艺参数有焊接电源种类和极性、钨极直径、焊接电流、电弧电压、氩气流量、焊接速度、喷嘴直径及喷嘴至焊件的距离和钨极伸出长度等。必须正确地选择并合理地配合，才能得到满意的焊接质量。

（一）接头及坡口形式

钨极氩弧焊多用于厚度 5mm 以下的薄板焊接，接头形式有对接、搭接、角接和 T

形接。对于 1mm 以下的薄板，亦可采用卷边接头。当板厚大于 4mm 时，应开 V 形坡口（管子对接 2~3mm 就需开 V 形坡口）。厚壁管的对接接头亦可开 U 形坡口。

（二）焊前清理

钨极氩弧焊时，焊前清理对于保证接头的质量具有十分重要的意义。因为在惰性气体的保护下，熔化金属基本上不发生冶金反应，不能通过脱氧的方法清除氧化物和污染。因此，焊件坡口表面、接头两侧以及填充焊丝表面应在焊前采用有机溶剂（汽油、丙酮、三氯乙烯、四氯化碳等）擦洗，去除油污、水分、灰尘及氧化膜等。

对于表面氧化膜与基层结合力较强的材料，如不锈钢和铝合金应采用机械方法清除氧化膜。通常采用不锈钢丝刷或铜丝刷、细砂轮或砂带打磨。

（三）焊接电源种类和极性

电源种类和极性可根据焊件材质进行选择，如表 1-29 所示。

表 1-29　电源种类和极性的选择

电源种类和极性	被焊金属材料
直流正接	低碳钢、低合金钢、不锈钢、铜、钛及其合金
直流反接	适用于各种金属的熔化极氩弧焊，钨极氩弧焊很少采用
交流	铝、镁及其合金

采用直流正接时，工件接正极，温度较高，适于焊厚件及散热快的金属；钨棒接负极，温度低，可提高许用电流，同时钨极烧损小。

直流反接时，钨极接正极烧损大，所以很少采用。

采用交流钨极氩弧焊时，在焊件为负，钨极为正极性的半波里，阴极有去除氧化膜的作用，即"阴极破碎"作用。在焊接铝、镁及其合金时，其表面有一层致密的高熔点氧化膜，若不能除去，将会造成未熔合、夹渣焊缝表面形成皱皮及内部气孔等缺陷。而利用反极性的半波里正离子向熔池表面高速运动，可将金属表面氧化膜撞碎，在正极性的半波里，钨极可以得到冷却，以减少钨极的烧损。所以，通常用交流钨极氩弧焊来焊接氧化性强的铝、镁及其合金。

（四）钨极直径

钨极直径主要按焊件厚度、焊接电流的大小和电源极性来选择。如果钨极直径选择不当，将造成电弧不稳，钨棒烧损严重和焊缝夹钨等现象。［钨极成分：钨极作为一个电极，它要负担传导电流、引燃电弧和维持电弧的作用。钨是难熔（熔点 $3410\pm10℃$）、耐高温（沸点 $5900℃$），导电性能好，允许通过较大电流和具有强的发射电子能力的金属，所以，钨棒适于做电极。］

（五）焊接电流

焊接电流主要根据工件的厚度和空间位置来选择，过大或过小的焊接电流都会使焊缝成型不良或产生焊接缺陷。所以，必须在不同钨极直径允许的焊接电流范围内，正确地选择焊接电流，如表 1-30 所示。

表 1-30　不同直径钨极（加氧化物）的许用电流范围

钨极直径/mm	直流正接/A	直流反接/A	交流/A
0.5	2~20	—	2~15
1	10~75	—	15~70
1.6	60~150	10~20	60~125
2	100~200	15~25	85~160
2.5	170~250	17~30	120~210

表 1-31　钨极尖端形状和电流范围

钨极直径/mm	尖端直径/mm	尖端角度/(°)	直流正接	
			恒定直流/A	脉冲电流/A
1	0.125	12	2~15	2~25
1	0.25	20	5~30	5~60
1.6	0.5	25	8~50	8~100
1.6	0.8	30	10~70	10~140
2.4	0.8	35	12~90	12~180
2.4	1.1	45	15~150	15~250

（六）电弧电压

电弧电压由弧长决定，电压增大时，熔宽稍增大，熔深减小。通过焊接电流和电弧电压的配合，可以控制焊缝形状。当电弧电压过高时，易产生未焊透并使氩气保护效果变差。因此，应在电弧不短路的情况下，尽量减小电弧长度。钨极氩弧焊的电弧电压选用范围一般是 10~24V。

（七）氩气流量

为了可靠地保护焊接区不受空气的污染，必须有足够流量的保护气体。氩气流量越大，保护层抵抗流动空气影响的能力越强。但流量过大时，不仅浪费氩气，还可能使保护气流形成紊流，将空气卷入保护区，反而降低保护效果。所以氩气流量要选择恰当，一般气体流量可按下列经验公式确定：

$$Q = (0.8 \sim 1.2) \, D$$

式中：Q——氩气流量，单位为 L/mm；

D——喷嘴直径，单位为 mm。

（氩气纯度：焊接不同的金属，对氩气的纯度要求不同。例如焊接耐热钢、不锈钢、铜及铜合金，氩气纯度应大于 99.70%；焊接铝、镁及其合金，要求氩气纯度大于 99.90%；焊接钛及其合金，要求氩气纯度大于 99.98%。国产工业用氩气的纯度可达 99.99%，故实际生产中一般不必考虑提纯。）

（八）焊接速度

焊接速度加快时，氩气流量要相应加大。焊接速度过快，由于空气阻力对保护气流的影响，会使保护层可能偏离钨极和熔池，从而使保护效果变差。同时，焊接速度还显著地影响焊缝成型。因此，应选择合适的焊接速度。

（九）喷嘴直径

增大喷嘴直径的同时，应增大气体流量，此时保护区大，保护效果好。但喷嘴过大时，不仅使氩气的消耗量增加，而且可能使焊炬伸不进去，或妨碍焊工视线，不便于观察操作。故一般钨极氩弧焊喷嘴以 5~14 mm 为佳。

另外，喷嘴直径也可按经验公式选择：

$$D = (2.5 \sim 3.5) \, d$$

式中：D——喷嘴直径（一般指内径），单位为 mm；

d——钨极直径，单位为 mm。

（十）喷嘴至焊件的距离

这里指的是喷嘴端面和焊件间的距离，这个距离越小，保护效果越好。所以，喷嘴距焊件间的距离应尽量小些，但过小使操作、观察不便。因此，通常取喷嘴至焊件间的距离为 5~15 mm。

（十一）钨极伸出长度

为了防止电弧热烧坏喷嘴，钨极端部突出喷嘴之外。而钨极端头至喷嘴面的距离叫钨极伸出长度。钨极伸出长度越小，喷嘴与焊件之间距离越近，保护效果就好，但过近会妨碍观察熔池。

通常焊接对接焊缝时，钨极伸出长度为 3~6mm 较好，焊角焊缝时，钨极伸出长度为 7~8mm 较好。

二、缺陷的产生及防止

常见的焊接缺陷及预防对策如下。

（一）几何形状不符合要求

焊缝外形尺寸超出要求，高低宽窄不一，焊波脱节凸凹不平，成型不良，背面凹陷凸瘤等。其危害是减弱焊缝强度或造成应力集中，降低动载荷强度。

造成该缺陷的原因是：焊接规范选择不当，操作技术欠佳，填丝走焊不均匀，熔池形状和大小控制不准等。

预防对策：工艺参数选择合适，操作技术熟练，送丝及时位置准确，移动一致，准确控制熔池温度。

（二）未焊透和未熔合

焊接时未完全熔透的现象称为未焊透，如坡口的根部或钝边未熔化，焊缝金属未透过对口间隙则称为根部未焊透，多层焊道时，后焊的焊道与先焊的焊道没有完全熔合在一起则称为层间未焊透。其危害是减少了焊缝的有效截面积，因而降低了接头的强度和耐蚀性。在 GTAW 中为焊透是不允许的。焊接时焊道与母材或焊道与焊道之间未完全熔化结合的部分称为未熔合。

往往与未焊透同时存在，两者区别在于：未焊透总是有缝隙，而未熔合则没有。未熔合是一种平面状缺陷，其危害犹如裂纹。对承载要求高和塑性差的材料危害性更大，所以未熔合是不允许存在的。

产生未焊透和未熔合的原因：电流太小，焊速过快，间隙小，钝边厚，坡口角度小，电弧过长或电弧偏离坡口一侧，焊前清理不彻底，尤其是铝合金的氧化膜，焊丝、焊炬和工件间位置不正确，操作技术不熟练等。只要有上述一种或数种原因，就有可能产生未焊透和未熔合。

预防对策：正确选择焊接规范，选择适当的坡口形式和装配尺寸，选择合适的垫板沟槽尺寸，熟练操作技术，走焊时要平稳均匀，正确掌握熔池温度等。

（三）烧穿

焊接中熔化金属自坡口背面流出而形成穿孔的缺陷。产生原因与未焊透恰好相反。熔池温度过高和填丝不及时是最重要的。烧穿能降低焊缝强度，一起应力集中和裂纹而，烧穿是不允许的，都必须补好。预防的对策也使工艺参数适合，装配尺寸准确，操作技术熟练。

（四）裂纹

在焊接应力及其他致脆因素作用下，焊接接头中部地区的金属原子结合力遭到破坏而形成的新界面而产生的缝隙，它具有尖锐的缺口和大的长宽比的特征。裂纹有热裂纹和冷裂纹之分。焊接过程中，焊缝和热影响区金属冷却到固相线附近的高温区产生的裂纹叫热裂纹。焊接接头冷却到较低温度（对于钢来说马氏体转变温度一下，大约为230℃）时产生的裂纹叫冷裂纹。冷却到室温并在以后的一定时间内才出现的冷裂纹又叫延迟裂纹。

裂纹不仅能减少焊缝金属的有效面积，降低接头的强度，影响产品的使用性能，而且会造成严重的应力集中，在产品的使用中，裂纹能继续扩展，以致发生脆性断裂。所以裂纹是最危险的缺陷，必须完全避免。热裂纹的产生是冶金因素和焊接应力共同作用的结果。

预防对策：减少高温停留时间和改善焊接时的应力。冷裂纹的产生是材料有淬硬倾向，焊缝中扩散氢含量多和焊接应力三要素共同作用的结果。

预防措施：限制焊缝中的扩散氢含量，降低冷却速度和减少高温停留时间以改善焊缝和热影响区的组织结构，采用合理的焊接顺序以减小焊接应力，选用合适的焊丝和工艺参数减少过热和晶粒长大倾向，采用正确的收弧方法填满弧坑，严格焊前清理，采用合理的坡口形式以减小熔合比。

（五）气孔

焊接时，熔池中的气泡在凝固时未能逸出而残留下来所形成的孔穴。常见的气孔有三种：氢气孔多呈喇叭形、一氧化碳气孔呈链状、氮气孔多呈蜂窝状。焊丝焊件表面的油污、氧化皮、潮气、保护气不纯或熔池在高温下氧化等都是产生气孔的原因。气孔的危害是降低焊接接头强度和致密性，造成应力集中时可能成为裂纹的气源。

预防对策：焊丝和焊件应清洁并干燥，保护气应符合标准要求，送丝及时，熔滴过度要快而准，移动平稳，防止熔池过热沸腾，焊炬摆幅不能过大。焊丝焊炬工件间保持合适的相对位置和焊接速度。

（六）夹渣和夹钨

由焊接冶金产生的，焊后残留在焊缝金属中的非金属杂质如氧化物硫化物等称为夹渣。钨极因电流过大或与工件焊丝碰撞而使端头熔化落入熔池中即产生了夹钨。产生夹渣的原因，焊前清理不彻底，焊丝熔化端严重氧化。夹渣和夹钨均能降低接头强度和耐蚀性，都必须加以限制。

预防对策：保证焊前清理质量，焊丝熔化端始终处于保护区内，保护效果要好。选择合适的钨极直径和焊接规范，提高操作技术熟练程度，正确修磨钨极端部尖角，当发生打钨时，必须重新修磨钨极。

（七）咬边

沿焊趾的母材熔化后未得到焊缝金属的补充而留下的沟槽称为咬边，有表面咬边和根部咬边两种。产生咬边的原因是电流过大，焊炬角度错误，填丝慢了或位置不准，焊速过快等。钝边和坡口面熔化过深使熔化焊缝金属难于充满就会产生根部咬边，油漆在横焊上侧。咬边多产生在立焊、横焊上侧和仰焊部位。富有流动性的金属更容易产生咬边，如含镍较高的低温钢、钛金属等。咬边的危害是降低了接头强度，容易形成应力集中。

预防对策：选择的工艺参数要合适，操作技术要熟练，严格控制熔池的形状和大小，熔池要饱满，焊速要合适，填丝要及时，位置要准确。

（八）焊道过烧和氧化

焊道内外表面有严重的氧化物，产生的原因：气体的保护效果差（如气体不纯、流量小等），熔池温度过高（如电流大、焊速慢、填丝迟缓等），焊前清理不干净，钨极外伸过长，电弧长度过大，钨极和喷嘴不同心等。焊接铬镍奥氏体钢时内部产生菜花状氧化物，说明内部充气不足或密封不严实。焊道过烧能严重降低接头的使用性能，必须找出产生的原因而制定预防的措施。

（九）偏弧

产生的原因：钨极不笔直，钨极端部形状不精确，产生打钨后未修磨钨极，焊炬角度或位置不正确，熔池形状或填丝错误等。

（十）工艺参数不合适所产生的缺陷

工艺参数不合适所产生的缺陷：

电流过大：咬边、焊道表面平而宽、氧化和烧穿。

电流过小：焊道宽而高、与母材过度不圆滑且熔合不良、为焊透和未熔合。

焊速太快：焊道细小、焊波脱节、未焊透和未熔合、坡口未填满。

焊速太慢：焊道过宽、过高的余高、凸瘤或烧穿。

电弧过长：气孔、夹渣、未焊透、氧化。

钨极氩弧焊特有的工艺缺陷产生原因及防止措施

表1-32　工艺缺陷产生原因及防止措施

缺陷	产生原因	防止措施
夹钨	①钨极直接接触焊件 ②钨极熔化	①采用高频引弧 ②减少焊接电流或增加钨极直径 ③调换有裂纹的钨极
气保护效果差	氩气纯度不高	①采用纯度为99.99%的氩气 ②有足够的提前送气和滞后停气时间 ③做好焊前清理工作 ④正确选择保护气流量 ⑤增大喷嘴尺寸，电极伸出长度等
电弧不稳	①焊件上有油污 ②钨电极污染 ③钨电极直径过大 ④弧长过长 ⑤钨电极端头未磨好	①做好焊前清理工作 ②去除污染部分 ③使用正确尺寸的钨电极及夹头 ④调整喷嘴距离 ⑤重新磨制钨极端圆锥角大小
钨极损耗	①保护不好，钨电极氧化 ②枪与焊机极性接反 ③夹头过热 ④钨电极直径过小 ⑤停焊时钨电极被氧化	①清理喷嘴，缩短喷嘴距离，适当增加氩气流量 ②更改焊枪与焊机输出的连接 ③增大夹头直径 ④调大钨极直径 ⑤磨光钨电极，调换夹头

手工钨极氩弧焊生产技术管理基本知识

一、焊接材料消耗定额

焊接材料的消耗定额可参照表1-33铝及铝合金手工钨极氩弧焊消耗材料定额。

表1-33　焊接材料消耗定额

铝及铝合金氩弧焊				
焊接接头形式（示意图）	焊件厚度	焊丝直径	焊丝定额/(kg/m)	氩气定额瓶/m
钨极氩弧焊 （t≤4时不开坡口） 	1	2	0.1	0.02
	2	2.5	0.12	0.02
	2.5	3	0.15	0.025
	3	3	0.18	0.03
	4	3	0.20	0.04
	6	4	0.25	0.065

二、手工钨极氩弧焊工时计算

手工钨极氩弧焊工时计算可参照表1-34的GTAW选项。因生产条件、产品结构、工装条件和技术状况的差别，表1-34仅供参考。

表 1-34　焊接工时计算法（暂定）

焊接方法 / 每班人	焊接辅助时间				每班纯焊接时间 h	单道焊接速度 m/s	每班正常单道焊接长度 m	不同板厚班焊接长度						每班焊材正常用量 kg	备注
	领焊材 h	焊前准备设备吊运 h	其他 h	溥极打磨自检				板厚	≤12	14~16mm	18~24mm	26~30mm	>30mm		
SAW/2 人	0.3~0.5	2~3	1	1~2	2~5	22	44	道数/系数	2/1.0	3/1.1	4/1.2	5/1.3	6/1.5	5~15	厚板渠道增加，厚度系数增加
								长度	22m	16m	13m	1m	10m		
SMAW/1 人	0.3~0.5	2~3	1	1~2	3~5	4	12	有衬垫和无衬垫不一样						3~8	消费打磨时间取多
FCAW/1 人	0.3~0.5	2~3	1	0.5~1	3~5	10	30	有衬垫和无衬垫不一样						6~12	清渣时间少
GTAW/1 人	0.3~0.5	2~3	1	0.5~1	3~5	2.5	7.5	一般用于打底焊，小核管焊接工效较低						1.5~3	清渣时间少

操作说明

一、操作要点

送气、引弧、运弧与填丝、熄弧。

二、焊前准备

（1）启动焊机安全检查 WS-300 型钨极氩弧焊机，调试电流（70~100A），采用直流正接，气冷式焊炬；

（2）氩气瓶及氩气流量调节器（AT-15 型）调节氩气流量；

（3）铈钨极 Wce-20，直径为 1.6mm，端头磨成 30°圆锥形，锥端直径 0.5 mm；

（4）气冷式焊枪 QQ-85°/150-1 型；

（5）焊件 Q235-A，长×宽×厚为 300mm×100mm×3mm；

（6）焊丝 H08A，直径为 1.6mm；

（7）焊件与焊丝清理；

（8）按图画线。

三、操作步骤

手工钨极氩弧焊（GTAW）的基本操作技术包括：引弧与熔池控制、运弧与焊炬运动方式、填丝手法、停弧和熄弧、焊缝接头操作方法等。

（一）引弧

我们用的引弧方式为击穿式，普通 GTAW 电源均有高频或脉冲引弧和稳弧装置。手握焊炬垂直于工件，使钨极与工件保持 3~5min 距离，接通电源，在高压高频或高压脉冲作用下，击穿间隙放电，使保护气电离形成离子流而引燃电弧。该法保证钨极端部完好，烧损小，引弧质量好，因此应用广泛。

1. 持枪姿势和焊枪、焊件与焊丝的相对位置

平焊时持枪的姿势。

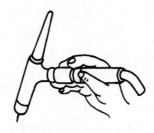

图 1-29　姿势

焊枪、焊件与焊丝的相对位置。

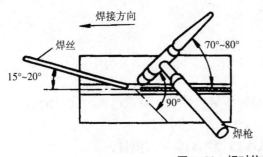

图 1-30　相对位置

一般焊枪与焊件表面成 70°~80° 的夹角，填充焊丝与焊件表面为 15°~20°

2. 右焊法与左焊法

右焊法适用于厚件的焊接，焊枪从左向右移动，电弧指向已焊部分，有利于氩气保护焊缝表面不受高温氧化。

左焊法适用于薄件的焊接，焊枪从右向左移动，电弧指向未焊部分有预热作用，容易观察和控制熔池温度，焊缝形成好，操作容易掌握。一般均采用左焊法。

（二）熔池控制

控制熔池的形状和大小说到底就是控制焊接温度：温度对焊接质量的影响是很大的，各种焊接缺陷的产生是温度不适当造成的，热裂纹、咬边、弧坑裂纹、凹陷、元素烧损、凸瘤等都是因为温度过高产生的，冷裂纹、气孔、夹渣、未焊透、未熔合等都是焊接温度不够造成的。

（三）运弧

运弧有一定的要求和规律：焊炬轴线与已焊表面夹角称为焊炬倾角，它直接影响热量输入、保护效果和操作视野，一般焊炬倾角为 70°~85°，焊炬倾角为 90° 时保护效果最好，但从焊炬中喷出的保护气流随着焊炬移动速度的增加而向后偏离，可能使熔池得不到充分的保护，所以焊速不能太快。GTAW 一般采用左焊法。

（四）焊炬握法

用右手拇指和食指握住焊炬手柄，其余三指触及工件作为指点。

（五）焊丝握法

左手中指在上、无名指在下夹持焊丝，拇指和食指捏住焊丝向前移动送入熔池，然后拇指食指松开后移再捏住焊丝前移，这样反复持续下去整根焊丝可不停顿地输送完毕。

焊丝送入角度、送入方式与熟练程度有关，它直接影响到焊缝的几何形状。焊丝应低角度送入，一般为 10°~15°，通常不大于 20°。这样有助于熔化端被保护气覆盖并避免碰撞钨极，使焊丝以滴状过度到熔池中的距离缩短。送丝动作要轻，不要搅动气体保护层，以免空气侵入。焊丝在进入熔池时，要避免与钨极接触短路，以免钨极烧损落入熔池，引起焊缝夹钨。焊丝末端不要伸入弧柱内，即在熔池和钨极中间，否则，在弧柱高温作用下，焊丝剧烈熔化滴入熔池，引起飞溅并发出"乒乒乓乓"的响声，从而破坏了电弧的稳弧燃烧，结果会造成熔池内部污染，也使焊缝外观不好，灰黑不亮。

焊丝溶入熔池大致可分为五个步骤：

（1）焊炬垂直于工件，引燃电弧形成熔池，当熔池被电弧加热到呈现白亮并将发生流动时，就要准备将焊丝送入。

（2）焊炬稍向后移动并倾斜 10°~15°。

（3）想熔池强放内侧边缘约在熔池的 1/3 处送入焊丝末端，靠熔池的热量将焊丝接触溶入，不要像气焊那样搅拌熔池（BC 同时进行）。

（4）抽回焊丝单其末端并不离开保护区，与熔池前沿保持者如分似离的状态准备再次加入焊丝。

（5）焊炬前移至熔池前沿形成新的熔池（重复 CDE 动作直至焊接结束）。

（六）焊丝送进方法

一种方法是以左手的拇指、食指捏住，并用中指和虎口配合托住焊丝便于操作的部位。需要送丝时，将弯曲捏住焊丝的拇指和食指伸直如图 1-31（b）所示，即可将焊丝稳稳地送入焊接区，然后借助中指和虎口托住焊丝，迅速弯曲拇指、食指，向上倒换捏住焊丝如图 1-31（a）所示，如此反复地填充焊丝。

另一种方法如图 1-32 所示夹持焊丝，用左手拇指、食指、中指配合动作送丝，无名指和小手指夹住焊丝控制方向，靠手臂和手腕的上、下反复动作，将焊丝端部的熔滴送入熔池，全位置焊时多用此法。

（七）停弧

停弧就是由于某种原因而中途停下来，然后再继续进行焊接。正确的停弧方法，

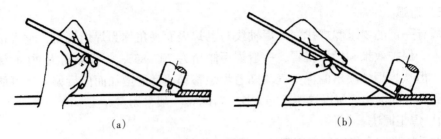

（a） （b）

图 1-31　焊丝送进方法一

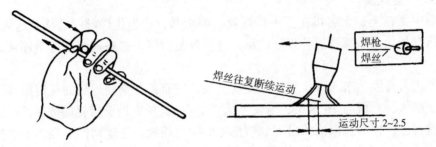

图 1-32　焊丝送进方法二

就是采用铸件加快运弧速度后（缩小熔池面积）再收弧的方法，这样可以没有弧坑和缩孔，给下次引弧继续焊接创造了条件，加快运弧的长度为 20mm 左右。再引弧焊接时，待熔池形成后，向后压 1~2 个波纹，接头起点不加或少加焊丝，然后转入正常焊接，为了防止产生气孔，保证焊缝质量，起点或接头处应适当放慢焊接速度。

（八）收弧

收弧也称熄弧，是焊接终止的必须手法。收弧很重要，应高度重视。若收弧不当，易引起弧坑裂纹，缩孔等缺陷，常用收弧方法有：

（1）焊接电流衰减法。利用衰减装置，逐渐减小焊接电流，从而使熔池逐渐缩小，以致母材不能熔化，达到收弧处无缩孔之目的，普通的 GTAW 焊机都带有衰减装置。

（2）增加焊速法。在焊接终止时，焊炬前移速度逐渐加快，焊丝的给送量逐渐减少，直到母材不熔化时为止。基本要点是逐渐减少热量输入，重叠焊缝 20~30mm。此法最适合于环缝，无弧坑无缩孔。

（3）多次熄弧法。终止时焊速减慢，焊炬后倾角加大，拉长电弧，使电弧热主要集中在焊丝上，而焊丝的给送量增大，填满弧坑，并使焊缝增高，熄弧后马上再引燃电弧，重复两三次，便于熔池在凝固时能继续得到焊丝补给，使收弧处逐步冷却。但多次熄弧后收弧处往往较高，需将收弧处增高的焊缝修平。

（4）应用熄弧板法。平板对接时常用熄弧板，焊后将熄弧板去掉修平。

实际操作证明：有衰减装置用电流衰减法收弧最好，无衰减装置用增加焊速法收弧最好，可避免弧坑和缩孔，熄弧后不能马上把焊炬移走，应停留在收弧处待 2~5 分钟，用滞后气保护高温下的收弧部位不受氧化。熄弧后，氩气会自动延时几秒钟停气，以防止金属在高温下产生氧化。

（九）平焊焊接操作要领

焊接操作要领：平焊是比较容易掌握的焊接位置，效率高，质量好，生产中应用得多，运弧时手要稳，钨极端头离工件 3~5mm，约有钨极直径的 1.5~2 倍。多为直线运弧焊接，较少摆动，但不能跳动，焊丝与工件间夹角 10°~15°，焊丝与焊炬相互垂直。铝 6mm、紫铜 3mm、碳钢和不锈钢 4mm，在平焊位施焊可以不开坡口，而在别的位置施焊则应开坡口。

平焊位焊接，引弧形成熔池后仔细观察，视熔池的形状和大小控制焊接速度，若熔池表面呈凹形，并与母材熔合良好，则说明已经焊透；若熔池表面呈凸形且与母材之间有死角，说明未焊透，应继续加温，当熔池稍有下沉的趋向时，应即时填加焊丝，逐渐缓慢而有规律地朝焊接方向移动电弧，应尽量保持弧长不变，焊丝可在熔池前缘内侧一送一收或停放在熔池前缘即可，视母材坡口形式而定。整个焊接过程应保持这种状态，焊丝加早了，会造成未熔透，加晚了容易造成焊瘤甚至烧穿。

熄弧后不可将焊炬马上提起，应在原位保持数秒至数分钟不动，以滞后气保护高温下的焊缝金属和钨极不被氧化。

焊完后检查焊缝质量：几何尺寸、熔透情况、焊道是否氧化咬边等。焊接结束后，先关气，后关水。最后关闭焊接电源。

四、焊缝清理

焊缝清理主要清理焊件表面的焊接飞溅物、氧化物等。

在焊接检验前，不得对焊接缺陷进行修改。焊缝应处于原始状态。清理焊件表面的焊接飞溅物、氧化物时，一定要戴好护目镜。

五、焊缝质量检验

焊缝应在焊后冷却到工作环境温度进行检验。一般用肉眼和量具检验焊缝和母材的裂纹及缺陷，也可用放大镜检验。焊缝的焊波应均匀，不得有裂纹、未熔合、夹渣、焊瘤、咬边、烧穿、弧坑和气孔等缺陷。

焊缝应均匀、平直。

【检查】

（1）平敷焊完成情况检查。
（2）记录资料。
（3）文明实训。
（4）实施过程检查。

【评价】

过程性考核评价如表 1-35 所示；实训作品评价如表 1-36 所示；最后综合评价按表 1-37 执行。

表 1-35　平敷焊过程评价标准

考核项目		考核内容	配分
职业素养	安全意识	执行安全操作规程，安全操作技能，安全意识。如有违反，由考评员扣 1 分/项	10
	文明生产	做到对现场或岗位进行整理、整顿、清扫、清洁，文明生产。如不符合要求，由考评员扣 1 分/项	10
	责任心	有主人翁意识，工作认真负责，能为工作结果承担责任。如不符合要求，由考评员扣 1 分/项	10
	团队精神	有良好的合作意识，服从安排。如不符合要求，由监考员扣 1 分/项	10
	职业行为习惯	成本意识，操作细节。如不符合要求，由考评员扣 1 分/项	10
职业规范	工作前的检查	安全用电及安全防护、焊前设备检查。如不符合要求，由考评员扣 1 分/项	10
	工作前准备	场地检查、工量具齐全、摆放整齐、试件清理。如不符合要求，扣 1 分/项	10
	设备与参数的调节	参数符合要求、设备调节熟练、方法正确。如不符合要求，扣 2 分/项	10
	焊接操作	定位焊位置正确，引弧、收弧正确、操作规范；试件固定的空间位置符合要求。如不符合要求，扣 2 分/项	10
	焊后清理	关闭电源，设备维护、场地清理，符合 6S 标准。如不符合要求，由考评员扣 1 分/项	10

表 1-36　实训作品评价标准

序号	检测项目	配分	技术标准/mm
1	焊缝余高	8	允许 0.5~1.5，每超差 1 扣 4 分
2	焊缝宽度	8	允许 8~10，每超差 1 扣 4 分
3	焊缝高低差	8	允许 1，否则每超差 1 扣 4 分
4	焊缝成型	15	整齐、美观、均匀，否则每项扣 5 分
5	焊缝宽窄差	8	允许 1，每超差 1 扣 4 分
6	接头成型	6	良好，每脱节或超高每处扣 6 分
7	焊缝弯直度	8	要求平直，每弯 1 处扣 4 分
8	夹渣	8	无，若有点渣每处扣 4 分，条渣每处扣 8 分
9	咬边	8	深<0.5，每长 5 扣 4 分，深>0.5，每长 5 扣 8 分
10	弧坑	4	无，若有每处扣 4 分
11	引弧痕迹	6	无，若有每处扣 3 分
12	焊件清洁	3	清洁，否则每处扣 3 分
13	安全文明生产	10	服从管理，文明操作，否则扣 5 分
14	总分	100	实训成绩

表 1-37　综合评价表

学生姓名＿＿＿＿＿＿＿　　　　　　　　　　　　　　　　　　　　学号＿＿＿＿＿＿＿

评价内容		权重（%）	自我评价	小组评价	教师评价
			占总评分（10%）	占总评分（30%）	占总评分（60%）
应知	笔试	10			
	出勤	10			
	作业	10			
应会	职业素养与职业规范	21			
	实训作品	49			
小计分					
总评分					

　　评价细则：综合评价表中应知部分的笔试、出勤、作业评价项及应会部分的职业素养与职业规范、实训作品评价项的各项分数按三方评价得出的分数乘以对应的权重值最后累加得出总评分。

　　为突出技能，分值比例为应知：应会=3：7；职业素养与职业规范：实训作品=3：7。

任务思考

1. 操作过程中，若不慎焊丝与钨极相触碰怎么办？

2. 手工钨极氩弧焊的氩气流量大小对焊缝质量有何影响？

3. 手工钨极氩弧焊时，如何判断焊接电流是否合适？

4. 怎样正确使用手工钨极氩弧焊机？

5. 手工钨极氩弧焊过程中应该注意哪些事宜？

任务 2　薄板对接平焊

【任务描述】

本任务包含了氩弧焊薄板对接平焊一个学习情境。手工钨极氩弧焊焊接范围很广，可焊接几乎所有钢材，可获得高质量的焊缝。由于成本高，生产率低，常用于铝、镁、钛、铜及其合金和低合金钢、不锈钢及耐热钢等材料的焊接。尤其适用于多种金属材料薄板焊接，因此掌握手工钨极氩弧焊薄板焊接技术能更适应企业的需求，一定要练好扎实的基本功。

情境一　手工钨极氩弧焊平位薄板 I 形坡口对接

【资讯】

1. 本课程学习任务

（1）掌握手工钨极氩弧焊平位薄板 I 形坡口对接工艺参数选择与运用；

（2）掌握手工钨极氩弧焊平位薄板 I 形坡口对接操作技术；

（3）能编制手工钨极氩弧焊薄板 I 形坡口对接工艺规程；

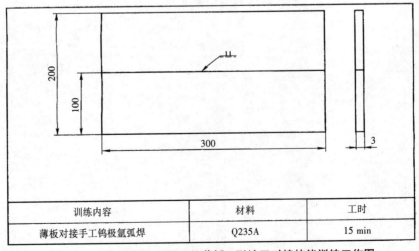

训练内容	材料	工时
薄板对接手工钨极氩弧焊	Q235A	15 min

图 1-33　手工钨极氩弧焊平位薄板 I 形坡口对接技能训练工作图

注：技术要求：①无垫板，单面焊双面成型；②允许用引弧板和引出板，焊接结束，不允许锤击、锉修和补焊。

（4）掌握手工钨极氩弧焊劳动安全保护知识；

（5）能够使用焊缝检测尺测量焊缝尺寸。

2. 任务步骤

（1）焊前准备：焊机检查、供气检查、工件、钨极和焊丝检查与准备、工艺参数选择；

（2）焊前装配：将打磨好的工件装配成 I 形接头，装配间隙为：始焊端 1mm，终焊端 2mm；

（3）定位焊接：在始焊端、终焊端 20mm 处定位焊接，预留反变形量 3°；

（4）手工钨极氩弧焊平位薄板 I 形坡口对接示范、操作；

（5）焊缝清理；

（6）焊缝质量检验。

3. 工具、设备、材料准备

（1）焊件清理：Q235 钢板，规格：两块 300mm×100mm×3mm，将工件焊接处、工件表面和焊丝表面清理干净。

（2）焊接设备：①WS-300 型钨极氩弧焊机，采用直流正接，气冷式焊炬；②氩气瓶及氩气流量调节器（AT-15 型）；③铈钨极 Wce-20，直径为 2.0mm，端头磨成 30°圆锥形，锥端直径 0.5 mm；④气冷式焊枪 QQ-85°/150-1 型。

（3）焊丝：H08A，直径为 2.0mm。

（4）劳动保护用品：头戴式面罩、手套、工作服、工作帽、绝缘鞋。

（5）辅助工具：锉刀、刨锤、钢丝刷、角磨机、焊缝万能量规。

（6）确定焊接工艺参数，如表 1-38 所示。

表 1-38 手工钨极氩弧焊平敷焊焊接工艺参数参考

工艺选项	建议参数
焊接电流/A	65~80
焊接速度/(mm/min)	80~120
氩气流量/(L/min)	4~6
钨极直径/mm	2
焊丝直径/mm	2
喷嘴直径/mm	6
钨极伸出长度/mm	5~7
喷嘴至焊件距离/mm	≤12
电源接法	直流正接

【计划与决策】

经过对工作任务相关的各种信息分析，制订并经集体讨论确定如下手工钨极氩弧焊平位薄板 I 形坡口对接方案，如表 1-39 所示：

表 1-39　手工钨极氩弧焊平位薄板 I 形坡口对接方案

序号	平位薄板 I 形坡口对接实施步骤		工具设备材料	工时
1	焊前准备	工件清理	钢丝刷、角磨机	2.5
		焊丝检查、准备	H08A　2mm 焊丝	
		焊机检查、供气检查、钨极检查	WS-300 型钨极氩弧焊机、氩气瓶及氩气流量调节器（AT-15 型）、铈钨极 Wce-20，直径为 1.6mm、气冷式焊 QQ-85°/150-1 型	
		焊前装配	角磨机、钢尺	
		定位焊接	焊接设备、焊丝	
2	示范与操作	示范讲解	焊帽、手套、工作服、工作帽、绝缘鞋、刨锤、钢丝刷等	6
		调节工艺参数		
		引弧		
		左焊法		
		接头		
		收弧		
3	焊缝清理	清理氧化膜、飞溅	锉刀、钢丝刷	0.5
4	焊缝检查过程评价	焊缝外观检查	焊缝检测尺	1
		焊缝检测尺检测		

【实施】

✍ WS 系列手工钨极氩弧焊机基础知识

一、电焊机型号编制

电弧焊机型号编制符合 GB10249 国家标准中的相关规定，现简单说明如下（以 WS-400 为例）。

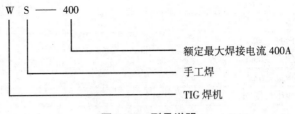

图 1-34　型号说明

二、工作原理

WS-250/315/400/500/630 型电弧焊机工作原理如图 1-35 所示。3 相 380V 工频（50Hz）交流电经过整流桥三相整流后变成直流电（530V 左右），再将直流电传输到逆变器件（IGBT 模块），使之转变成中频交流电（20kHz 左右），再经过中频变压器（主变压器）降压、中频整流器（快恢复二极管）整流后经电感滤波后输出。在电路中采用电流负反馈控制技术确保输出电流稳定。同时电弧焊机的焊接电流参数连续无级可调，保证了焊接工艺各项参数的需求。

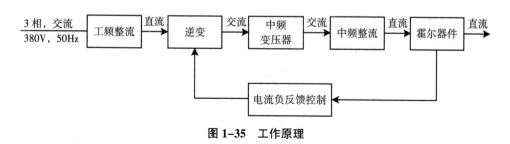

图 1-35　工作原理

三、输入电源接法

WS-250/315/400/500/630 型电弧焊机输入电源接法如图 1-36 所示。棕、黑、蓝色 3 根火线，分别接入电弧焊机后面板上的电源接线柱（无相序要求），黄绿色地线接入机壳接地端。

当电网电压超出安全工作电压范围时，电弧焊机内部过压、欠压保护电路工作，前面板报警指示灯亮，同时切断焊接电流输出。

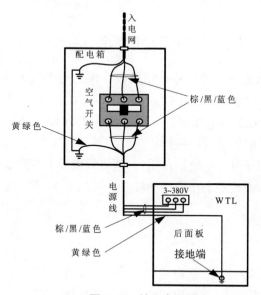

图 1-36　输入电源接法

如果电网电压持续波动超出安全工作电压范围将对设备造成危害，缩短电弧焊机使用寿命。出现这种情况采取以下措施：

（1）改变设备接入电网地址，如将电弧焊机接入电网电压稳定或波动比较小的配电箱；

（2）在设备同时使用比较多的环境中减少设备同时使用数量；

（3）在设备电源输入前端接入稳压装置。

四、设备连接（TIG）

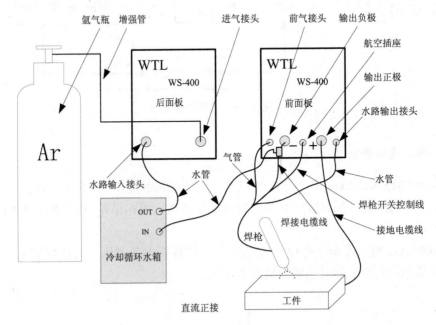

图 1-37　设备连接

工件接电弧焊机输出正极，焊枪接输出负极，称之为直流正接。反之，称之为直流反接。一般氩弧焊操作时采用直流正接。

WS-250/315/400/500/630 型电弧焊机进行氩弧焊操作时采用高频引弧，在对高频敏感的设备附近使用时请采取防护或屏蔽措施。

当不采用水冷方式焊接时（小电流范围），请将后面板下方的水冷/气冷选择开关置于"气冷"方式，否则前面板断水报警指示灯亮。

五、焊机面板布置说明

（一）前面板布置

（1）电流表。显示预设/实际焊接电流值，单位：安培（A）。

（2）电压表。显示预设/实际焊接电压值，单位：伏特（V）。

（3）电源指示灯。合上电源开关，电源指示灯亮；关闭电源开关，电源指示灯熄灭。

（4）报警指示灯。设备出现过压、欠压、过流或过热情况，报警指示灯亮。

（5）断水报警灯。当水阀不通或冷却水不循环时，断水报警灯亮。

（6）电源开关。选择 ON，设备通电；选择 OFF，设备断电。

（7）起弧电流。设定起弧电流值。

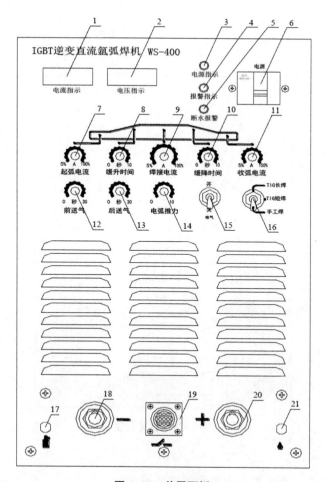

图 1-38 前置面板

（8）缓升时间。设定起弧电流过渡到焊接电流的时间，单位：秒（s）。

（9）焊接电流。设定焊接电流值。

（10）缓降时间。设定焊接电流过渡到收弧电流的时间，单位：秒（s）。

（11）收弧电流。设定收弧电流值。

（12）前送气时间。调节前送气时间，单位：秒（s）。

（13）后送气时间。调节后送气时间，单位：秒（s）。

（14）电弧推力。设定附加电弧推力值。

（15）检气开关。氩弧焊前，选择"开"，测试电磁气阀是否畅通；施焊过程中，选择"关"。

（16）方式选择。有手弧焊、TIG 短焊以及 TIG 长焊 3 种焊接方式选择。

（17）前气接头。焊枪把线中的气管连接于此。

（18）快速接头。电弧焊机输出负极。

（19）航空插座。焊枪开关控制线连接于此（14 芯，其中 8、9 号接开关控制线）。

（20）快速接头。电弧焊机输出正极。

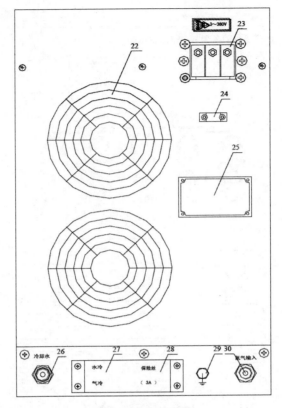

图 1-39　后置面板

(21) 水路接头。焊枪把线中的水管连接于此。

(二) 后面板布置

(22) 风机。电弧焊机过热，风机运转，用于冷却设备内部元器件。

(23) 电源接线盒。焊机输入电源接线端。

(24) 电缆压接卡。固定输入电源线端部。

(25) 铭牌。标明设备电气性能参数。

(26) 水路接头。连接冷却循环水箱出水管。

(27) 冷却方式。水冷/气冷方式选择。

(28) 保险丝座。内装 3 安培（A）保险丝。

(29) 接地端。用于连接地线。

(30) 进气接头。增强管一头连接氩气瓶，另一头连接于此。

六、WS 系列电弧焊机简单故障检修（以 WS-400 为例）

表 1-40　简单故障检修

序号	故障现象		故障原因	检修方法
1	合上电弧焊机电源开关，前面板电源指示灯不亮		无电网电压输入	检测有无电源输入
			焊机内部保险丝熔断	更换保险丝（3A）
			电源指示灯坏或接触不良	检修内部指示灯电路
			电源变压器出现故障	维修电源变压器或更换
			内部电源板（Pr1）出现故障	维修电源板或更换
2	合上电弧焊机电源开关，前面板电源指示灯亮，设备过热后风机还不转		有异物卡住风叶	排除
			风机启动电容坏	更换
			风机电机故障	更换风机
3	数显表数字显示不完整		数显表上数码管坏	更换已坏数码管
4	焊接电流显示最小/最大值与出厂设定值不符		最小值显示不符	调节电源板上电位器 SH
			最大值显示不符	调节电流表上电位器 W6（RT1）
5	无空载电压输出（手弧焊时）		电弧焊机内部故障	检修主回路及印刷线路板（Pr1、Pr2、Pr3）
6	氩弧焊时不能高频引弧	高频引弧板放电器有电火花产生	焊接电缆线未接电弧焊机输出两极	连接焊接电缆线到电弧焊机输出两极
			焊接电缆线断线	包扎、修复或更换焊接电缆线
			地线未夹或接触不良	检查地线是否未夹或接触不好
			焊接电缆线太长	请使用适当长度焊接电缆线的焊枪
			工件上覆有油或脏物	检查并清除
			钨极与工件间距太大	减小钨极与工件间距（保持 3mm 左右）
		高频引弧板放电器无电火花产生	脉冲板上控制高频引弧继电器不闭合	维修继电器或更换脉冲板（Pr3）
			高频引弧板（Pr6）不工作	维修高频引弧板或更换
			高频引弧板放电器间隙太大或太小	重新调整放电器间隙（0.7mm 左右）
			焊枪开关失灵	检查焊枪开关、控制线、航空插座等
7	高频引弧不停		脉冲板上控制高频引弧继电器常闭	维修继电器或更换脉冲板
8	无氩气输出（氩弧焊时）		氩气瓶尚未打开或气压不足	打开氩气瓶阀门或更换氩气瓶
			无电磁阀控制信号输出	维修脉冲板或更换
			电磁气阀内有异物	拆卸并排除异物
			电磁气阀已坏	更换
9	氩气常通		前面板检气开关选择 ON	前面板检气开关选择 OFF
			电磁气阀内有异物	拆卸并排除异物
			电磁气阀已坏	更换
			电磁气阀控制信号不受控	维修脉冲板或更换
			前面板后送气时间调节旋钮已坏	维修或更换

序号	故障现象		故障原因	检修方法
10	焊接电流值不可调		前面板焊接电流电位器接触不好或已坏	检修焊接电流电位器或更换
			脉冲板控制信号出错	维修脉冲板或更换
11	焊接电流显示与实际不符		最小值显示与实际不符	整定电源板上电位器 W6
			最大值显示与实际不符	整定电源板上电位器 W1
12	熔池熔深不够（手弧焊时）		焊接电流调节太小	增加焊接电流设定值
			焊接过程中电弧太长	采用短弧操作
13	断水报警指示灯亮	不用冷却水	后面板水冷/气冷方式选择不当	选择"气冷"方式
		利用冷却水	无冷却水循环或水流压力不够	检查水阀和冷却循环水箱开关
14	前面板报警红灯亮	过热保护	焊接使用电流太大	减小焊接电流输出值
			连续使用时间太长	减小负载持续率（间歇使用）
		过压保护	电网不稳	接入电压稳定或波动比较小的电网
		欠压保护	电网不稳	接入电压稳定或波动比较小的电网
			同时用电设备太多	减少就近设备同时用电的数量
		过流保护	设备主回路有异常电流	检修主回路及驱动板（Pr2）

手工钨极氩弧焊的工件焊前准备基础知识

一、坡口加工型状

通常 4mm 以下的对接焊，可采用不开坡口的 I 形接头单面一次焊透，装配间隙为零时可不必填充焊丝，否则需填充焊丝或改用卷边接头，后者尤适用于 0.5mm 以下薄板。4~6mm 对接焊缝可采用不开坡口 I 形接头双面焊。6mm 以上一般需开 V 或 U、X 形破口。钝边高度可以不超过 3mm 为宜，装配间隙也应以零为最佳，最大不宜超过 3mm，以节省填充金属，并可提高焊接生产率。

二、焊前除油及去氧化膜

同熔化极氩弧焊一样，钨极氩弧焊时对焊件、焊接区及填充焊丝的除油和去氧化膜是保证焊接质量的重要步骤，必须给予充分重视。

除油的主要方法是溶剂清洗，有条件时宜采用工业清洗剂加热水清洗，也可采用丙酮、汽油等有机溶剂。

去氧化膜可用机械法或碱洗。不锈铝合金宜用刮削或钢丝刷；铝、镁钢可用砂布打磨；铝合金宜用刮削或钢丝刷；铝、镁焊丝及重要焊件应用碱洗法。

👆 焊接参数

一、钨极直径和焊接电流

通常根据焊件的材质、厚度来选择焊接电流。钨极直径应根据焊接电流大小而定。

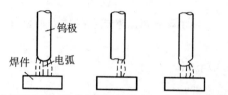

(a)焊接电流正常 (b)焊接电流过小 (c)焊接电流过大

图1-40 焊接电流和相应的电弧特征

不锈钢和耐热钢手工钨极氩弧焊钨极直径和焊接电流如表1-41所示。

表1-41 钨极直径和焊接电流（一）

材料厚度/mm	钨极直径/mm	焊丝直径/mm	焊接电流/A
1.0	2	1.6	40~70
1.5	2	1.6	40~85
2.0	2	2.0	80~130
3.0	2~3	2.0	120~160

铝合金手工钨极氩弧焊钨极直径和焊接电流见表1-42。

表1-42 钨极直径和焊接电流（二）

材料厚度/mm	钨极直径/mm	焊丝直径/mm	焊接电流/A
1.5	2	2	70~80
2.0	2~3	2	90~120
3.0	3~4	2	120~130
4.0	3~4	2.5~3	120~140

二、电弧电压

电弧电压主要由弧长决定。

三、焊接速度

由焊工根据熔池的大小、形状和焊件熔合情况随时调节。

焊炬不动   速度正常   速度过快

图 1–41　焊接速度对保护效果的影响

四、焊接电源的种类和极性

表 1–43　焊接电源的种类和极性

材　料	直　流		交　流
	正极性	反极性	
铝及其合金	×	◎	△
铜及铜合金	△	×	◎
铸铁	△	×	◎
低碳钢、低合金钢	△	×	◎
高合金钢、镍及镍合金、不锈钢	△	×	◎
钛合金	△	×	◎

注：△—最佳；◎—可用；×—最差。

五、氩气流量与喷嘴直径

喷嘴直径可按下列经验公式确定：

D = 2d + 4　　　d 为钨丝直径

氩气流量可按下式计算：

q_v = (0.8~1.2) D

在生产实践中，孔径在 12~20mm 的喷嘴，最佳氩气流量范围为 8~16L/min。常用的喷嘴直径一般取 8~20mm。

六、喷嘴与焊件间的距离

喷嘴与焊件间的距离以 8~14mm 为宜。

七、钨极伸出长度

伸出长度一般为 3~5mm。

八、氩气有效保护区域

用焊点试验法来判断气体保护效果：具体的方法是在铝板上点焊。电弧引燃后焊枪固定不动，待燃烧 5~10s 后断开电源。这时铝板上焊点周围因受到"阴极破碎"作用，出现银白色区域，这就是气体有效保护区域，称为去氧化膜区，其直径越大，说明保护效果好。

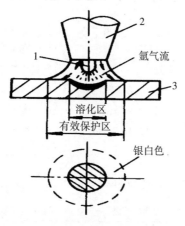

1—钨极 2—焊枪 3—焊件

图 1-42 氩气有效保护区域

在生产实践中，可通过观察焊接表面色泽，以及是否有气孔来判定氩气保护效果。

表 1-44 不锈钢件焊缝表面色泽与保护效果的评定

焊缝色泽	银白色、金黄色	蓝色	红灰色	黑灰色
保护效果	最好	良好	较好	差

表 1-45 铝及铝合金件焊缝表面色泽与保护效果的评定

焊缝色泽	银白有光泽	白色无光泽	灰白色无光泽	灰黑无光泽
保护效果	最好	较好	差	最差

🖉 手工钨极氩弧焊的安全使用

（1）在高频引弧时，机器周围存在高频磁场。

（2）在接触式引弧，磨刀钨极时，以及焊接时不小心，钨极与焊丝和焊件接触，以上这几种情况会产生钨极的燃烧，并伴随有放射性的灰尘（钍钨中含有 1%~2% 的氧化钍产生的微量放射线）。

（3）紫外线，是电弧的一种光辐射，同样电流时，手工钨极氩弧焊是手工电弧焊的 4~5 倍，最容易引起电光性眼炎和炙伤露出的皮肤。

避免办法。在打磨钨极时穿好工作服，戴好手套，吃饭之前认真洗手。

手工钨极氩弧焊焊接产生缺陷的原因及防止方法

表 1-46　产生原因及防止方法

焊缝缺陷	产生原因	防止方法
气孔	氩气不纯，气管破裂，或气路有水分，打钨极，金属烟尘过渡到熔池里	调换纯氩气，检查气路，修磨或调换钨极，将焊缝清理好
穿透不好有焊瘤	焊速不匀，技术不熟练	坚强基本功训练，均匀焊速
焊缝黑灰氧化严重	氩气流量小，焊速慢，温度高或电流大	增强氩气流量，加快焊速，或适当减小电流
缩孔	收弧方法不当，收弧突然停下来	改变收弧方法，采用增加焊速的方法停下来
裂纹	焊接温度高或低，穿透不好或过烧	确保焊透，电流和焊速要适当，改变收弧位置
未焊透	焊速快，电流小	减慢焊接速度或增加电流
熔合不好	错口、焊枪角度不正确，或焊速快电流小	改进对口的错误误差，掌握好焊枪角度，适当地放慢焊速和增加电流
烧穿	技术不熟练，电流大或焊速慢	减小电流或加快焊速，并加强基本功训练
焊缝表面击伤	引弧不准确，地线接触不好	引弧要准确，不得在焊件表面引弧，地线接好
焊缝夹钨	打钨极，钨极与焊件接触	引弧时，钨极与工件要有一定距离
焊缝成型不整齐	走枪速度不均，送丝速度不均	焊速、送丝要均匀，多加强基本功训练
咬边	焊枪角度不正确，熔池温度不均，给送焊丝不合理	调整焊枪角度，以达熔池温度均匀，注意给送焊丝的位置、时间和速度

一、操作要点

送气、引弧、运弧与填丝、熄弧。

二、焊前准备

（1）启动焊机安全检查 WS-300 型钨极氩弧焊机，调试电流（65~80A），采用直流正接，气冷式焊炬；

（2）氩气瓶及氩气流量调节器（AT-15 型）调节氩气流量；

（3）铈钨极 Wce-20，直径为 2mm，端头磨成 30°圆锥形，锥端直径 0.5 mm；

（4）气冷式焊枪 QQ-85°/150-1 型；

（5）焊件 Q235-A 两块，长×宽×厚为 300mm×100mm×3mm；

（6）焊丝 H08A，直径为 2mm；

（7）焊件与焊丝清理；

（8）焊件装配；

（9）定位焊接。

焊前准备除上述提到的之外，特别要引起注意的是：定位焊时，必须待焊件边缘熔化形成熔池后再加入焊丝，定位焊缝宽度应小于最终焊缝宽度。定位焊之后，必须矫正焊件保证不错边，预留反变形量3°。

三、操作步骤

手工钨极氩弧焊平位薄板I形坡口对接的基本操作技术包括：引弧与熔池控制、运弧与焊炬运动方式、填丝手法、停弧和熄弧、焊缝接头操作方法等。

（一）引弧

高频震荡引弧、高压脉冲引弧。

优点：钨极端头损耗小，引弧处焊接质量高，不易产生焊接缺陷。

缺点：引弧时产生较强的高频电磁场。

（二）采用左向焊法

首先在右端定位焊处引弧，焊枪不移动，不填丝。形成熔池后再填丝，焊接过程中，若焊件间隙变小，应停止填丝，将电弧压低1~2mm，直接进行击穿；当间隙增大时，应快速向熔池填加焊丝，然后向前移动焊枪。填丝的位置如图1-43所示。

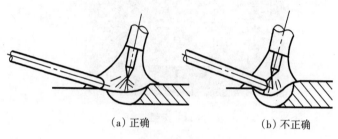

(a) 正确　　　　　　　　(b) 不正确

图1-43　填丝位置

1. 操作要点

（1）焊枪倾角过大，易造成蛇形焊缝。

（2）焊接电流应略低。

（3）喷嘴距工件距离：在不短接条件下，越短越好。

2. 焊枪摆动方式

表1-47　焊枪摆动方式

焊枪摆动方式	摆动方式示意图	适用范围
直线形	←	I形坡口对接焊 多层多道焊的打底焊
锯齿形	〰	对接接头全位置焊 角接接头的立、横和仰焊
月牙形	〰	
圆圈形	◯◯◯	厚件对接平焊

（三）运弧

运弧有一定的要求和规律：焊炬轴线与已焊表面夹角称为焊炬倾角，它直接影响热量输入、保护效果和操作视野，一般焊炬倾角为 70°~85°，焊炬倾角 90°时保护效果最好，但从焊炬中喷出的保护气流随着焊炬移动速度的增加而向后偏离，可能使熔池得不到充分的保护，所以焊速不能太快。

焊接过程中做到：一看、二准。

一看：观察熔孔的大小。熔孔应深入母材 0.5~1.0mm 为准。熔孔过大：背面焊缝余高大，易形成焊瘤，烧穿。熔孔过小：根部造成未焊透。

二准：准确掌握好熔池形成的尺寸，前后焊点搭接 2/3，电弧的 1/3 在焊件背面燃烧。

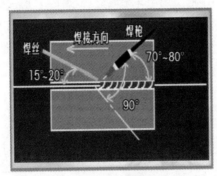

图 1-44　运弧

（四）接头

当更换焊丝时，电弧下压，使熔孔扩大，停止填丝，回焊 5~10mm，形成斜坡灭弧，但焊枪仍需对准熔池进行保护。新引弧点在原弧坑后 10~20mm 引弧，缓慢向左移动，待弧坑处开始熔化形成熔池和熔孔后，继续填丝焊接。

（五）终端收弧

当焊到终端时，减小焊枪角度，使电弧热量集中到焊丝，加大焊丝熔化量以填满弧坑，电流断开后，焊枪不能立即离开熔池。以滞后气保护高温下的焊缝金属和钨极不被氧化。

终端收弧填丝

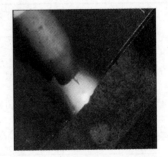
焊后保护

图 1-45　终端收弧

操作要点提示：

（1）若操作中动作不协调，钨极与焊丝相碰，发生瞬间短路，会造成焊缝污染和夹钨。

（2）两手进行焊枪移动与送丝的过程中，常出现动作不协调，影响焊缝成型。

（3）若填充焊丝不均匀，过快则焊缝余高大；过慢则焊下凹和咬缝边。由此可见，手工钨极氩弧焊需要较熟练的操作技艺。

四、焊缝清理

焊缝清理主要清理焊件表面的焊接飞溅物、氧化物等。在焊接检验前，不得对焊接缺陷进行修改。焊缝应处于原始状态。清理焊件表面的焊接飞溅物、氧化物时，一定要戴好护目镜。

图 1-46　清理后的原始焊缝

五、焊缝质量检验

（一）焊缝外形尺寸

焊缝余高为 0~3mm；焊缝余高差≤2mm；焊缝宽度比坡口每侧增宽 0.5~2.5mm；焊缝宽度差≤3mm。

（二）焊缝缺陷

焊接结束后，关闭焊机，用钢丝刷清理焊缝表面。肉眼观察或用低倍放大镜检查焊缝表面是否有气孔、裂纹、咬边等缺陷。用焊缝量尺测量焊缝外观成型尺寸。TIG 焊薄板对接平焊焊缝检查参照焊条电弧焊 V 形坡口对接平焊平分标准如下。

焊接质量要求：咬边深度≤0.5mm。咬边总长度≤30mm；背面凹坑深度≤0.5mm。总长度≤30mm 的焊缝表面不得有裂纹、未熔合、夹渣、气孔、焊瘤、未焊透等缺陷。

（三）焊件变形

焊后变形量≤3°；错边量≤0.2mm。

焊接结束，关闭焊接电源、气阀，清理现场，检查安全隐患。

【检查】

（1）手工钨极氩弧焊薄板对接完成情况检查。

（2）记录资料。

（3）文明实训。

（4）实施过程检查。

【评价】

过程性考核评价如表 1-48 所示；实训作品评价如表 1-49 所示；最后综合评价按表 1-50 执行。

表 1-48　手工钨极氩弧焊薄板对接过程评价标准

考核项目		考核内容	配分
职业素养	安全意识	执行安全操作规程，安全操作技能，安全意识。如有违反，由考评员扣 1 分/项	10
	文明生产	做到对现场或岗位进行整理、整顿、清扫、清洁，文明生产。如不符合要求，由考评员扣 1 分/项	10
	责任心	有主人翁意识，工作认真负责，能为工作结果承担责任。如不符合要求，由考评员扣 1 分/项	10
	团队精神	有良好的合作意识，服从安排。如不符合要求，由监考员扣 1 分/项	10
	职业行为习惯	成本意识，操作细节。如不符合要求，由考评员扣 1 分/项	10
职业规范	工作前的检查	安全用电及安全防护、焊前设备检查。如不符合要求，由考评员扣 1 分/项	10
	工作前准备	场地检查、工量具齐全、摆放整齐、试件清理。如不符合要求，扣 1 分/项	10
	设备与参数的调节	参数符合要求、设备调节熟练、方法正确。如不符合要求，扣 2 分/项	10
	焊接操作	定位焊位置正确，引弧、收弧正确、操作规范；试件固定的空间位置符合要求。如不符合要求，扣 2 分/项	10
	焊后清理	关闭电源，设备维护、场地清理，符合 6S 标准。如不符合要求，由考评员扣 1 分/项	10

表 1-49　实训作品评价标准

姓名		学号		得分	
项目		分值		扣分标准	
焊缝宽度 c/mm		10		c=4~6，超过标准不得分	
焊缝宽度差 c'/mm		8		c'≤1，超过标准不得分	
焊缝余高 h/mm		10		h=0~2，超过标准不得分	
焊缝余高差 h'/mm		8		h'≤1，超过标准不得分	
错边量		8		超过标准不得分	
焊后角变形 α/°		8		α≤3°，超过标准不得分	
夹渣		8		出现一处夹渣扣 5 分	
气孔		8		出现一处气孔扣 4 分	
未焊透		8		出现一处未焊透扣 5 分	
未熔合		8		出现一处未熔合扣 5 分	
咬边		8		出现一处咬边扣 4 分	
凹陷		8		出现一处凹陷扣 4 分	

表 1-50 综合评价表

学生姓名_____   学号_____

评价内容		权重（%）	自我评价 占总评分（10%）	小组评价 占总评分（30%）	教师评价 占总评分（60%）
应知	笔试	10			
	出勤	10			
	作业	10			
应会	职业素养与职业规范	21			
	实训作品	49			
小计分					
总评分					

评价细则：综合评价表中应知部分的笔试、出勤、作业评价项及应会部分的职业素养与职业规范、实训作品评价项的各项分数按三方评价得出的分数乘以对应的权重值最后累加得出总评分。

为突出技能，分值比例为应知：应会=3：7；职业素养与职业规范：实训作品=3：7。

任务思考

1. 手工钨极氩弧焊平位薄板焊接如何控制焊接变形？

2. 如何有效避免手工钨极氩弧焊的常见焊接缺陷？

3. 手工钨极氩弧焊机常见哪些故障？怎样排除？

任务 3 V 形坡口板对接平焊单面焊双面成型

【任务描述】

本任务包含了 V 形坡口板对接平焊单面焊双面成型之焊条电弧焊一个学习情境。学生通过 V 形坡口板对接平焊单面焊双面成型焊条电弧焊操作的学习使学生能够掌握平焊的基本知识，了解平焊的特点及操作要求，掌握 V 形坡口对接平焊单面焊双面成型的操作过程。

情境一 V 形坡口板对接平焊单面焊双面成型之焊条电弧焊

【资讯】

1. 本课程学习任务

（1）能选择合理的 V 形坡口对接平焊的装夹方案，能进行焊接装配及定位焊，并能使用半自动火焰切割机进行坡口的加工；

（2）掌握 V 形坡口板对接平焊单面焊双面成型焊条电弧焊工艺参数选择与运用；

（3）掌握 V 形坡口板对接平焊单面焊双面成型焊条电弧焊操作技术；

（4）能较好地识别和控制咬边、夹渣等焊接缺陷；

（5）能严格执行安全规范、职业素养要求；

（6）能对焊缝进行质量外观检测。

2. 任务步骤

（1）焊前准备：焊机检查、工件（开坡口，坡口尺寸：60°V 形坡口）和焊条检查与准备、工艺参数选择；

（2）焊前装配：将打磨好的工件装配成 V 坡口平对接接头，装配间隙 1~1.5mm，钝边 1mm；

（3）定位焊接：定位焊采用与焊接相同的 E4303 焊条进行定位焊，在焊件反面两端 20mm 内点焊，焊点长度为 ≤10mm，预留反变形量 3°，错边量 ≤1mm；

（4）手工电弧焊 6mm 钢板 V 坡口平对接单面焊双面成型示范、操作；

（5）焊缝清理；

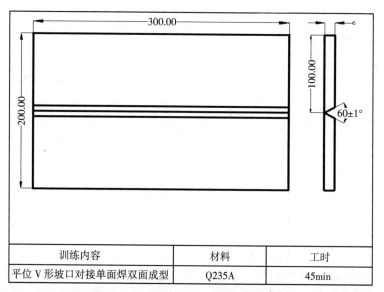

训练内容	材料	工时
平位 V 形坡口对接单面焊双面成型	Q235A	45min

图 1-47 手工电弧焊 6mm 钢板 V 形坡口平对接单面焊双面成型实训工作图

注：技术要求：①V 形坡口平位单面焊双面成型；②控制焊后变形小于 1 度。

（6）焊缝质量检验。

3. 工具、设备、材料准备

（1）焊件清理：半自动火焰切割机切割 Q235 钢板坡口，规格：300mm×100mm×6mm，2 块一组，将工件焊接处、工件表面和焊丝表面清理干净。

（2）焊接设备：BX3-300 型或 ZX5-500 型手弧焊机。

（3）焊条：E4303 型，直径为 3.2mm、4.0mm。焊条烘干 150~200℃，并恒温 2h，随用随取。

（4）劳动保护用品：头戴式面罩、手套、工作服、工作帽、绝缘鞋、白光眼镜。

（5）辅助工具：锉刀、刨锤、钢丝刷、角磨机、焊缝万能量规。

（6）确定焊接工艺参数，如表 1-51 所示。

表 1-51 V 形坡口板对接平焊单面焊双面成型焊条电弧焊焊接工艺参数参考

焊接层次	焊条直径/mm	焊接电流/A
打底焊	2.5	70~80
填充焊	3.2	90~120
盖面焊	3.2	90~110

【计划与决策】

通过对工作任务相关的各种信息分析，制订并经集体讨论确定如下 V 形坡口板对接平焊单面焊双面成型焊条电弧焊方案，见表 1-52：

表 1-52　V 形坡口板对接平焊单面焊双面成型焊条电弧焊方案

序号	平位薄板 I 形坡口对接实施步骤		工具设备材料	工时
1	焊前准备	工件开坡口、清理	半自动火焰切割机、钢丝刷、角磨机	2.5
		焊条检查、准备	E4303（J422）Φ2.5mm、Φ3.2mm 焊条	
		焊机检查	BX3-300 型或 ZX5-500 型手弧焊机	
		焊前装配	角磨机、钢尺	
		定位焊接	焊接设备、焊条	
2	示范与操作	示范讲解	焊帽、手套、工作服、工作帽、绝缘鞋、刨锤（各层焊间清渣）、钢丝刷等	11
		调节工艺参数		
		打底焊		
		填充焊		
		盖面焊		
3	焊缝清理	清理焊渣、飞溅	锉刀、钢丝刷	0.5
4	焊缝检查过程评价	焊缝外观检查	焊缝万能量规	1
		焊缝检测尺检测		

【实施】

✍ 单面焊双面成型简介

一、手工电弧焊单面焊双面成型技术的概念

手工电弧焊单面焊双面成型是采用普通焊条，在对工件开坡口并进行组装定位焊，按焊接的不同位置，采用不同的手法对坡口进行焊接，达到单面焊，双面成型的效果。这种方法主要适用于板材对接接头，管管对接接头等，是压力容器焊工应熟练掌握的操作技能。

二、单面焊双面成型常见的焊接缺陷产生原因及防止措施

（一）外观缺陷

1. 咬边

因焊接造成焊缝边缘（焊趾）出现的低于母材表面的凹陷或沟槽称为咬边。

咬边是由于焊接过程中，焊件边缘的母材金属被溶化后，未及时得到溶化金属的填充所致。咬边可出现于焊缝的一侧或两侧，可能是连续的或间断的。咬边是一种较为危险的缺陷，它将削弱焊接接头的强度，产生应力集中。在疲劳载荷作用下，使焊接接头的承载能力大大地降低。咬边往往又是引起裂纹的发源地和断裂失效的原因。因此，在许多有关技术条件中，规定了咬边的容限尺寸。

（1）咬边的产生原因主要是：焊接规范参数选择不当或操作工艺技术不正确所造成。如焊接电流过大、电弧电压太高（电弧过长）、焊接速度太快。在坡口焊缝焊接时，焊条或焊丝离坡口侧壁太近。焊条的运条手法及焊条角度不当等。

（2）防止咬边的措施：选择适当的焊接电流及焊接速度；采用短弧操作，电弧电压不宜过高；掌握正确的运条手法和焊条角度；在坡口焊缝焊接时，选择和保持合适的焊条或焊丝离侧壁的距离；选择合适的焊材。

2. 焊瘤

焊接过程中，在焊缝根部背面或焊缝表面，出现熔化金属流淌到焊缝之外与母材金属未熔合所形成的突出部分称为焊瘤。焊瘤一般是单个的，有时也有可能形成长条的焊瘤，在立、仰、横焊时较多出现。焊瘤影响焊缝外观，并造成焊缝的几何尺寸不连续性，会形成应力集中的缺口，管道内部的焊瘤将影响管内介质的有效流通。

（1）产生焊瘤的原因主要是：焊工操作不熟练和焊接规范选择不当。如焊接电流过小，而立、横、仰焊时焊接电流则过大，焊接速度太慢，电弧过长，焊工操作时运条摆动不正确，以及焊条选择不当等因素。

（2）防止焊瘤的措施：调整合适的焊接电流及焊接速度；采用短弧操作；掌握正确的运条方法；选择合适的焊条型号及直径。

3. 凹坑

凹坑是焊后在焊缝表面或焊缝背面形成低于母材表面的局部低洼缺陷。在焊缝背面低于母材表面的圆滑凹坑称为内凹，而焊缝表面低于母材表面的凹坑称下垂。内凹及下垂缺陷将会减小焊缝的有效工作截面，降低焊缝的承载能力。

（1）形成凹坑的原因：焊接电流过大、焊缝间隙太大以及填充金属添加量不足等。

（2）防止凹坑的措施：正确选择焊接电流和焊接速度；严格控制焊缝装配间隙均匀，适当加快填充金属的添加量。

4. 烧穿

烧穿是焊接过程中部分熔化金属从焊缝背面流出，形成烧熔穿孔的缺陷，常发生于底层焊缝或薄板焊接中。

（1）造成烧穿的主要原因是：焊件过热的缘故，与焊接坡口的装配和焊接规范选择有关。如坡口形状不良；装配间隙太大；焊接电流速度过慢；操作不当；电弧过长且在焊缝处停留时间太长等。

（2）防止烧穿的措施主要是：减少根部间隙，适当加大钝边，严格控制装配质量；正确选择焊接电流，适当提高焊接速度；采用短弧操作，避免过热。

5. 焊缝表面形状及尺寸偏差

焊缝表面形状及尺寸偏差属于形状缺陷，其经常出现的有：对接焊缝超高、角焊缝凸度过大、焊缝宽窄不齐、焊缝表面粗劣和未焊满等。这类焊接不仅影响焊缝外观质量，如焊缝超高或凸度过大，还使焊缝与母材交界处突变，造成应力集中。

（1）造成焊缝形状缺陷的原因：焊接坡口角度不当或装配间隙不均匀；焊接规范选择不正确；焊条或焊丝过热。

（2）防止焊缝形状缺陷产生的措施：选择正确的焊接规范；选用适当的焊条和焊条直径；将电流和装配间隙调整到合适，以合适的焊接速度，均匀运条，进行正常的熔渣保护，避免焊条或焊丝过热。

（二）内在缺陷

1. 气孔

由于焊接过程中高温时吸收和产生的气泡，在冷却凝固时未能及时逸出而残留在焊缝金属内所形成的孔穴，称为气孔。气孔是焊接过程中常见的一种缺陷，它不仅出现在焊缝表面，也可能出现在焊缝的内部与根部。气孔会影响焊缝的外观质量，削弱焊缝的有效工作截面，降低焊缝的强度和塑性，贯穿焊缝的气孔则使焊缝致密性破坏造成渗漏。形成气孔的气体来源于大气的侵入；溶解于母材、焊丝和焊条焊芯中的气体；潮湿的焊条药皮或焊剂熔化时产生的气体；焊丝和母材的油污和铁锈等脏物在受热后分解释放出的气体；焊接过程中的各种冶金化学反应产生的气体等。气孔存在的部位可分外部气孔和内部气孔。

焊缝中气孔的产生与焊件的表面形态、焊接方法、焊接材料、焊接工艺参数以及焊接电流种类和极性等因素密切相关。

（1）气孔产生的主要原因：焊接过程中焊接区的良好保护受到破坏，如埋弧焊的焊剂和气电焊的保护气体给送中断；母材焊接区和焊丝表面有油污、铁锈和吸附水等污染；焊接材料受潮，烘焙不充分；焊接电流过大或过小、焊接速度过快；使有低氢型焊条时，焊接电源极性错误，焊接电弧过长、电弧电压偏高；引弧方法或接头不良等。

（2）防止气孔的措施：提高焊工操作技能和责任心，防止焊剂或保护气体给送中断；焊前仔细清理母材焊接区和焊丝表面的油污、铁锈等污物，适当预热除去吸附水分；焊接材料在焊前应严格进行烘焙、低氢型焊条必须存放在焊条保温筒中；采用合适的焊接电流、焊接速度，并适当摆动；使用低氢型焊条应仔细校核电源极性，并短弧操作；采用引弧板或回弧法操作技术。

2. 夹渣

焊后残留在焊缝中的非金属熔渣称为夹渣。夹渣与夹杂物不同，夹杂物是焊接冶金反应过程中产生残留在晶界或晶间的非金属杂质（如氧化物、硫化物、氮化物等），夹渣是一种宏观缺陷。

焊缝中的夹渣也有多种形式，可能是单个颗粒状夹渣，也可能是呈长条状或线状的连续夹渣。夹渣的形状有圆形的、椭圆形的或三角形的。夹渣可能存在于焊缝与母材坡口侧壁交接处，也可能存在于焊道于焊道之间。

夹渣的存在将减少焊接接头的工作截面，对焊缝的危害与气孔相似，影响焊缝的力学性能（如抗拉强度和塑性）。一些技术标准和规程中，在保证强度和致密性条件下，允许存在一定尺寸和数量的夹渣。

（1）产生夹渣的原因：多层焊时，每层焊道间的熔渣未清除干净；焊接电流过小、焊接速度过快；焊接坡口角度太小，焊道成型不良；焊条角度和运条技法不当；焊条质量不好。

（2）防止产生夹渣的措施：每层焊道间应认真清除熔渣；选用合适的焊接电流和焊接速度；适当加大焊接坡口角度；正确掌握焊条角度或焊丝位置，改善焊道成型；选用质量优良的焊条。

3. 未熔合

熔化焊接时，在焊缝金属与母材之间或焊道金属的层间，未能完全熔化结合而留下的缝隙称为未熔合。

未熔合的形式有侧壁未熔合、层间未熔合和焊缝根部未熔合。未熔合属于一种面状缺陷，其危害程度类同于裂纹、易造成应力集中，是一种危害很大的缺陷。故一般的技术条件和规程中规定，焊缝中不允许存在未熔合。

（1）危害：未熔合属于面状缺陷，易造成应力集中，危害性很大（类同于裂纹）。焊接技术条件中不允许焊缝存在未熔合。

（2）产生原因：多层焊时，层间和坡口侧壁渣清理不干净；焊接电流偏小；焊条偏离坡口侧壁距离太大；焊条摆动幅度太窄等。

（3）防止措施：仔细清除每层焊道和坡口侧壁的熔渣；正确选择焊接电流，改进运条技巧，注意焊条摆动。

4. 未焊透

焊接时，焊接接头的母材之间未完全焊透称为未焊透。在单面焊接时，焊缝焊透达不到根部，形成根部未焊透。双面焊缝中间形成中间未焊透。未焊透使焊缝工作截面减弱，降低焊接接头的强度并会造成应力集中。因此，一般在单面焊的焊接接头中不允许超过一定容限量的未焊透。

（1）未焊透的原因：焊接坡口设计不良，坡口角度太小，钝边太厚，装配间隙过小；焊接规范选择不合适，焊接电流过小、电弧电压偏低、焊接速度过大。有时因焊接电流过大，引起焊丝或焊条急剧熔化；焊接操作不当，焊条角度或焊丝位置不正确而焊偏；运条技法不当或焊接过程产生电弧磁偏吹。

（2）防止未焊透的措施：改进焊接坡口设计，适当加大坡口角度，减小钝边，严格控制装配间隙，保证均匀性；正确选择焊接电流、电弧电压和焊接速度；认真仔细地操作，焊接过程保持适当的焊条角度和焊丝位置，防止焊偏；掌握正确的运条手法，采用短弧操作。

5. 焊接裂纹

焊接过程中或焊接以后，在焊接接头区域内所出现的金属局部破裂叫裂纹。裂纹可能产生在焊缝上，也可能产生在焊缝两侧的热影响区。有时产生在金属表面，有时产生在金属内部。通常按照裂纹产生的机理不同，可分为热裂纹和冷裂纹两类。

（1）产生裂纹的原因：因为不同钢种、焊接方法、焊接环境、预热要求、焊接接头中杂质的含量、装配及焊接应力的大小等而不同，但产生裂纹的根本原因有两点：产生裂纹的内部诱因和必需的应力。

（2）防治措施：

1）严格按照规程和作业指导书的要求准备各种焊接条件；

2）提高焊接操作技能，熟练掌握使用焊接方法；

3）采取合理的焊接顺序等措施，减少焊接应力等。

（3）治理措施：

1）针对每种产生裂纹的具体原因采取相应对策；

2）对已经产生裂纹的焊接接头，制定处理措施，采取挖补等处理。

裂纹是焊接生产中常见的一种缺陷，是危害焊接结构安全性的最危险缺陷。裂纹除降低焊接接头的力学性能指标外，裂纹末端的缺口易引起应力集中，促使裂纹延伸和扩展，成为结构断裂失效的起源。因此，重要的焊接接头是不允许裂纹存在的。

三、缺陷对单面焊双面成型质量的影响

1. 增加消耗，降低结构的质量和使用寿命

焊接生产中，高质量的焊接焊缝可达到焊接设计要求，保证焊件的正常使用寿命。出现各种缺陷，就会增加板材、焊材、电力、人力等各项的多余消耗。并且这些缺陷容易造成应力集中，减少使用寿命，对工件的使用是非常严重的潜在危险。

2. 焊接缺陷对结构的安全生产带来的威胁和引起的安全事故

单面焊双面成型焊接主要用于压力容器，管道等重要构件的焊接生产中，一旦出现焊接质量不达标，焊接的焊补是很困难的，主要是在生产过程中受到各种交变载荷及压力的作用，使焊缝处的应力集中，减弱了焊接接头的强度。轻则使产品使用寿命减少和损坏，重则导致重大事件的产生，造成财力、人员等损失。

四、单面焊双面成型焊接工艺参数对焊接质量的影响

（1）焊接电流。焊接电流大小选择适当与否直接影响到焊接的最终质量。焊接电流过大，可以提高生产率，并使熔透增加，但易出现咬边、焊穿、增加焊件变形量和金属飞溅量，尤其是在立焊和仰焊时，易出现焊瘤。焊接电流较小，电弧不稳，熔深小，易出现未焊透、融合不良、夹杂等缺陷。

焊接电流应根据板件厚度、接头形式、焊接层、焊条型号直径、焊接经验等因素综合考虑。对于直径一定的焊条所适应的电流范围如表 1-53 所示：

表 1-53　电流选择

焊条直径/mm	2.5	3.2	4	5
焊接电流/A	60~80	100~130	160~210	200~270

（2）焊接速度。焊接速度是焊接生产效率中一项主要参数。合理选择焊接速度对保证焊接质量是非常重要的。焊接速度首先应该是均匀的，在均匀的情况下既保证焊透，又保证不焊穿，同时还要使焊缝宽度和余高等符合技术要求。焊速过快，使熔池温度不够，易造成未焊透、未融合、焊缝成型不良等缺陷。焊速过慢，使熔池加热时间过长，热影响区宽度增加，焊接接头的晶粒变粗，机械性能降低，焊件变形量变大，同时还会使焊层变厚，导致熔杂倒流，造成夹杂等缺陷。

（3）焊接电弧。实际生产中，焊接电弧可能由于各种原因而发生燃烧不稳定的现

象，如电弧经常间断，不能连续燃烧，电弧偏离焊条轴线方向或电弧摇摆不稳等。而焊接电弧能否稳定，直接影响到焊接质量的优劣和焊接过程的正常进行。

影响电弧稳定的因素，除操作者技术不熟练外，可归为以下几个方面。

1）焊接电源的种类、极性及性能的影响。一般来说，用直流焊机比用交流焊机电弧稳定，反接比正接电弧稳定，空载电压较高的焊机较之空载电压较低的焊机电弧稳定。

2）焊条药皮的影响。药皮中含有易电离的元素，如钾、钠、钙和它们的化合物越多，电弧稳定性越好。含有难于电离的物质，如氟的化合物越多，电弧稳定性就越差。

此外，焊条药皮偏心，熔点过高和焊条保存不好，造成药皮局部脱落等都会造成电弧不稳。

3）焊接区清洁度和气流影响。焊接区若油漆、油脂、水分及污物过多时，会影响电弧的稳定性。在风较大的情况下露天作业，或在气流速度大的管道中焊接，气流能把电弧吹偏而拉长，也会降低电弧的稳定性。

4）磁偏吹的影响。在焊接时，会发生电弧不能保持在焊条轴线方向，而偏向一边，这种现象称为电弧的偏吹。

引起磁偏吹的根本原因是由于电磁周围磁场分布不均匀所致。造成磁场不均匀有两方面原因：一是焊接电缆接在焊件的一侧，焊接电流只从焊件的一边流过；二是在靠近直流电弧的地方有较大的铁磁物体存在时，引起电弧两侧磁场分布不均匀。在焊接过程中，可采用短弧、调整焊条倾角（将焊条朝着偏吹方向倾斜）或选择恰当的接线部位等措施来克服磁偏吹。

（4）焊接层数。单面焊双面成型焊接层数的选择对焊缝也有一定影响，主要分为3部分，打底、填充和盖面。焊接层数主要根据板件厚度、焊条直径、坡口尺寸、形式和装配间隙来确定。根据实际经验每道焊缝厚度约为焊条（焊芯）直径的0.8~1.2倍，可用如下公式进行估算：

$$n = \delta / d \tag{1}$$

式中：n——焊接层数；

δ——焊件的厚度（mm）；

d——焊条直径（mm）。

对于低碳钢和强度较低的低合金钢在单面焊双面成型时，多层焊，每层焊缝过后，对焊缝的塑性有不利的影响，且由于焊接厚度过大导致焊接速度过慢，使焊缝熔杂倒流，造成焊缝夹杂等缺陷。但每层也不宜过薄，导致焊缝两侧未融合等缺陷。

（5）焊条类型及焊条直径。焊材类型决定焊缝成型后是否能达到与母材一样或者接近母材各种性能。因此焊缝质量的高低主要看焊缝成型后是否能达到与母材一样或者接近母材各种性能。所以焊条类型的选择对焊缝质量的影响也是很重要的。

焊条直径的大小除了对生产率有一定的影响外，对焊接质量也有一定的影响。焊条直径一般根据焊件的厚度选择；同时还要考虑接头形式、施焊位置和焊接层数，对于重要的结构还要考虑热输入的要求，如焊条直径。一般情况下焊条直径的选择根据板厚，见表1-54：

表 1-54　焊条直径与板厚

板件厚度/mm	2~3	4~6	8~12	大于 12
焊条直径/mm	2	2.5	3.2	4~16

在相同板厚的条件下，平焊位置选择的焊条直径可以比其他位置的焊条直径稍大，一般不超过 4mm，第一层打底焊可以选择直径较小的焊条，以后各层可以根据板件的厚度和坡口的大小深度悬着焊条直径。

焊接电弧的磁偏吹、原因及防止措施简介。

1) 焊接电弧的磁偏吹：直流电弧焊时，因受到焊接回路所产生的电磁力的作用而产生的电弧偏吹称为磁偏吹。它是由于直流电所产生的磁场在电弧周围分布不均匀而引起的电弧偏吹。电弧产生磁偏吹的因素主要有下列几种：

①导线接线位置引起的磁偏吹。如图 1-48 所示，导线接在焊件一侧（接"+"），焊接时电弧左侧的磁力线由两部分组成：一部分是电流通过电弧产生的磁力线，另一部分是电流流经焊件产生的磁力线。而电弧右侧仅有电流通过电弧产生的磁力线，从而造成电弧两侧的磁力线分布极不均匀，电弧左侧的磁力线较右侧的磁力线密集，电弧左侧的电磁力大于右侧的电磁力，使电弧向右侧偏吹。

②铁磁物质引起的磁偏吹。由于铁磁物质（钢板、铁块等）的导磁能力远远大于空气，因此，当焊接电弧周围有铁磁物质存在时，在靠近铁磁物质一侧的磁力线大部分都通过铁磁物质形成封闭曲线，使电弧同铁磁物质之间的磁力线变得稀疏，而电弧另一侧磁力线就显得密集，造成电弧两侧的磁力线分布极不均匀，电弧向铁磁物质一侧偏吹，如图 1-49 所示。

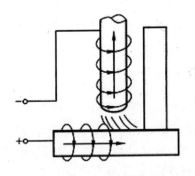

图 1-48　导线接线位置引起的磁偏吹

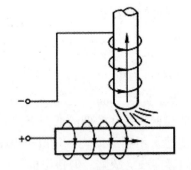

图 1-49　铁磁物质引起的磁偏吹

③电弧运动至钢板的端部时引起的磁偏吹。在焊件边缘处开始焊接或焊接至钢板端部时，经常会发生电弧偏吹，而逐渐靠近焊件的中心时，电弧的偏吹现象就逐渐减小或没有。

这是由于电弧运动至钢板的端部时，导磁面积发生变化，引起空间磁力线在靠近焊件边缘的地方密度增加，产生了指向焊件内部的磁偏吹，如图 1-50 所示。

2) 防止或减少焊接电弧偏吹的措施。

① 焊接时，在条件许可情况下尽量使用交流电源焊接。

② 调整焊条角度，使焊条偏吹的方向转向熔池，即将焊条向电弧偏吹方向倾斜一定角度，这种方法在实际工作中应用得较广泛。

③ 采用短弧焊接，因为短弧时受气流的影响较小，而且在产生磁偏吹时，如果采用短弧焊接，也能减小磁偏吹程度，因此，采用短弧焊接是减少电弧偏吹的较好方法。

④ 改变焊件上导线接线部位或在焊件两侧同时接地线，可减少因导线接线位置引起的磁偏吹，如图 1-51 所示。图中虚线表示克服磁偏吹的接线方法。

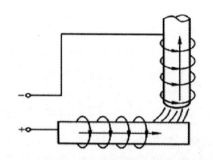

图 1-50　电弧在焊件端部焊接时引起的磁偏吹　　图 1-51　改变焊件导线接线位置克服磁偏吹

⑤ 在焊缝两端各加一小块附加钢板（引弧板及引出板），使电弧两侧的磁力线分布均匀并减少热对流的影响，以克服电弧偏吹。

⑥ 在露天操作时，如果有大风则必须用挡板遮挡，对电弧进行保护。在焊接管子时，可将管口堵住，以防止气流对电弧的影响。在焊接间隙较大的对接焊缝时，可在接缝下面加垫板，以防止热对流引起的电弧偏吹。

⑦ 采用小电流焊接，因为磁偏吹的大小与焊接电流有直接关系，焊接电流越大，磁偏吹越严重。

焊接接头与焊缝形式

一、焊接接头形式

在手工电弧焊中，由于焊件厚度、结构形状以及使用条件和质量要求不同，其接头形式也不相同。焊接接头的形式很多，其基本形式可分为 4 种，如图 1-52 所示。还有特殊的接头形式：十字接头、端接接头、卷边接头、套管接头、斜对接接头、锁底对接接头。

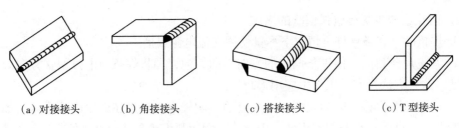

(a) 对接接头   (b) 角接接头   (c) 搭接接头   (c) T型接头

图 1-52　焊接接头形式

用焊接方法连接的接头称为焊接接头（简称接头）。焊接接头包括熔合区（也叫焊缝）和热影响区。

1. 对接接头

两焊件端部在同一水平面并相互平行的接头称为对接接头。对接接头是最常见的接头形式，它多用于船体的外板、甲板、内底板及舱壁板等构件之间的连接。对接接头的焊缝应是全焊透焊缝，焊缝两侧的母材金属应熔化均匀。对接接头又可分为以下几种不同的形式：

（1）不开坡口的对接接头。厚度小于 6mm 且能够保证完全焊透的构件，可采用不开坡口的对接接头。为了确保完全焊透，被焊钢材间要留有 1~2mm 的装配间隙。板厚增加，装配间隙也要相应增大。这种接头形式通常需要进行双面焊接。

（2）开坡口的对接接头。所谓坡口，就是根据设计或工艺需要，在工件的待焊部位加工出具有一定几何形状的沟槽。开坡口就是采用机械切割、火焰切割或电弧气刨等方法加工坡口的过程。

2. T 型接头

两被焊工件的表面构成直角或近似直角的接头，称为 T 型接头。T 型接头在焊接结构中被广泛地使用；造船厂的船体结构中，约有 70% 的接头是 T 型接头。按照焊件厚度和坡口形式的不同，T 型接头可分为不开坡口、开坡口两种形式，如图 1-53 所示。

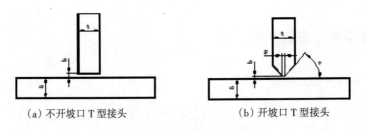

(a) 不开坡口 T 型接头   (b) 开坡口 T 型接头

图 1-53　T 型接头图

对于板厚小于 10mm 的构件，或者受力不太大的构件，可以采用不开坡口的 T 型接头，焊条电弧焊时，这种不开坡口的 T 型接头一般要进行双面焊接。若 T 型接头的焊缝承受较大的载荷，则应根据钢板的厚度和对强度的要求，分别选用不同的坡口形式，使接头能够熔透，以保证焊接接头的强度。

3. 角接接头

两钢板成一定角度，在钢板边缘焊接的接头称为角接接头。角接接头多用于箱形构件，骑坐式管接头和筒体的连接，小型锅炉中火筒和封头连接也属于这种形式。

与 T 型接头类似，单面焊的角接接头承受反向弯矩的能力极低，除了钢板很薄或不重要的结构外，一般都应开坡口两面焊，否则不能保证质量。

4. 搭接接头

两部分重叠构成的接头称为搭接接头。根据结构形式和对强度的要求不同，可分为 I 形坡口，塞焊缝或槽焊缝。I 形坡口的搭接接头，其重叠部分为 3~5 倍板厚并采用双面焊，重叠面积较大可为保证强度可根据需要选用圆孔塞焊缝，长孔槽焊缝。特点适用于被焊结构狭小处及密闭的焊接结构。

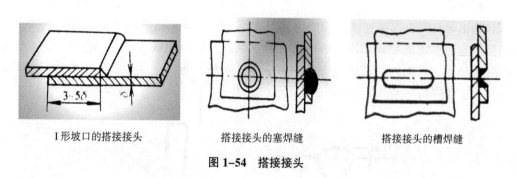

I 形坡口的搭接接头　　　　搭接接头的塞焊缝　　　　搭接接头的槽焊缝

图 1-54　搭接接头

二、焊缝的基本形式

焊缝：焊件经焊接后所形成的结合部分。

分类：

（1）按空间位置可分为平焊缝、横焊缝、立焊缝、仰焊缝。

（2）按结合方式可分为对接焊缝、角焊缝、塞焊缝。

对接焊缝是沿着两个焊件之间形成的，有不开坡口（或开 I 形坡口）和开坡口的两种。焊缝表面形状有上凸的和与表面平齐的。

（3）按焊缝断续情况可分为连续焊缝、断续焊缝。

（4）按承载方式可分为工作焊缝、联系焊缝。

焊缝是构成焊接接头的主体部分，对接接头焊缝、角接接头焊缝是焊缝的基本形式。

三、焊缝的形状尺寸

焊缝的形状用一系列几何尺寸来表示，不同形式的焊缝，其形状参数也不一样。

1. 焊缝宽度

焊缝表面与母材的交界处叫焊趾。焊缝表面两焊趾之间的距离叫焊缝宽度，如图 1-55 所示。

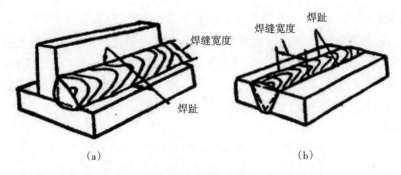

图 1-55　焊缝宽度

2. 余高

超出母材表面焊趾连线上面的那部分焊缝金属的最大高度叫余高，见图 1-56。在静载下它有一定的加强作用，所以它又叫加强高。但在动载或交变载荷下，它非但不起加强作用，反而因焊趾处应力集中易于促使脆断。所以余高不能低于母材但也不能过高。手弧焊时的余高值为 0~3mm。

图 1-56　余高

3. 熔深

在焊接接头横截面上，母材或前道焊缝熔化的深度叫熔深，见图 1-57。

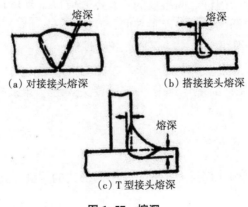

(a) 对接接头熔深　　　(b) 搭接接头熔深

(c) T 型接头熔深

图 1-57　熔深

4. 焊缝厚度

在焊缝横截面中，从焊缝正面到焊缝背面的距离，叫焊缝厚度，见图 1-58。

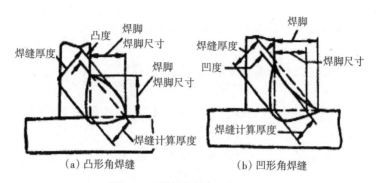

(a) 凸形角焊缝　　　　　(b) 凹形角焊缝

图 1-58　焊缝厚度及焊脚

焊缝计算厚度是设计焊缝时使用的焊缝厚度。对接焊缝焊透时它等于焊件的厚度；角焊缝时它等于在角焊缝横截内画出的最大直角等腰三角形中，从直角的顶点到斜边的垂线长度，习惯上也称喉厚，见图 1-58。

5. 焊脚

角焊缝的横截面中，从一个直角面上的焊趾到另一个直角面表面的最小距离，叫做焊脚。在角焊缝的横截面中画出的最大等腰直角三角形中直角边的长度叫焊脚尺寸，见图 1-58。

6. 焊缝成型系数

熔焊时，在单道焊缝横截面上焊缝宽度（B）与焊缝计算厚度（H）的比值（ϕ=B/H），叫焊缝成型系数，见图 1-59。该系数值小，则表示焊缝窄而深，这样的焊缝中容易产生气孔和裂纹，所以焊缝成型系数应该保持一定的数值，例如埋弧自动焊的焊缝成型系数 ϕ 要大于 1.3。

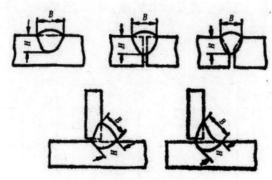

图 1-59　焊缝成型系数的计算

7. 熔合比

熔合比是指熔焊时，被熔化的母材在焊道金属中所占的百分比。

四、坡口的基本形式

1. 坡口类型

坡口：根据设计或工艺需要，在焊件的待焊部位加工成一定几何形状并经装配后构成的沟槽。

开坡口：用机械、火焰或电弧等加工坡口的过程。

开坡口的目的：

一是为保证电弧能深入到焊缝根部使其焊透，并获得良好的焊缝成型以及便于清渣。

二是对于合金钢来说，坡口还能起到调节母材金属和填充金属比例（即熔合比）的作用。

（1）根据板厚不同，对接焊缝的焊接边缘可分为卷边、平对或加工成为 V 形、X 形、K 形和 U 形等坡口。

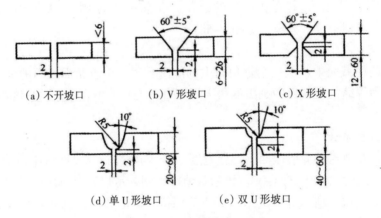

(a) 不开坡口　　(b) V 形坡口　　(c) X 形坡口

(d) 单 U 形坡口　　(e) 双 U 形坡口

图 1-60　对接焊缝坡口形式

（2）根据焊件厚度、结构形式及承载情况不同，角接接头和 T 型接头的坡口形式可分为 I 形、带钝边的单边 V 形坡口和 K 形坡口等。

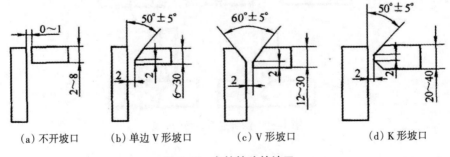

(a) 不开坡口　　(b) 单边 V 形坡口　　(c) V 形坡口　　(d) K 形坡口

图 1-61　角接接头的坡口

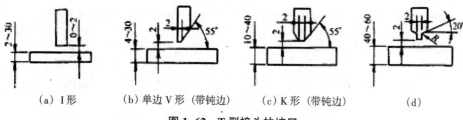

（a）I形　　　（b）单边V形（带钝边）　　（c）K形（带钝边）　　　（d）

图 1-62　T型接头的坡口

2. 坡口的设计原则

坡口的形式和尺寸主要根据钢结构的板厚、选用的焊接方法、焊接位置和焊接工艺等来选择和设计。

（1）焊缝中填充的材料少；

（2）具有好的可焊性；

（3）坡口的形状应容易加工；

（4）便于调整焊接变形。

一般情况下，焊条电弧焊焊接 6mm 厚度的焊件和自动焊焊接 14mm 以下厚度的焊件时，可以不开坡口就可以得到合格的焊缝，但板间要留有一定的间隙，以保证熔敷金属填满熔池，确保焊透。

钢板超过上述厚度时，电弧不能熔透钢板，应考虑开坡口。

五、坡口制备

采取的方法，根据焊件的尺寸、形状及加工条件确定。有以下方法：

（1）剪边：以剪板机剪切加工，常用于 I 形坡口。

（2）刨边：用刨床或刨边机加工，常用于板件加工。

（3）车削：用车床或车管机加工，适用于管子加工。

（4）切割：用氧—乙炔火焰手工切割或自动、半自动切割机切割加工成 I 形、V 形、X 形和 K 形坡口。

（5）碳弧气刨：主要用于清理焊根时的开槽，效率较高、劳动条件较差。

（6）铲削或磨削：用手工或风动、电动工具铲削或使用砂轮机（或角向磨光机）磨削加工，效率较低，多用于焊接缺陷返修部位的开槽。

坡口加工质量对焊接过程有很大影响，应符合图纸或技术条件要求。

（7）手工电弧焊焊缝坡口的基本形式和尺寸及接头、焊缝形式：

序号	工件厚度/mm	名 称	坡口形式和尺寸/mm	接头形式	焊缝形式
1	δ=10	Y 形坡口	60° 10 2	对接接头	对接焊缝

序号	工件厚度/mm	名称	坡口形式和尺寸/mm	接头形式	焊缝形式
2	$\delta=14$	双Y形坡口		对接接头	对接焊缝
3	$\delta=28$	双Y形坡口		对接接头	对接焊缝
4	$\delta=30$	UY形坡口		对接接头	对接焊缝
5	$\delta=40$	UY形坡口		对接接头	对接焊缝
6	$\delta=12$	带长舌双单边V形坡口		T型接头	角焊缝
7	$\delta=24$	带长舌双面J形坡口		T型接头	对接焊缝
8	$\delta=30$	带长舌双面J形坡口		T型接头	对接焊缝
9	$\delta=12$	带长舌单面J形坡口		T型接头	对接焊缝

序号	工件厚度/mm	名 称	坡口形式和尺寸/mm	接头形式	焊缝形式
10	δ=30	带长舌单面 J 形坡口		T 型接头	对接焊缝

坡口形式和尺寸的编制依据了国家标准 GB986、GB986 和具体的焊接生产实践。焊缝类别和质量要求根据产品的设计和规范规定执行。

焊接热输入基本知识

焊接热输入也叫焊接线能量，是指熔焊时由焊接电源输入给单位长度焊缝上的热能。

对某些材料的焊接，为保证其焊接质量，除应正确选择焊接方法和焊接材料外，执行焊接工艺的一个共同特点就是控制焊接线能量。

1. 不同的材料对焊接线能量控制的目的和要求

不同的材料对焊接线能量控制的目的和要求不一样。如：

（1）焊接低合金高强钢时，为防止冷裂纹倾向，应限定焊接线能量的最低值；为保证接头冲击性能，应规定焊接线能量的上限值。

（2）焊接低温钢时，为防止因焊缝过热出现粗大的铁素体或粗大的马氏体组织，保证接头的低温冲击性能，焊接线能量应控制为较小值。

（3）焊接奥氏体不锈钢时，为防止合金元素烧损，降低焊接应力，减少熔池在敏化温度区的停留时间，避免晶间腐蚀，应采用较小的焊接线能量。

（4）焊接耐热耐蚀高合金钢时，为减少合金元素烧损，避免焊接熔池过热而形成粗晶组织降低高温塑性和疲劳强度，防止热裂纹，获得较好"等强度"的接头，应采用较小的焊接线能量。

（5）珠光体钢与奥氏体钢异种钢焊接时，应采用较小的线能量以降低熔合比，避免接头珠光体钢一侧产生淬硬组织，防止扩散层。如果珠光体钢淬硬倾向较大，则焊前应预热，预热事实上是提高了焊接热输入。

（6）铝及铝合金焊接时，为防止气孔，应采用大的焊接电流配合较高的焊接速度应是焊接工艺参数的最佳匹配，即采用适中的焊接线能量。

（7）工业纯钛焊接时，为保证接头既不过热，又不产生淬硬组织，应采用小电流、快焊速，即采用较小的焊接线能量。

（8）镍及镍合金焊接时，为防止热裂纹，应采用小线能量。

当设计文件、相关标准提出的性能指标如冲击韧性、耐腐蚀性能等对线能量及其相关的焊接层次、层间温度有严格要求时，应在焊接作业指导书规定焊接线能量、焊接层次（含焊道尺寸）和层间温度的控制要求，施焊中通过对这些参数的记录来检查和证实焊接线能量及其相关的焊接层次、层间温度的要求是否得到满足。

2. 焊接线能量的计算方法

通常焊接线能量采用下列公式进行计算（适用于单电弧焊接方法，针对于每条焊道，并且不考虑累积）：

线能量 $Q=UIK/v$（J/cm）

式中：I——焊接电流（A）；

U——电弧电压（V）；

v——焊接速度（电弧行走速度）（cm/s）。

其中的 K 表示能量吸收因子，不同的焊接方法其值是不同的，如 MIG 焊的 K 值是0.8。

操作说明

一、操作要点

焊件装配及定位焊、打底焊、填充焊、盖面焊。

二、焊前准备

（1）启动焊机安全检查：BX3-300 型或 BX1-330 型手弧焊机，调试电流。

（2）焊件加工：选用两块材质为 Q235 的低碳钢板，焊件规格约为长度 300mm，宽度 100mm，板厚 6mm，使用半自动火焰切割机制备 V 形坡口，单边坡口角度 30°±1°，坡口面应平直，钝边为 1mm，焊件平整无变形。

（3）焊件的清理：用锉刀、砂轮机、钢丝刷等工具，清理坡口两面 20mm 范围内的铁锈、氧化皮等污物，直至露出金属光泽。

（4）选用优质价廉酸性的焊条 E4303，直径为 2.5mm、3.2mm。焊前须经 150~200℃烘焙 1 小时，然后放入焊条保温筒中备用，焊前要检查焊条质量。

（5）焊件装配及定位焊：预留根部间隙，一般坡口间隙可以定为：始焊端间隙为1.5mm，终焊端为 2mm，必须矫正焊件保证错边量小于 1mm，反变形角度约 3°为宜。始端，终端电焊固定，并放置于焊接架上，准备进行焊接。定位焊缝的位置如图 1-63所示。

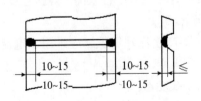

图 1-63　定位焊缝的位置

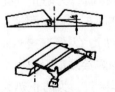
（a）获得反变形的方法

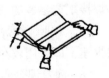
（b）反变形角度的测量方法

图 1-64　试板定位焊时预留反变形

三、操作步骤

V形坡口板对接平焊单面焊双面成型焊条电弧焊的基本操作技术包括：打底焊、填充焊、盖面焊，打底焊要求单面焊双面成型。

1. 打底焊

应保证得到良好的背面成型。

单面焊双面成型的打底焊，操作方法有连弧法与断弧法两种。

连弧法的特点是焊接时，电弧燃烧不间断，具有生产效率高，焊接熔池保护得好，产生的缺陷少，但它对装配质量要求高，参数选择要求严，故其操作难度较大，易产生烧穿和未焊透等缺陷。

断弧法（又分为两点击穿法和一点击穿法两种手法）的特点是依靠电弧时燃时灭的时间长短来控制熔池的温度，因此，焊接工艺参数的选择范围较宽，易掌握，但生产效率低，焊接质量不如连弧法易保证，且易出现气孔、冷缩孔等缺陷。

这里介绍的是断弧焊一点击穿法。

置试板大装配间隙于右侧，在试板左端定位焊缝处引弧，并用长弧稍作停留进行预热，然后压低电弧两钝边兼作横向摆动。当钝边熔化的铁水与焊条金属熔滴连在一起，并听到"噗噗"声响时，便形成第一个熔池，灭弧。它的运条动作特点是：每次接弧时，焊条中心应对准熔池的 2/3 左右处，电弧同时熔化两侧钝边。当听到"噗噗"声后，果断灭弧，使每个熔池覆盖前一个熔池的 2/3 左右。

操作时必须注意：当接弧位置选在熔池后端，接弧后再把电弧拉至熔池前端灭弧，则易造成焊缝夹渣。此外，在封底焊时，还易产生缩孔。解决办法是提高灭弧频率，由正常 50 次/分~60 次/分，提高到 80 次/分左右。

更换焊条时的接头方法：在换焊条收弧前，在熔池前做一个熔孔，然后回焊 10mm 左右，再收弧，以使熔池缓慢冷却。迅速更换焊条，在弧坑后部 20mm 左右处起弧，用长弧对焊缝预热，在弧坑后 10mm 左右处压低电弧，用连续手法运条到弧坑根部，并将焊条往熔孔中压下，听到"噗噗"击穿声后，停顿 2 秒左右灭弧，即可按断弧封底法进行正常操作。

焊条倾角：倾角一般为 70°~80°为宜。焊接过程中应该在坡口两侧稍作停留，以利于填充金属与母材熔合良好。并防止因填充金属与母材交界形成一定的夹角，不易清渣。

操作要领：操作过程可归纳为一看二听三准的原则。看：观察熔池深度和熔孔大小基本保持一致。听：焊接过程中听电弧击穿坡口根部发出"噗噗"的声音，那声音代表着坡口根部已经熔透，无声音则表示我们所焊接的试板坡口根部未完全熔透。准：焊接时，熔孔的端点位置应该掌握准确，焊条的中心要对溶池前端与母材的交界处，且每一个熔池与前一个熔池应搭接 2/3 左右，应保持电弧的 1/3 部分在试板的背面燃烧来加热和击穿坡口根部。

2. 填充焊

进行填充焊时，应选用较大的电流，并采用如图 1-65 所示的焊条倾角，焊条的运条方法可采用月牙形或锯齿形，摆动幅度应逐层加大，并在两侧稍作停留。

（1）焊接前应对打底焊道仔细进行清渣，特别要注意角缝处和死角处的焊渣清理工作。可用敲打锤，钢刷对打底焊反复进行清渣。

（2）在距离焊缝始端 10mm 左右处引弧后，将电弧拉回到始端进行焊接。每次都应按此方法操作，以防止端部焊接缺陷的产生。

（3）采用月牙法或锯齿横向法摆动焊条头部，使其焊缝成型美观（呈鱼鳞形状）。

（4）焊条与试板的下倾角应该为 70°~80°为宜。

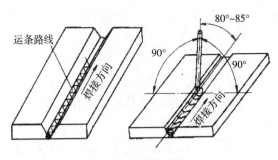

图 1-65　运条方法

（5）焊条摆动到两侧坡口时，应该稍停顿片刻，以利于熔合及渣，防止焊缝两侧产生未熔合的死角。

（6）最后一层的焊层厚度应低于母材表面 1~1.5mm，呈凹形，不得熔化坡口棱角（边），以利于盖面焊保持平直。

3. 盖面焊

所使用的焊接电流应稍小一点，要使熔池形状和大小保持均匀一致，焊条与焊接方向夹角应保持 75°左右，焊条摆动到坡口边缘时应稍作停顿，以免产生咬边。

盖面层的接头方法：换焊条收弧时应对熔池稍添熔滴铁水迅速更换焊条，并在弧坑前约 10mm 处引弧，然后将电弧退至弧坑的 2/3 处，填满弧坑后就可正常进行焊接。接头时应注意：若接头位置偏后，则使接头部位焊缝过高；若偏前，则造成焊道脱节。

盖面层的收弧可采用 3~4 次断弧引弧收尾，以填满弧坑，使焊缝平滑为准。

（1）引弧（和填充焊方法引弧相同）。

（2）采用月牙形或横向锯齿形运条。

（3）焊条与试板的下倾角应为 70°~75°。

（4）焊条摆动到坡口边缘时，要稍作停顿，保持熔宽 1~2mm。

（5）焊条的摆动频率应比平焊缝稍微快点，前进的速度要均匀一致，使每个新的熔池覆盖前一个熔池的 2/3~3/4 为宜。

（6）更换焊条前必须收弧，应对熔池填些铁液，迅速更换焊条后，再在弧坑上方 10mm 左右填充层焊缝金属上引弧，并且将电弧拉至厚弧处，填满弧坑后，继续施焊。

四、焊缝清理

焊接结束后，清渣处理。主要清理焊件表面的焊渣、焊接飞溅物、氧化物等。在焊接检验前，不得对焊接缺陷进行修改。焊缝应处于原始状态。清理焊件表面的焊渣、焊接飞溅物，一定要戴好护目镜。

五、焊缝质量检验

外观检查一般以肉眼观察为主，有时用5~20倍的放大镜进行观察。

1. 焊缝外形尺寸

焊缝余高为1~1.5mm；焊缝余高差≤1mm；焊缝宽度比坡口每侧增宽0.5~1.5mm；焊缝宽度差≤1mm。

2. 焊缝缺陷

焊接结束后，关闭焊机，用钢丝刷清理焊缝表面。肉眼观察或用低倍放大镜检查焊缝表面是否有气孔、裂纹、咬边等缺陷。用焊缝量尺测量焊缝外观成型尺寸。

焊接质量要求：咬边深度≤0.5mm。咬边总长度≤30mm；背面焊透成型好。总长度≤30mm的焊缝表面不得有裂纹、未熔合、夹渣、气孔、焊瘤、未焊透等缺陷。

3. 焊件变形

焊后变形量≤2°；错边量≤1mm。

焊接结束，关闭焊接电源，工具复位，清理、清扫现场，检查安全隐患。

【检查】

（1）V形坡口板对接平焊单面焊双面成型焊条电弧焊完成情况检查。

（2）记录资料。

（3）文明实训。

1）文明生产实习。

2）焊前检查焊机外壳是否有保护接地线。

3）防触电，防电弧光灼伤眼睛及皮肤。

4）对刚焊完的焊件，焊条头不要用手触摸，以免烫伤。

5）防烟尘和有害气体。

6）焊接工作结束后，应切断电源。待焊件冷却，并确认没有可疑烟气、火迹后方可离开操作间。

（4）实施过程检查。

【评价】

过程性考核评价见表1-55；实训作品评价见表1-56；最后综合评价按表1-57执行。

表 1-55　平敷焊过程评价标准

考核项目		考核内容	配分
职业素养	安全意识	执行安全操作规程，安全操作技能，安全意识。如有违反，由考评员扣1分/项	10
	文明生产	做到对现场或岗位进行整理、整顿、清扫、清洁，文明生产。如不符合要求，由考评员扣1分/项	10
	责任心	有主人翁意识，工作认真负责，能为工作结果承担责任。如不符合要求，由考评员扣1分/项	10
	团队精神	有良好的合作意识，服从安排。如不符合要求，由监考员扣1分/项	10
	职业行为习惯	成本意识，操作细节。如不符合要求，由考评员扣1分/项	10
职业规范	工作前的检查	安全用电及安全防护、焊前设备检查。如不符合要求，由考评员扣1分/项	10
	工作前准备	场地检查、工量具齐全、摆放整齐、试件清理。如不符合要求，扣1分/项	10
	设备与参数的调节	参数符合要求、设备调节熟练、方法正确。如不符合要求，扣2分/项	10
	焊接操作	定位焊位置正确，引弧、收弧正确、操作规范；试件固定的空间位置符合要求。如不符合要求，扣2分/项	10
	焊后清理	关闭电源，设备维护、场地清理，符合6S标准。如不符合要求，由考评员扣1分/项	10

表 1-56　实训作品评价标准

姓名		学号	
序号	检测项目	配分	技术标准/mm
1	焊缝正背面余高	8	允许0.5~1.5，每超差1扣4分
2	焊缝正背面宽度	8	允许8~10，每超差1扣4分
3	焊缝正背面高低差	8	允许1，否则每超差1扣4分
4	焊缝成型	15	整齐、美观、均匀，否则每项扣5分
5	焊缝正背面宽窄差	8	允许1，每超差1扣4分
6	接头成型	6	良好，每脱节或超高每处扣6分
7	焊缝弯直度	8	要求平直，每弯1处扣4分
8	夹渣	8	无，若有点渣每处扣4分，条渣每处扣8分
9	咬边	8	深<0.5，每长5扣4分，深>0.5，每长5扣8分
10	弧坑	4	无，若有每处扣4分
11	引弧痕迹	6	无，若有每处扣3分
12	焊件清洁	3	清洁，否则每处扣3分
13	焊件变形	5	允许1°，若>1°扣5分
14	安全文明生产	5	服从管理，文明操作，否则扣5分
15	总分	100	实训成绩

表 1-57 综合评价表

学生姓名_____   学号_____

评价内容		权重（%）	自我评价	小组评价	教师评价
			占总评分（10%）	占总评分（30%）	占总评分（60%）
应知	笔试	10			
	出勤	10			
	作业	10			
应会	职业素养与职业规范	21			
	实训作品	49			
小计分					
总评分					

评价细则：综合评价表中应知部分的笔试、出勤、作业评价项及应会部分的职业素养与职业规范、实训作品评价项的各项分数按三方评价得出的分数乘以对应的权重值最后累加得出总评分。

为突出技能，分值比例为应知：应会=3：7；职业素养与职业规范：实训作品=3：7。

任务思考

1. 从工艺因素和操作因素两方面来谈谈它们对单面焊双面成型焊接质量的影响。

2. 根据自己的实际操作谈谈焊瘤、塌陷、烧穿、凹坑与弧坑等焊接缺陷产生原因及防止措施。

任务4　V形坡口板对接横焊单面焊双面成型

【任务描述】

本任务包含了V形坡口板焊条电弧焊对接横焊单面焊双面成型、V形坡口板熔化极气体保护电弧焊对接横焊单面焊双面成型两个学习情境。学生通过学习横焊单面焊双面成型的操作方法，其目的是为了能让操作者掌握各种电弧运条的方法，将这些方法直接运用到现场焊接的横焊当中去。此方法适用于多层多道焊，首先要学会合理的层道安排；其次才是掌握横焊的操作技巧。

情境一　V形坡口板—板对接横位单面焊双面成型之焊条电弧焊

【资讯】

1. 本课程学习任务

（1）能选择合理的V形坡口板对接横焊的装夹方案，能正确进行焊接装配及定位焊。

（2）掌握V形坡口板对接横焊单面焊双面成型焊条电弧焊工艺参数选择与运用、焊接层道的安排。

（3）掌握V形坡口板对接横焊单面焊双面成型打底、填充、盖面三层多道焊接的操作要领。

（4）能通过学习对接横焊的操作过程来预防和解决焊接过程出现的质量问题。

（5）能严格执行安全规范、职业素养要求。

（6）能对焊缝进行质量外观检测。

2. 任务步骤

（1）焊前准备：焊机检查、工件（开坡口，坡口尺寸：60°V形坡口）和焊条检查与准备、工艺参数选择。

（2）焊前装配：将打磨好的工件装配成V形坡口横对接接头，装配间隙3.2~4mm，钝边1mm，定位间隙先焊端3.2mm后焊端4.0mm。

（3）定位焊接：定位焊采用与焊接相同的E4303焊条进行定位，在焊件反面两端20mm内点焊，焊点长度为≤10mm，预留反变形量5°~6°，错边量≤1mm。

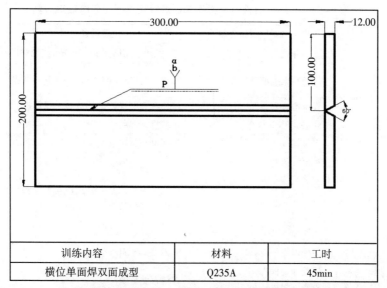

训练内容	材料	工时
横位单面焊双面成型	Q235A	45min

图 1-66 手工电弧焊 12mm 钢板 V 形坡口横对接单面焊双面成型实训工作图

注：技术要求：①V 形坡口横位单面焊双面成型；②b=3.2~4.0mm，p=0.5~1mm；③控制焊后变形小于 1 度。

（4）手工电弧焊 12mm 钢板 V 形坡口横对接单面焊双面成型示范、操作。

（5）焊缝清理。

（6）焊缝质量检验。

3．工具、设备、材料准备

（1）焊件清理：半自动火焰切割机切割 Q235A 钢板坡口，规格：300mm×100mm× 12mm。2 块一组，将工件焊接处、工件表面和焊丝表面清理干净。

（2）焊接设备：BX3-300 型或 ZX5-500 型手弧焊机。

（3）焊条：E4303 型或 E5015 型，直径为 3.2mm、4.0mm。焊条烘干 150~200℃，并恒温 2h，随用随取。

（4）劳动保护用品：头戴式面罩、手套、工作服、工作帽、绝缘鞋、白光眼镜。

（5）辅助工具：锉刀、刨锤、钢丝刷、角磨机、焊缝万能量规。

（6）确定焊接工艺参数，如表 1-58 所示。

表 1-58 V 形坡口板对接横焊单面焊双面成型焊条电弧焊焊接工艺参数参考

焊接层次	运条方法	焊条直径/mm	焊接电流/A	焊接速度/(M/H)
打底层	断弧焊	3.2	100~110	3~4.5
填充层	斜圆、直线运条和锯齿形运条	4.0	145~150	7~8
盖面层	直线运条或直线往复运条	4.0	130~140	8~9

【计划与决策】

通过对工作任务相关的各种信息分析，制订并经集体讨论确定如下 V 形坡口板对接横焊单面焊双面成型焊条电弧焊方案，见表 1-59：

表 1–59 V 形坡口板对接横焊单面焊双面成型焊条电弧焊方案

序号	平位薄板 I 形坡口对接实施步骤		工具设备材料	工时
1	焊前准备	工件开坡口、清理	半自动火焰切割机、钢丝刷、角磨机	2.5
		焊条检查、准备	E4303（J422）Φ4.0mm、Φ3.2mm 焊条	
		焊机检查	BX3–300 型或 ZX5–500 型手弧焊机	
		焊前装配	角磨机、钢尺	
		定位焊接	焊接设备、焊条	
2	示范与操作	示范讲解	焊帽、手套、工作服、工作帽、绝缘鞋、刨锤、钢丝刷等	11
		调节工艺参数		
		打底焊		
		填充焊		
		盖面焊		
3	焊缝清理	清理焊渣、飞溅	锉刀、钢丝刷	0.5
4	焊缝检查过程评价	焊缝外观检查	焊缝万能量规	1
		焊缝检测尺检测		

【实施】

焊接极性及选用原则

焊接电源种类：交流、直流。

极性选择：正接、反接。

正接：焊件接电源正极，焊条接电源负极的接线方法。

反接：焊件接电源负极，焊条接电源正极的接线方法。

极性选择原则：碱性焊条常采用直流反接，否则，电弧燃烧不稳定、飞溅严重、噪声大；酸性焊条使用直流电源时通常采用直流正接。

对接横焊简介

对接横焊是焊件处于垂直位置而接口处于水平位置的焊接操作。如图 1–67 所示。

图 1–67 对接横焊

对接横焊时，熔滴和熔渣受重力作用下淌至坡口面上，容易形成未熔合和层间夹渣，并且会出现焊缝上侧咬边、下侧金属下坠和焊瘤等缺陷。为了避免上述缺陷的产生，要克服焊接过程中运条速度过慢、熔池体积过大、焊接电流过大、电弧过长等。宜采用短弧焊，打底焊选择小直径焊条；断弧焊时频率要适宜，电弧在坡口根部停留时间要适当；多道堆焊时，要根据焊道的不同位置调整合适的角度。

焊接接头的作用、组成及组织特性

用各种焊接方法连接得到的接头叫焊接接头，包含焊缝、熔合区、热影响区。

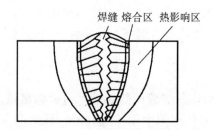

图1-68 焊缝、热影响区、熔合区

一、焊缝的特性

焊缝冷却时，液态金属 $\xrightarrow{一次结晶}$ 高温固态金属 $\xrightarrow{二次结晶}$ 低温固态金属

焊缝金属从高温的液态冷却至常温的固态，中间经过两次结晶过程。第一次是从液相转变为固相的结晶过程，称为焊缝金属的一次结晶；第二次是在固相中出现同素异构转变的结晶过程，为焊缝金属的二次结晶。

偏析：焊缝一次结晶过程中，由于冷却速度快，焊缝金属的不同化学成分来不及扩散，因此，元素合金分布是不均匀的，这种现象称为偏析。

1. 一次结晶对焊缝金属的影响

焊缝金属的一次结晶遵循着金属结晶的一般规律，包括"生核"和"长大"两个阶段。焊缝金属在一次结晶时冷却速度很快，固相内的成分很难趋于一致，而且结晶又有先后，因此，在相当大的程度上存在着化学成分不均匀，而产生偏析。偏析导致焊缝性能改变，同时也是产生裂纹、气孔、夹杂物等焊接缺陷的主要原因之一。焊缝中的偏析，主要有显微偏析、区域偏析和层状偏析。

在高碳钢、合金钢中含合金元素较多，会产生较严重的显微偏析，常常会因此而引起热裂纹等缺陷。所以，高碳钢、合金钢等焊件焊后必须进行扩散及细化晶粒的热处理，以此来消除显微偏析现象。

焊缝成型宽而浅可降低由区域偏析产生的热裂纹倾向，因此，同样厚度的钢板，用多层多道焊要比采用一次深焊焊完产生热裂纹的倾向小得多。

层状偏析常集中了一些有害元素，因而缺陷也往往出现在偏析层中，如层状偏析造成的气孔和焊缝收尾处有时会出现裂纹，这种弧坑裂纹多半是由于弧坑偏析所引起的。

2. 二次结晶对焊缝金属的影响

一次结晶结束后，熔池金属就转变为固态的焊缝。高温的焊缝金属冷却到室温时，要经过一系列的相变过程。

以低碳钢为例，一次结晶的晶柱都是奥氏体组织，当冷却到 Ac_3 时发生 γ—Fe、a—Fe 的转变，当温度再降至 Ac_1 时，余下的奥氏体分解为珠光体，所以，低碳钢焊缝在常温下的组织即二次结晶后的组织为铁素体加珠光体。在低碳钢的平衡组织中（即非常缓慢地冷却所得到的组织）珠光体含量很少，但由于焊缝的冷却速度较大，所得珠光体含量一般较平衡组织中的含量大，即冷却速度越大，珠光体含量越高，而铁素体含量越少，材料硬度和强度均有所提高，而塑性和韧性则有所降低。

二、熔合区

熔合区是指在焊接接头中，焊缝向热影响区过渡的区域。即熔合线附近，又称半熔化区，温度处在铁碳合金状态图中固相线和液相线之间。在靠近热影响区的一侧，其金属组织是处于过热状态的组织，晶粒非常粗大，韧性、塑性很差，是焊接接头中性能最差的区域。在各种熔化焊的条件下，这个区的范围虽然很窄，甚至在显微镜下也很难分辨，但对焊接接头的强度、塑性都有很大的影响。熔合区往往是使焊接接头产生裂纹或局部脆性破坏的发源地。

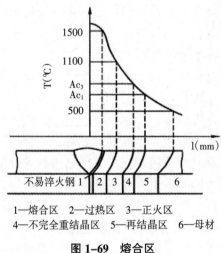

1—熔合区　2—过热区　3—正火区
4—不完全重结晶区　5—再结晶区　6—母材

图1-69　熔合区

三、焊接热影响区对焊接接头组织和性能的影响

焊接热影响区是指在焊接过程中，母材因受热影响（但未熔化）而发生金相组织和力学性能变化的区域。焊接热影响区的组织和性能，基本上反映了焊接接头的性能

和质量。

（一）过热区

过热区所处的温度范围是在固相线以下至1100℃左右的区间内，在这样高的温度下，奥氏体晶粒急剧长大，冷却以后就呈现为晶粒粗大的过热组织。在气焊和电渣焊的条件下，在这部分组织中可以出现魏氏体组织。

过热区的塑性很低，尤其是冲击韧度降低了20%~30%。焊接刚度较大的结构时，常会在过热区出现裂纹。过热区的范围宽窄与焊接方法、焊接工艺参数以及母材的板厚等有关。气焊和电渣焊时比较宽；焊条电弧焊和埋弧焊时比较窄；真空电子束焊时，过热区几乎不存在。

（二）正火区

正火区的温度范围在Ac_3~1100℃之间。钢被加热到Ac_3以上稍高的温度后再冷却，将发生重结晶。即常温时的铁素体和珠光体此时全部转变为奥氏体，然后在空气中冷却，使金属内部重新结晶，从而获得均匀细小的铁素体和珠光体晶粒。因此，正火区的金属组织即获得相当于热处理时的正火组织，该区也可称为相变重结晶区或细晶区，其力学性能略高于母材。

（三）不完全重结晶区

该区处于Ac_1~Ac_3的温度范围内。焊接时金属中的珠光体和部分铁素体转变为奥氏体，但仍保留部分铁素体。冷却时，奥氏体晶粒又发生重结晶过程，得到晶粒细小的铁素体和珠光体组织，而始终未转变为奥氏体的铁素体却长大了，变成了粗大的铁素体组织。因此，这个区域的金属组织是不均匀的，致使力学性能也不均匀，强度稍有下降。

（四）再结晶区

若母材焊接前经过冷加工出现塑性变形或由于焊接应力而造成的变形，在Ac_1以下，将发生再结晶过程。在金相组织上也有明显的变化，即存在着再结晶区。如果焊接前母材未有塑性变形，那就不会发生再结晶现象，就没有再结晶区。

根据热影响区宽度的大小，可以间接判断焊接质量。一般来说，热影响区越窄，则焊接接头中内应力越大，越容易出现裂纹；热影响区越宽，焊接接头力学性能越差，变形也大。

因此，在工艺上应在保证不产生裂纹的前提下，尽量减小热影响区的宽度，这对整个焊接接头的性能是有利的。

热影响区宽度的大小取决于焊件的最高温度分布情况，因此，焊接方法对热影响区宽度的影响很大。不同焊接方法的热影响区宽度如表1-60所示。

表1-60 热影响区宽度

焊接方法	各段平均宽度			总宽度
	过热段	正火段	不完全重结晶段	
焊条电弧焊	2.2	1.6	2.2	6.0

焊接方法	各段平均宽度			总宽度
	过热段	正火段	不完全重结晶段	
埋弧焊	0.8~1.2	0.8~1.7	0.7	2.5
电渣焊	18.0	5.0	2.0	25.0
气焊	21.0	4.0	2.0	27.0

焊缝符号及焊接标注简介

一、焊缝符号与焊接方法代号

焊缝符号：在图纸上标注出焊缝形式、焊缝尺寸和焊接方法的符号。

由 GB/T324—1998《焊缝符号表示法》（适用于金属熔焊和电阻焊）和 GB/T5185—1999《金属焊接及钎焊方法在图样上的表示代号》进行了规定。焊缝的符号组成：基本符号、辅助符号、补充符号、焊缝尺寸符号和指引线。

（1）基本符号：表示焊缝横截面形状的符号，它采用近似于焊缝横截面形状的符号表示，如表 1-61 所示。

表 1-61　基本符号

焊缝名称	焊缝横截面形状	符号	焊缝名称	焊缝横截面形状	符号
I 形焊缝		‖	角焊缝		△
V 形焊缝		V	塞焊缝或槽焊缝		⊔
带钝边 V 形焊缝		Y			
单边 V 形焊缝		V	喇叭形焊缝		Y
钝边单边 V 形焊缝		Y	点焊缝		○
带钝边 U 形焊缝		Y			
封底焊缝		⌣	缝焊缝		⊖

（2）辅助符号：表示对焊缝表面形状特征辅助要求的符号。辅助符号一般与焊缝基本符号配合使用，当对焊缝表面形状有特殊要求时使用。

表 1-62 辅助符号

名称	焊缝辅助形式	符号	说明
平面符号		─	表示焊缝表面平齐
凹面符号	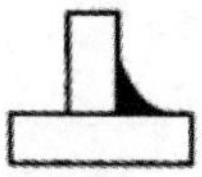	⌣	表示焊缝表面凹陷
凸面符号		⌒	表示焊缝表面凸陷

辅助符号的应用示例如表 1-63 所示。

表 1-63 辅助符号应用示例

名称	示意图	符号
平面 V 形对接焊缝		
凸面 X 形对接焊缝		
凹面角焊缝	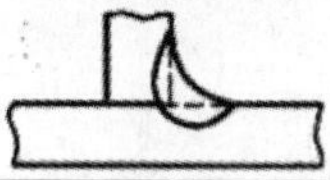	
平面封底 V 形焊缝		

（3）焊缝补充符号：为了补充说明焊缝某些特征的符号。

表 1-64 补充符号

名称	形式	符号	说明
带垫板符号		▭	表示焊缝底部有垫板
三面焊缝符号	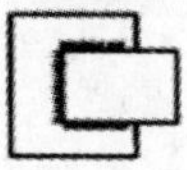	⊏	表示三面焊缝和开口方向
周围焊缝符号		○	表示环绕工件周围焊缝
现场符号		 ⚑	表示在现场或工地上进行焊接
尾部符号		＜	指引线尾部符号可参照 GB/T5185-1999 标注焊接方法等

补充符号的应用示例如表 1–65 所示。

表 1–65　补充符号应用

示意图	标注示例	说明
		表示 V 形焊缝的背面底部有垫板
		工件三面带有焊缝，焊接方法为焊条电弧焊的角焊缝
		表示在现场沿工件周围施焊的角焊缝

（4）焊缝尺寸符号：表示坡口和焊缝各特征尺寸的符号。

表 1–66　焊缝尺寸符号

符号	名称	示意图	符号	名称	示意图
t	工件厚度		c	焊缝宽度	
α	坡口角度		R	根部半径	
b	根部间隙		l	焊缝长度	
p	钝边		n	焊缝段数	
e	焊缝间距		N	相同焊缝数量符号	
K	焊脚尺寸		H	坡口深度	
d	焊核直径		h	余高	
S	焊缝有效厚度		β	坡口面角度	

指引线：由带箭头的指引线、两条基准线（横线）（一条为实线，另一条为虚线）和尾部组成，如图 1–70 所示。

为了简化焊接方法的标注和文字说明，可采用国家标准 GB/T 5185—1999 规定的

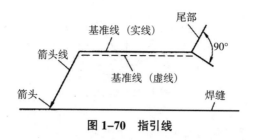

图 1-70 指引线

用阿拉伯数字表示的金属焊接及钎焊等各种焊接方法的代号。焊接方法标注在指引线的尾部。

表 1-67 阿拉伯数字表示的焊接方法

名称	焊接方法	名称	焊接方法
电弧焊	1	电阻焊	2
焊条电弧焊	111	点焊	21
埋弧焊	12	缝焊	22
熔化极惰性气体保护焊（MIG）	131	闪光焊	24
钨极惰性气体保护焊（TIG）	141	气焊	3
压焊	4	氧-乙炔焊	311
超声波焊	41	氧-丙烷焊	312
摩擦焊	42	其他焊接方法	7
扩散焊	45	激光焊	751
爆炸焊	441	电子束	76

二、焊缝符号的标注

国家标准 GB/T324—1988、GB/T5185—1999 和 GB/T12212—1990 中分别对焊缝符号和焊接方法代号的标注方法作了规定。

（1）焊缝符号和焊接方法代号必须通过指引线及有关规定才能准确无误地表示焊缝。

（2）标注焊缝时，首先将焊缝基本符号标注在基准线上边或下边，其他符号按规定标注在相应的位置上。

（3）箭头线相对焊缝的位置一般没有特殊要求，但是在标注 V 形、单边 V 形、J 形等焊缝时，箭头应指向带有坡口一侧的工件。

（4）必要时允许箭头线弯折一次。

（5）虚基准线可以画在实基准线的上侧或下侧。

（6）基准线一般应与图样的底边相平行，但在特殊条件下亦可与底边相垂直。

（7）基准线包括实线基准线和虚线基准线。虚线基准线可画在实线基准线的上方或下方。焊缝符号标注在实线基准线上表示焊缝在箭头侧，焊缝符号标注在虚线基准线上表示焊缝在非箭头侧。如图 1-71 所示：

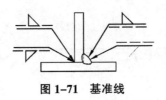

图 1-71 基准线

必要时焊缝基本符号可附带有尺寸符号及数据。

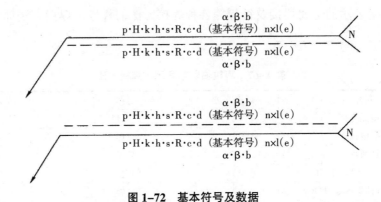

图 1-72 基本符号及数据

标注原则：

（1）焊缝横截面上的尺寸标注在基本符号的左侧，如钝边高度 p，坡口高度 H，焊角尺寸 K，焊缝余高 h，焊缝有效厚度 S，根部半径 R，焊缝宽度 c，焊核直径 d。

（2）焊缝长度方向的尺寸标注在基本符号的右侧，如焊缝长度 L，焊缝间隙 e，相同焊缝的数量 N。

（3）坡口角度 α、坡口面角度 β、根部间隙 b 等尺寸标注在基本符号的上侧或下侧。

（4）相同焊缝数量符号标注在尾部。

（5）当需要标注的尺寸数据较多又不易分辨时，可在数据前面增加相应的尺寸符号。

（6）焊缝尺寸的标注示例如表 1-68 所示。

表 1-68　焊缝尺寸标准

名称	示意图	标注
对接焊缝		
断续角焊缝		

续表

名称	示意图	标注
交错断续角焊缝		$K \triangleright n \times l \diagdown (e)$
点焊缝		$d \bigcirc n \times (e)$
缝焊缝		$c \bigcirc n \times l (e)$
塞焊缝或槽焊缝		$c \square n \times l (e)$

（7）焊缝符号标注的含义举例。

1）焊缝符号的含义一：

a. 连续角焊缝，焊角尺寸 3mm；

b. 三面焊接，其中箭头对侧不焊接；

c. 相同焊缝共有六处。

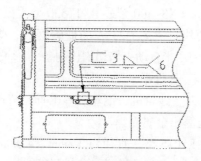

图 1-73　焊缝符号的含义一

2）焊缝符号的含义二：

a. Ⅰ形对接焊缝；

b. 要求焊缝焊透；

c. 焊后表面打磨平整；

d. 4 段 10mm 长焊缝，焊缝间距 50mm；

e. 相同焊缝有两处。

3）传动轴管与接头叉焊缝符号的含义：

a. 环绕轴管周围焊接的连续焊缝；

b. 带钝边单边 V 形坡口，钝边尺寸 1mm；

c. 坡口面角度 45 度；

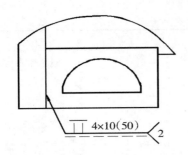

图 1-74　焊缝符号的含义二

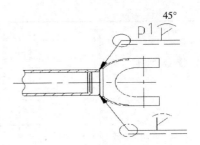

图 1-75　焊缝符号的含义三

d. 要求焊缝焊透，并且表面凸起。

操作说明

一、操作要点

焊件装配及定位焊、打底焊、填充焊、盖面焊。横焊因采用多层多道焊，故层间清渣一定要仔细，防止焊缝夹渣。

二、焊前准备

（1）启动焊机安全检查：BX3-300 型或 BX1-330 型手弧焊机，调试电流。

（2）焊件加工：选用两块材质为 Q235A 的低碳钢板，焊件规格约为长度 300mm，宽度 100mm，板厚 12mm，使用半自动火焰切割机制备 V 形坡口，单边坡口角度 $30°\pm2°$，坡口面应平直，钝边为 1mm，焊件平整无变形。

（3）焊件的清理：用锉刀、砂轮机、钢丝刷等工具，清理坡口两面 20mm 范围内的铁锈、氧化皮等污物，直至露出金属光泽。

（4）焊条：E4303 型或 E5015 型，直径为 3.2mm、4.0mm。焊条烘焙 50~200℃，恒温 2h，然后放入焊条保温筒中备用，焊前要检查焊条质量。

（5）焊件装配及定位焊：预留根部间隙，一般坡口间隙可以定为：始焊端间隙为 3.2mm，终焊端为 4mm，必须矫正焊件保证错边量应小于 1mm，反变形角度 5°~6° 为宜。始端，终端电焊固定，并放置于焊接架上，准备进行焊接。定位焊缝的位置如图 1-76 所示。

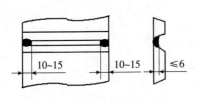

图 1-76　定位焊缝的位置

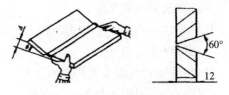

图 1-77　试板定位焊时预留反变形

三、操作步骤

横焊的单面焊双面成型是较难掌握的一种焊接方法，在焊接过程中应把握好对焊条角度和运条方式的掌握以及对参数的调整等。

V形坡口板对接横焊单面焊双面成型焊条电弧焊的基本操作技术包括：打底焊、填充焊、盖面焊，打底焊要求单面焊双面成型。

（一）打底焊

应保证得到良好的背面成型。

在定位点上引弧，引燃后电弧向左外露于焊件外，一部分熔渣向外流时压低电弧向前倾斜焊条向前运动，此时焊条大幅度向前倾，与焊接方向夹角可能只有 20°，以防止电弧偏吹而产生夹渣，至间隙处时向里顶，大部分电弧穿过间隙，稍停后轻上下摆动电弧，使熔池与上下坡口熔合后向后灭弧，同时有一个向后拨渣的动作，防止熔渣过多聚集在熔孔处。此时焊件的温度还较低，易产生缩孔，而且熔渣凝固也快，熔渣凝固后再引弧则易产生夹渣，所以第二点引弧要快，第一点灭弧后立即引第二点，大部分电弧穿过间隙，焊条稍多向里顶，稍停后稍用力上下摆动电弧，使熔池与上直坡口熔合。相同的方法焊完前几厘米后，电弧向前偏吹的程度逐渐减弱，焊条和前倾斜程度也减小。当电弧向前偏吹不明显时，焊条与焊接方向的夹角为 80°~85°，与下方度板的夹角同样为 70°~80°，引弧位置于熔孔的左上方，稍停后垂直向下运动，稍用力碰下坡口并停留后向后灭弧。上下摆动幅度不要过大，即焊条在间隙根部运动，过宽成型不良甚至夹渣。引弧时间为熔池亮点将要消失时。一部分焊条对准间隙，一部分焊条对准熔孔，大部分电弧位于熔池上，焊接时熔渣一小部分在背面，大部分在前面。熔池金属稍露。收弧采用加点收弧。

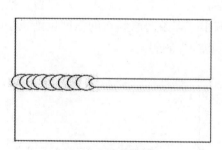

图 1-78　熔孔示意图

打底层焊接的接头方法分为两种：一种是热接法；另一种是冷接法。

（1）热接法。更换焊条的速度要求，在前一根焊条的熔池还没完全冷却，红热状态时，立即在离熔池前方约 10mm 的坡口面上将电弧引燃，且焊条迅速退至原熔池处，待新熔池的后沿和原熔池的后沿重合时，焊条开始摆动并向右移动，当电弧移至原弧坑前沿时，将焊条向石板背面压，并稍停顿，待听到电弧击穿声，形成新熔孔后再将焊条抬起到正常焊接位置，继续向前施焊。

（2）冷接法。再施焊前，先将收弧处焊道打磨成缓坡状，然后按热接法的引弧法位置、操作方法进行焊接。

接头时最好采用热接法。在距熔孔 5mm 处起焊，电弧稍长，向前运动，至间隙处时向里顶同时向后（左）倾斜焊条，这样的话不仅背面可以接好而且正面也不会过高，在不打磨的情况下可顺利地完成下一层道的焊接，大部分电弧穿过间隙稍停后轻向前拖动焊条后向后灭弧焊接至最后时，由于磁场的原因电弧会向焊接反方向偏吹，此时应根据电弧偏吹程度向偏吹方向倾斜焊条。

易产生的缺陷：夹渣。原因一是两点间距离远，二是引弧晚，三是摆动幅度大，四是电弧偏吹。

成型不良：中间高，上下两侧有夹角。原因：一是电弧穿过间隙量少；二是电弧运动过慢；三是焊条向前方倾斜过多；四是上下两侧停留时间短；五是电弧过长；六是焊条碰两侧坡口轻等。

打底层焊接完成后要求底层一要光滑，二要窄，这两点很重要，光滑说明操作得当，下层焊接时不需打磨，这是最关键的，因为下一层焊接时必须用斜圆圈或斜锯齿法，这是学习这两种方法的最佳时机。

（二）填充层的焊接

电弧运动方法斜圆圈。在坡口内引弧，将电弧拉到起焊处下坡口熔合线处并使一部分电弧外露于焊件，待熔渣向外流时向焊接方向倾斜焊条并向前运动，在此处并没有预热，只是有一个停留，也起到预热的作用。如果拉长电弧进行预热，由于焊件两端磁场的作用会导致电弧严重偏吹，不仅起不到预热的作用反而会影响正常焊接。焊条大幅度向前倾 3~5mm，然后压低电弧向上向右运动到起焊处上方熔合线处并稍作停留，待上方充分熔合并填满后再压低电弧以 45°向下运动（向下运动时不可过快），至下熔合线后焊条再沿下熔合线向前运动几毫米，不停留，然后快速向上运动，随焊接的进行，电弧偏吹程度减小，焊条向前倾斜的程度也渐减小。当焊接至最后方时电弧会向左侧偏吹，同样焊条应向左倾斜。

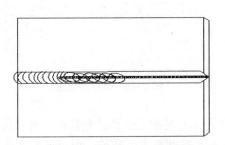

图 1-79 开坡口对接横焊时的斜圆圈运条法

一是焊条角度的变化较多，焊条角度要随熔渣的流动而改变熔渣紧跟电弧，熔渣向哪个方向流焊条向哪个方向倾。事实上熟练后在熔渣要向前或向后流之前改变焊条角度，因为熔渣要流动前体积及形状会发生变化。在要流还没流动前提前倾斜焊条，这样焊条的角度一直在小幅度变化，而熔渣不能有明显的变化，从而获得整齐均匀的焊道。焊条角变化是横焊练习的难点之一，对于学员来说也是较难掌握的一个技巧。二是电弧的位置，焊条运动至下坡口时，约 1/3 电弧位于下坡口上 2/3 焊条位于前一焊层上，这样能使电弧充分熔化下熔合线，这是所有焊接位置当中最为关键的一个问题。三是电弧长度的，都说压低电弧，但多低是关键，在下坡口处以焊条下方药皮轻碰下坡口为宜，电弧运动运载上方时向上坡口吹的电弧并不是很低（这只是看到的上方的电弧长度，还有下方的电弧长度看不到），否则成型不良。

第一层常见问题：一是上侧较低，有夹角。原因是电弧在上侧停留时间短或电弧未运动至最上方或电弧长度不合适。二是下侧有未熔合现象。原因是电弧运动方法错误。电弧向上运动要快，运动至下方时电弧有一个向前拖动的动作，这个运动至关重要，目的是防止熔渣向前淌，否则会阻碍电弧对坡口的熔化。三是焊道中间成型不良。主要原因是焊条角的变化问题。要通过焊条角度的变化来控制熔渣流动不变使熔渣一直紧跟电弧。否则熔渣向后流离电弧过远时则中间高，向前流超前于电弧时焊道会变低甚至会夹渣，圆圈法的电弧运动参照"电弧运动方法及特点"。

（三）填充层的第二层焊接

填充层第一层完后焊道宽度较宽，如果再采用圆圈法或斜锯齿法会由于熔池体积过大而不易控制。所以这一层应采用多道焊。由于并不是很宽所以采用一层两道的方法。

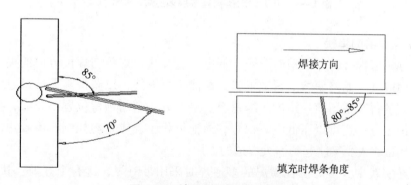

图 1-80 填充层的第二层焊接

下侧一道的焊接：焊条与下方焊件约 85°，与前方夹角视电弧偏吹及熔渣流动而定。在坡口内起焊，引弧位置要距离开起焊处一定距离，引燃电弧后拉至起焊处，一部分电弧稍外露于焊件，待熔渣稍外流时压低电弧倾斜焊条直线法向前运动，要保证一小部分电弧熔化下熔合线及下坡口，大部分电弧位于前一层焊道上。

最下方一道有两个要点。一是形状要成为一个台阶或近似台阶状，这样能好好地托住上方焊道，也会使这一层能平整；二是给最上方要焊的一道预留好合适的位置上方根部的宽度大约相当于焊条的直径，这样电弧能很方便地将根部熔化。如果过窄则电弧难以伸入至焊道的根部，易产生未熔。过宽时用斜圆圈或斜锯齿会导致熔池体积增大，成型不易控制。

上侧焊道的焊接：根据预位置的大小宽窄深浅选择合适的电弧运动方法。如果根部宽度稍小于焊条直径时采用直线或直线往复法，此法最为简单，如果焊道宽但不深时，采用斜锯齿法，如果宽而深时采用斜圆圈法。如果窄而深采用直线往复法（可以很好地防止根部未熔，未熔是主要缺陷）宽而深且根部窄时采用三角法。

焊接完成后一要保证上下两面侧无夹角，二要保证平整，以利于下一层的焊接。

填充层的第一、二两层是横焊培训的重点。一可以学习各种电弧的运动，二可以学习多层多道焊时的层道安排，第一层都要平整光滑无夹角，这样下一层焊接要简单得多。

第三、四层只是中间多出一道或是两道，中间的焊道以直线法为好。有两个要点：除最上方焊道外，一是下方第一道都要近似台阶，以利于下一道的焊接；二是上一焊道压至下方焊道花纹的尖处，这样能保证一层焊完后焊层的平整。

最后一层焊接完成后下方距下方焊件坡口边缘 0.5~1mm，上方为 0.5mm。

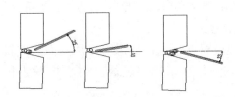

图 1-81　开坡口对接横焊多层多道焊的焊条角度

（四）盖面层的焊接

最下方一道焊接时焊条稍向下倾，低电弧直线法，焊条与焊接方向的夹角要随熔渣的流动而改变。始终使熔渣紧跟电弧，熔渣不可下淌，以获得与下坡口过渡圆滑的焊道。中间的每一道与前一道的边缘重叠。最上方一道的预留位置不要大，要稍小一些，这样最上方一道可以压低电弧快焊，熔池体积小，成型易控制，不咬边。由于焊接速度快热量输入少又能起到回火焊道的作用。

总之在实践中大多焊工在横焊的多道焊时采用带渣焊，这有个好处：快且平滑，不咬边。但有个前提：大电流热焊。这样会使焊道长时间处于高温状态，导致晶粒粗大，机械性能降低，所以采用清渣焊为好。

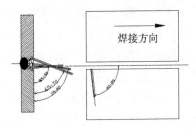

图 1-82　横焊时盖面层的焊条角度

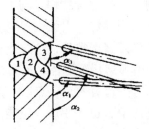

$\alpha_1 = 75°\text{~}85°$　　$\alpha_2 = 70°\text{~}80°$　　$\alpha_3 = 60°\text{~}70°$

图 1-83　盖面焊时的焊条角度

注意事项：

（1）注意运条的方法，防止铁水下淌。

（2）表面层多道焊时，每道焊道焊后不要马上敲渣，要等待表面焊缝成型之后，一起敲除熔渣，这样有利于表面焊缝成型及保持表面的金属光泽。

（3）封底焊时，焊接电流要严格控制好，不宜太小，防止焊不透。

（4）清渣时要待熔渣冷却后再进行，不得在高温时用尖锤敲击。清渣后还要用钢丝刷刷干净，特别是两侧尖角部分。

（5）每条焊道之间的搭接要适宜，避免脱节、夹渣及焊瘤等缺陷。

（6）焊接过程中，保持熔渣对熔池的保护作用，防止熔池裸露而出现较粗糙的焊缝波纹。

四、焊缝清理

焊接结束后，清渣处理。主要清理焊件表面的焊渣、焊接飞溅物、氧化物等。在焊接检验前，不得对焊接缺陷进行修改。焊缝应处于原始状态。清理焊件表面的焊渣、焊接飞溅物，一定要戴好护目镜。

五、焊缝质量检验

外观检查一般以肉眼观察为主，有时要用 5~20 倍的放大镜进行观察。

表 1-69　质量检查

外观检查	焊缝宽度/mm	焊缝宽度差/mm	正面焊缝余高/mm	余高差/mm	背面焊缝余高/mm
焊缝缺陷	裂纹/mm	未熔合/mm	焊缝未焊透/mm	咬边/mm	焊瘤/个

（一）焊缝外形尺寸

焊缝余高为 1~1.5mm；焊缝余高差≤1mm；焊缝宽度比坡口每侧增宽 0.5~1.5mm；焊缝宽度差≤1mm。

（二）焊缝缺陷

焊接结束后，关闭焊机，用钢丝刷清理焊缝表面。肉眼观察或用低倍放大镜检查焊缝表面是否有气孔、裂纹、咬边等缺陷。用焊缝量尺测量焊缝外观成型尺寸。

焊接质量要求：咬边深度≤0.5mm。咬边总长度≤30mm；背面焊透成型好。总长度≤30mm 的焊缝表面不得有裂纹、未熔合、夹渣、气孔、焊瘤、未焊透等缺陷。

（三）焊件变形

焊后变形量≤2°；错边量≤1mm。

焊接结束，关闭焊接电源，工具复位，清理、清扫现场，检查安全隐患。

【检查】

（1）V 形坡口板对接横焊单面焊双面成型焊条电弧焊完成情况检查。

（2）记录资料。

（3）文明实训。

1）文明生产实习。

2）应对焊接设备正确使用和操作。

3）焊前检查焊机外壳是否有保护接地线。

4）防触电，防电弧光灼伤眼睛及皮肤。

5）对刚焊完的焊件，焊条头不要用手触摸，以免烫伤。

6）防烟尘和有害气体。

7）焊接工作结束后，应切断电源。待焊件冷却，并确认没有可疑烟气、火迹后方可离开操作间。

8）杜绝一切违章操作及违规超负荷使用各类工具的不良习惯。

（4）实施过程检查。

【评价】

过程性考核评价如表 1–70 所示；实训作品评价如表 1–71 所示；最后综合评价按表 1–72 执行。

表 1–70　平敷焊过程评价标准

考核项目		考核内容	配分
职业素养	安全意识	执行安全操作规程，安全操作技能，安全意识。如有违反，由考评员扣 1 分/项	10
	文明生产	做到对现场或岗位进行整理、整顿、清扫、清洁，文明生产。如不符合要求，由考评员扣 1 分/项	10
	责任心	有主人翁意识，工作认真负责，能为工作结果承担责任。如不符合要求，由考评员扣 1 分/项	10
	团队精神	有良好的合作意识，服从安排。如不符合要求，由监考员扣 1 分/项	10
	职业行为习惯	成本意识，操作细节。如不符合要求，由考评员扣 1 分/项	10
职业规范	工作前的检查	安全用电及安全防护、焊前设备检查。如不符合要求，由考评员扣 1 分/项	10
	工作前准备	场地检查、工量具齐全、摆放整齐、试件清理。如不符合要求，扣 1 分/项	10
	设备与参数的调节	参数符合要求、设备调节熟练、方法正确。如不符合要求，扣 2 分/项	10
	焊接操作	定位焊位置正确，引弧、收弧正确、操作规范；试件固定的空间位置符合要求。如不符合要求，扣 2 分/项	10
	焊后清理	关闭电源，设备维护、场地清理，符合 6S 标准。如不符合要求，由考评员扣 1 分/项	10

表 1-71 实训作品评价标准

姓名		学号	
序号	检测项目	配分	技术标准/mm
1	焊缝正背面余高	8	允许 0.5~1.5，每超差 1 扣 4 分
2	焊缝正背面宽度	8	允许 8~10，每超差 1 扣 4 分
3	焊缝正背面高低差	8	允许 1，否则每超差 1 扣 4 分
4	焊缝成型	15	整齐、美观、均匀，否则每项扣 5 分
5	焊缝正背面宽窄差	8	允许 1，每超差 1 扣 4 分
6	接头成型	6	良好，每脱节或超高每处扣 6 分
7	焊缝弯直度	8	要求平直，每弯 1 处扣 4 分
8	夹渣	8	无，若有点渣每处扣 4 分，条渣每处扣 8 分
9	咬边	8	深<0.5，每长 5 扣 4 分，深>0.5，每长 5 扣 8 分
10	弧坑	4	无，若有每处扣 4 分
11	引弧痕迹	6	无，若有每处扣 3 分
12	焊件清洁	3	清洁，否则每处扣 3 分
13	焊件变形	5	允许 1°，若>1°扣 5 分
14	安全文明生产	5	服从管理，文明操作，否则扣 5 分
15	总分	100	实训成绩

表 1-72 综合评价表

学生姓名 _____   学号 _____

评价内容		权重（%）	自我评价	小组评价	教师评价
			占总评分（10%）	占总评分（30%）	占总评分（60%）
应知	笔试	10			
	出勤	10			
	作业	10			
应会	职业素养与职业规范	21			
	实训作品	49			
小计分					
总评分					

评价细则：综合评价表中应知部分的笔试、出勤、作业评价项及应会部分的职业素养与职业规范、实训作品评价项的各项分数按三方评价得出的分数乘以对应的权重值最后累加得出总评分。

为突出技能，分值比例为应知：应会=3：7；职业素养与职业规范：实训作品=3：7。

任务思考

1.从工艺因素和操作因素两方面来谈谈它们对单面焊双面成型焊接质量的影响。

2.根据自己的实际操作谈谈焊瘤、塌陷、烧穿、凹坑与弧坑等焊接缺陷产生原因及防止措施。

情境二 V形坡口板—板对接横位单面焊双面成型之熔化极气体保护电弧焊（MAG焊）

【资讯】

1.本课程学习任务

（1）能选择合理的V形坡口板对接横焊的装夹方案，能正确进行焊接装配及定位焊。

（2）掌握V形坡口板对接横焊单面焊双面成型MAG焊工艺参数选择与运用、焊接层道的安排。

（3）掌握V形坡口板对接横焊单面焊双面成型MAG焊打底、填充、盖面三层多道焊接的操作要领。

（4）能通过学习对接横焊MAG焊的操作过程来预防和解决焊接过程出现的质量问题。

（5）能严格执行安全规范、职业素养要求。

（6）能对焊缝进行质量外观检测。

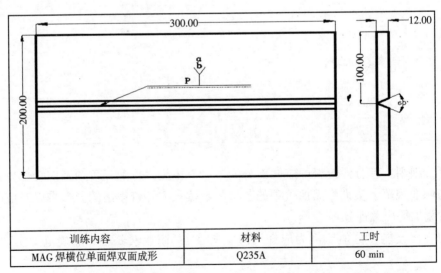

训练内容	材料	工时
MAG焊横位单面焊双面成形	Q235A	60 min

图1-84 12mm钢板V形坡口横对接MAG焊单面焊双面成型实训工作图

注：技术要求：①V形坡口横位MAG焊单面焊双面成型；②b=3~4mm，p=0.5~1.5mm，α=60°；③控制焊后变形小于1度。

2. 任务步骤

（1）焊前准备：焊机检查、工件（开坡口，坡口尺寸：60°V 形坡口）和供气检查、焊丝检查与准备、工艺参数选择；

（2）焊前装配：将打磨好的工件装配成 V 形坡口横对接接头，装配间隙 3~4mm，钝边 0.5~1.5mm，定位间隙先焊端 3mm 后焊端 4.0mm；

（3）定位焊接：定位焊采用与正式焊接相同的焊接材料及工艺参数进行定位焊，定位焊位置在焊件背面两端，焊点长度为≤10mm，预留反变形量 3°~4°，错边量≤1mm；

（4）MAG 焊 12mm 钢板 V 形坡口横对接单面焊双面成型示范、操作；

（5）焊缝清理；

（6）焊缝质量检验。

3. 工具、设备、材料准备

（1）焊件清理：半自动火焰切割机切割 Q235 钢板坡口，规格：300mm×100mm×12mm。2 块一组，修磨坡口面和正反面焊接区域 20mm 范围内的油、漆、水、锈及其他污物，直至露出金属光泽。涂防溅剂和防堵剂。

（2）焊接设备：选用气保焊机 NB-350 焊机。

（3）焊材的选择：焊丝型号为 ER50-6，φ1.2mm 或 φ1.0mm，瓶装 $Ar+CO_2$ 气体，气体纯度为 99.5% 以上。

（4）劳动保护用品：面罩、工作服、绝缘鞋、焊接皮手套、皮围裙、脚盖、遮光眼镜、防尘口罩。

（5）辅助工具：锉刀、刨锤、钢丝刷、角磨机、焊缝万能量规。

（6）确定焊接工艺参数：12 mm 板横焊焊接层次为三层六道，焊接工艺参数如表 1-73 所示。

表 1-73　V 形坡口板对接横焊单面焊双面成型熔化极气体保护焊焊接工艺参数参考

焊层	焊丝直径/mm	焊丝伸出长度/mm	焊接电流/A	电弧电压/V	气体流量/(L·min⁻¹)
	1.2	12~20	100~110	20~22	15~18
打底层	1.0	10~15	90~100	18~20	10~15
	1.2	12~20	130~150	20~22	15~18
填充层	1.0	10~15	110~120	20~22	10~15
	1.2	12~20	130~150	20~24	15~18
盖面层	1.0	10~15	110~120	20~22	10~15

【计划与决策】

通过对工作任务相关的各种信息分析，制订并经集体讨论确定如下 V 形坡口板对接横焊单面焊双面成型 MAG 焊方案如表 1-74 所示。

表1-74　V形坡口板对接横焊单面焊双面成型MAG焊方案

序号	平位薄板I形坡口对接实施步骤		工具设备材料	工时
1	焊前准备	工件开坡口、清理	半自动火焰切割机、钢丝刷、角磨机	2.5
		焊丝、供气检查与准备	ER50-6，ϕ1.2mm或ϕ1.0mm焊丝，瓶装Ar+CO_2气体	
		焊机检查	NB-350焊机	
		焊前装配	角磨机、钢尺	
		定位焊接	焊接设备、焊丝、保护气	
2	示范与操作	示范讲解	面罩、皮手套、工作服、绝缘鞋、刨锤、钢丝刷、皮围裙、脚盖、遮光眼镜、防尘口罩等	11
		调节工艺参数		
		打底焊		
		填充焊		
		盖面焊		
3	焊缝清理	清理焊渣、飞溅	锉刀、钢丝刷	0.5
4	焊缝检查过程评价	焊缝外观检查	焊缝万能量规	1
		焊缝检测尺检测		

【实施】

熔化极气体保护电弧焊基础知识

一、熔化极气体保护电弧焊的概念及分类

使用熔化电极，以外加气体作为电弧介质，并保护金属熔滴、焊接熔池和焊接区高温金属的电弧焊方法，称为熔化极气体保护电弧焊。根据焊丝材料和保护气体的不同，可将其分为以下几种方法，如图1-85所示。

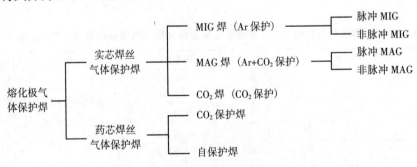

图1-85　熔化极气体保护电弧焊的分类

按焊丝分类可分为实芯焊丝焊接和药芯焊丝焊接。用实芯焊丝的惰性气体（Ar或He）保护电弧焊法称为熔化极惰性气体保护焊，简称MIG焊（Metal Inert Gas Arc Welding）；用实芯焊丝的富氩混合气体保护电弧焊，简称MAG焊（Metal Active Gas Arc Welding）。用实芯焊丝的CO_2气体保护焊，简称CO_2焊。用药芯焊丝时，可以用CO_2或CO_2+Ar混合气体作为保护气体的电弧焊称为药芯焊丝气体保护焊。还可以不加保护气体，这种方法称为自保护电弧焊。

二、保护气体的种类及用途

焊接时，可用来作为保护气体的主要有氩气、氦气、氮气、氢气、二氧化碳气及混合气体等。

氩气、氦气是惰性气体，一般用于化学性质较活泼的金属焊接。氩气的保护效果最好，使用也最普遍。氦气的价格昂贵，且气体消耗量大，常与氩气等混合使用。

氢气是还原性气体，主要在原子氢焊中作保护气体也作混合气使用。

二氧化碳气体来源丰富，且成本低，主要用于碳素钢和低合金结构钢的焊接，是目前在焊接生产中广为采用的一种气体。

另外，因氮气不溶于铜，故用于铜及铜合金焊接。氮气、氩气也常和其他气体混合使用。混合气体就是在一种保护气体中加入适当分量的另一种（或两种）气体。混合气体目前在焊接中广为采用。

常用的各种保护气体及主要用途如表1-75所示。各种混合气体的体积分数（百分比），可视具体的焊接工艺要求进行调整。

表 1-75　常用的保护气体及主要用途

焊件材料	保护气体	混合比（体积百分数，%）	化学性质	焊接方法
铝及铝合金	Ar		惰性	熔化极和钨极
	Ar + He	He10		
钛、锆及其合金	Ar		惰性	
	Ar + He	Ar75：He25		
铜及铜合金	Ar		惰性	
	Ar + He	Ar50：He50 或 Ar30：He70		
	N_2			
	Ar + N_2	Ar80：He20		
不锈钢及高强度钢	Ar + O_2	$O_2$1~2	氧化性	熔化极
	Ar + O_2 + CO_2	$O_2$1~2：$CO_2$5		
	Ar		惰性	钨极
低碳钢及低合金结构钢	Ar + O_2	$O_2$1~5	氧化性	熔化极
	Ar + CO_2	Ar75：$CO_2$25		
	Ar + CO_2 + O_2	Ar80：$CO_2$15：$O_2$5		
	CO_2			
镍基合金	Ar		惰性	熔化极
	Ar + He	He15~20		
	Ar + H_2	H_2 < 6	还原性	钨极

三、普通 MIG/MAG 焊和 CO_2 焊的区别

CO_2 焊的特点是：成本便宜、生产效率高。但是存在飞溅量大、成型差的缺点，因而有些焊接工艺采用普通 MIG/MAG 焊。普通 MIG/MAG 焊是以惰性气体保护或以富氩气体保护的弧焊方法，而 CO_2 焊却具有强烈的氧化性，这就决定了二者的区别和特点。

与 CO_2 焊相比 MIG/MAG 焊的主要优点如下:

(1) 飞溅量减少 50% 以上。在氩或富氩气体保护下的焊接电弧稳定，不但射滴过渡与射流过渡时电弧稳定，而且在小电流 MAG 焊的短路过渡情况下，电弧对熔滴的排斥作用较小，从而保证了 MIG/MAG 焊短路过渡的飞溅量减少 50% 以上。

(2) 焊缝成型均匀、美观。由于 MIG/MAG 焊熔滴过渡均匀、细微、稳定，所以焊缝成型均匀、美观。

(3) 可以焊接许多活泼金属及其合金。电弧气氛的氧化性很弱，甚至无氧化性，MIG/MAG 焊不但可以焊接碳钢、高合金钢，而且还可以焊接许多活泼金属及其合金，如：铝及铝合金、不锈钢及其合金、镁及镁合金等。

(4) 大大地提高了焊接工艺性、焊接质量和生产效率。

🖐 熔化极气体保护焊（MAG 焊）劳动保护

MAG 焊弧光强，特别是大电流焊接时，电弧的光热辐射均较强；另外，MAG 焊是以 CO_2+Ar 作为保护气体的电弧焊接方法。在电弧高温作用下，电弧区中将有许多 CO_2 气体发生分解，并生成 CO 和 O。同时在冶金反应中亦会生成少量 CO，强烈的氧化作用还会产生大量烟尘，从安全角度考虑，MAG 焊时除应防止触电、弧光照射、飞溅物烫伤外，还应注意焊接现场的通风换气与除尘。所以 MAG 焊操作时要特别注意劳动保护。

安全程序如下：

第一，工作前正确穿戴好劳保用品，检查焊机的接地装置，检查电缆绝缘体有无破损，清除场地障碍物，以免工作时绊伤人。

第二，检查 MAG 焊面罩是否透光，以免焊接时对眼睛有伤害。

第三，刚焊接完时，严禁将喷嘴离头部太近，以免焊枪头灼伤人。

第四，焊接时严禁焊接外人员接触夹具开关盒，以免夹具突然松开对焊接人造成伤害。

第五，焊接时严禁野蛮操作，以免划伤撞伤。

第六，焊接完成时，应将零件挂好，以免零件掉下砸伤人。

第七，更换焊丝完后，严禁用手捂住喷嘴或将喷嘴离眼睛很近来检查焊丝是否送出。

第八，工作完后必须关好电气。

🖐 熔化极气体保护焊焊接参数与常见缺陷简介

一、CO_2 气体保护焊的焊接参数

合理地选择焊接参数能保证焊接质量，提高效率。CO_2 气体保护焊的焊接参数包括焊丝直径、焊接电流、电弧电压、焊接速度、焊丝伸出长度、气体流量、电源极性和焊枪倾角等，下面分别介绍这些焊接参数的选择原则。

表 1-76　比较

焊接方法	MIG 焊	MAG 焊	CO₂ 焊
定义	使用熔化电极的惰性气体保护焊，简称"MIG"焊	使用熔化电极的活性气体保护焊，简称"MAG"焊	使用熔化电极 CO₂ 气体保护焊，称 CO₂ 气体保护焊，简称 CO₂ 焊
保护气体	以惰性气体为主，适当加入其他气体，如 Ar+He 或 He	惰性气体 Ar 与少量氧化性气体，一般 O₂ 为 2%~5%、CO₂ 为 2%~20%	以 CO₂ 气体作为保护气体
特点	电弧燃烧我能顶，熔滴过渡平稳安定，无激烈飞溅 在整个电弧燃烧过程中，焊丝连续等速送进，采用熔滴过渡类型为滴状过渡、喷射过渡、短路过渡 滴状过渡使用的焊接电流较小，熔滴直径比焊丝直径大，飞溅较大，焊接过程不稳定，已很少采用。短路过渡电弧长度短，电弧电压较低，电弧功率比较小，正常仅用于薄板喷射过渡，生产中应用最广泛。对于一定的焊丝和保护气体，当焊接电流增大到某一值（临界值）时，熔滴过渡形式由滴状过渡转变为"喷射过渡"。 用于各种钢板和有色金属焊接	保护气体具有氧化性，在惰性气体中混入少量氧化性气体，目的是在基本不改变惰性气体电弧基本特性条件下进一步提高电弧稳定性，改善焊缝成型，降低电弧辐射强度，减少焊接缺陷，降低焊接成本 可采用短路过渡、喷射过渡和脉冲过渡进行焊接，具有稳定的焊接工艺性能和优良的焊接接头，可用于全位置焊接 因为保护气具有氧化性，所以常用于黑色金属材料的焊接，尤其适用于碳钢、合金钢和不锈钢。不能用于活泼金属如 Al、Mg、Cu 等及它们的合金的焊接 不能在有风的地方施焊	CO₂ 体积质量比空气大，所以在平焊时从焊枪中喷出的 CO₂ 气能良好地覆盖在熔池上，且 CO₂ 气体分解时其体积膨胀 1.5 倍，有利于增强保护效果；同时也存在一些辅助作用影响电弧稳定性 CO₂ 焊的优点： ①生产效率高，节能，焊接速度快 ②焊接成本低，仅为手工电弧焊成本的 50% ③焊接变形小 ④对油、锈产生气孔的敏感性较低 ⑤焊缝中含氢量小，对合金高强度钢抗裂性强 ⑥熔滴采用短路过渡时，可用于立焊、仰焊和全位置焊，电弧可见性好 CO₂ 焊的缺点： ①抗风能力差 ②弧光较强，须注意劳动保护 ③焊缝成型不够美观 ④设备较复杂

（一）焊丝直径

焊丝直径应根据焊件厚度、焊接位置及生产率来选择。焊接薄板或中厚板的立、横、仰位置时，多采用直径 1.6 mm 以下的焊丝；平焊位置焊接中厚板时，可以采用直径 1.6 mm 以上的焊丝，焊丝直径的选择见表 1-77。

表 1-77　CO₂ 气体保护焊焊丝直径的选择

焊丝直径/mm	焊件厚度/mm	焊接位置
0.8	1~3	各种位置
1.0	1.5~6	
1.2	2~12	

焊丝直径/mm	焊件厚度/mm	焊接位置
1.6	6~25	各种位置
≥1.6	中厚	平焊、平角焊

（二）焊接电流

焊接电流是 CO_2 气体保护焊最重要的焊接参数之一，其大小应根据焊件厚度、焊丝直径、施焊位置及熔滴过渡形式来确定。直径为 0.8~1.6mm 的焊丝，短路过渡时，焊接电流为 50~230A；细颗粒过渡时，焊接电流为 250~500A。焊丝直径与焊接电流的关系如表 1-78 所示。

表 1-78　焊丝直径与焊接电流的关系

焊丝直径/mm	焊接电流/A	适应的板厚/mm
0.8	50~150	0.8~2.5
1.0	90~250	1.2~6.0
1.2	120~350	2.0~6.0
1.6	300 以上	6.0 以上

随着焊接电流的增大，熔深显著增加，熔宽略有增加。当焊接电流过大时，容易引起烧穿、焊漏和产生裂纹等缺陷，且焊件变形大，焊接过程中飞溅很大；而当焊接电流过小时，容易产生未焊透、未熔合以及焊缝成型不良等缺陷。在保证焊透、成型良好的条件下，尽可能采用较大的电流，以提高生产率。

（三）电弧电压

电弧电压的大小主要影响熔宽，电弧电压增大，熔宽增大，而熔深略有减小。为了保证焊缝成型良好，电弧电压必须与焊接电流配合选取。通常焊接电流小时，电弧电压较低；焊接电流大时，电弧电压较高。短路过渡时，电弧电压为 16~24V；细颗粒过渡时，电弧电压 25~45 V。但应注意电弧电压必须与焊接电流配合适当，电弧电压过高或过低都会影响电弧稳定性，使飞溅增大。

（四）焊接速度

在焊丝直径、焊接电流和电弧电压一定时，增加焊接速度，焊缝宽度和熔深减小。焊接速度过快，容易产生咬边、未焊透及未熔合等缺陷，且气体保护效果变差，可能出现气孔；焊接速度过慢，焊接效率低，焊接接头晶粒粗大，焊接变形增大，焊缝成型差。CO_2 半自动焊的焊接速度一般为 15~40m/h。

（五）焊丝伸出长度

焊丝伸出长度是指导电嘴端部到焊件表面的距离，保持焊丝伸出长度不变是保证焊接过程稳定的基本条件之一。焊丝伸出长度主要取决于焊丝直径，一般为焊丝直径的 10~12 倍，焊丝伸出长度过大时，气体保护效果变差，飞溅严重，焊接过程不稳定，且焊丝容易发生过热而成段熔断；焊丝伸出长度过小时会缩短喷嘴与焊件的距离，阻挡焊工视线，金属飞溅物容易堵塞喷嘴，影响气体保护效果。不同直径、不同材料的焊丝，允许的焊丝伸出长度不同，焊接时可参考表 1-79 选择。

表 1-79 CO_2 气体保护焊焊丝伸出长度的允许值 (mm)

焊丝直径	H08Mn$_2$SiA	H08Crl9Ni$_9$Ti
0.8	6~12	5~9
1.0	8~13	6~11
1.2	10~15	7~12

（六）气体流量

CO_2 气体流量应根据对焊接区的保护效果来选取。焊接电流、电弧电压、焊接速度、接头形式及作业条件对气体流量都有影响。流量过大、过小都会影响气体保护效果。通常焊接电流在 200A 以下时，气体流量为 10~15 L/min^{-1}；焊接电流大于 200A 时，气体流量为 15~25 L/min^{-1}。

（七）电源极性

一般使用直流弧焊电源。CO_2 气体保护焊通常采用直流反接，电弧稳定性好、飞溅小、熔深大。粗丝大电流堆焊及铸铁补焊时，采用直流正接，焊接过程稳定，焊丝熔化速度快、熔深浅、堆高大。

（八）焊枪倾角

当焊枪倾角小于 10°时，不论是前倾还是后倾，对焊接过程及焊缝成型都没有明显的影响；但倾角过大（如前倾角大于 25°）时，将增加熔宽并减小熔深，还会增大飞溅。

二、CO_2 气体保护焊常见缺陷

（一）气孔

CO_2 气体保护焊产生气孔主要是由于熔池中溶进了较多的有害气体，加上 CO_2 气流的冷却作用，熔池凝固较快，气体来不及逸出，从而产生了气孔。焊接前，必须调整好保护气的流量，使保护气能保护好熔池，防止空气渗入。保护不良，将使焊缝中产生气孔。引起保护不良的原因如下：

（1）CO_2 气体纯度低，含水或氮气较多，特别是含水量太高时，整条焊缝上都有气孔。

（2）没有保护气。焊前未打开 CO_2 气瓶或预热器未接通电源就开始焊接，因没有保护气整条焊缝上都是气孔。

（3）虽然保护气流量合适，风较大，将保护气体吹离熔池，保护不好，引起气孔，如图 1-86 所示。

（4）气体流量太大或太小。流量太小时，保护区小，不能可靠地保护熔池，如图 1-87 所示；流量太大时，产生涡流，将空气卷入保护区，如图 1-88 所示。因此，气体流量不适宜均会使焊缝中产生气孔。

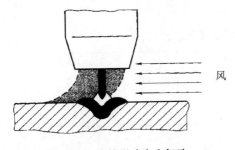

图1-86 风的影响产生气孔

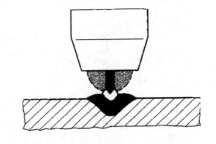

图1-87 保护气流量太小产生气孔

（5）喷嘴被飞溅物堵塞，如图1-89所示。焊接过程中，喷射到喷嘴上的飞溅物未及时清除，保护气产生涡流，会吸入空气，使焊缝产生气孔。

焊接过程中必须经常清除喷嘴上的飞溅物。为便于清除飞溅物，焊前最好在喷嘴的内表面喷一层防飞溅喷剂或刷一层硅油。

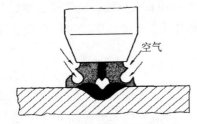

图1-88 保护气流量太大产生气孔

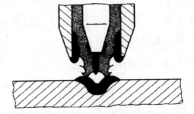

图1-89 喷嘴被飞溅物堵塞产生气孔

（6）焊枪倾角太大（见图1-90），吸入空气，使焊缝中产生气孔。

（7）焊丝伸出太长、使喷嘴高度太大时，保护不好，容易引起气孔，如图1-91所示。

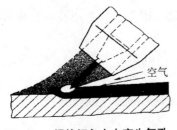

图1-90 焊枪倾角太大产生气孔

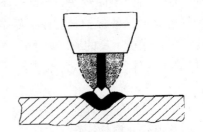

图1-91 焊丝伸出太长产生气孔

（8）弹簧软管内孔被氧化物或其他脏物堵塞，其前半段密封塑胶管破裂或进丝嘴处的密封圈漏气，保护气从焊枪的进口处外泄，使喷嘴处的保护气流量太小，这也是产生气孔的重要原因之一。在这种情况下，往往能听到送丝机与焊枪连接处漏气的"嘶嘶"声，通常在整条焊缝上都是气孔，焊接时还可看到熔池中冒泡。

（二）未熔合

CO_2 气体保护焊很容易造成未熔合，产生未熔合的主要原因如下：

（1）焊接工艺参数不合适。焊接速度太小、焊接电流太大时，使熔敷系数太大，或焊枪倾角太大都会引起未熔合，如图 1-92、图 1-93 所示。为防止未熔合，必须根据熔合情况调整焊接速度，保证电弧位于熔池前部。

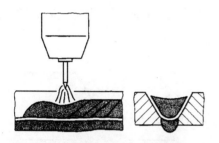
图 1-92 熔敷系数太大引起未熔合

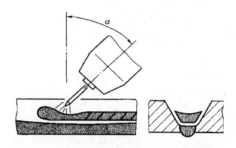
图 1-93 焊枪倾角太大引起未熔合

（2）电弧未对准坡口中心，或焊枪摆动时电弧偏向坡口的一侧，都会引起未熔合，如图 1-94、图 1-95 所示。

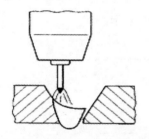
图 1-94 电弧未对准坡口中心引起的未熔合

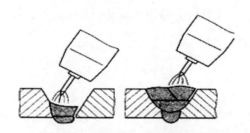
图 1-95 焊枪偏向一侧引起的未熔合

（3）由于结构限制，使电弧不能对中或达不到坡口的边缘，也会引起未熔合，如图1-96 所示。

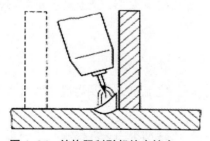
图 1-96 结构限制引起的未熔合

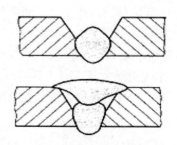
图 1-97 打底焊道凸起引起的未熔合

（4）打底焊道凸起太高易引起未熔合，如图 1-97 所示。故焊接打底层时应控制焊枪自摆动幅度，保证打底层焊道与两侧坡口面熔合好，才能覆盖好焊缝表面。

（5）接头处如未修磨，或引弧不当，接头处易产生未熔合。为保证焊缝接好头，要求将接头处打磨成斜面，再接头。

（三）未焊透

引起未焊透的原因如下：

（1）坡口角度太小导致电弧不能深入到接头根部，易造成未焊透，如图 1-98 所示。为防止未焊透，坡口角度以 60°左右为宜。

（2）钝边太大或间隙太小时易引起未焊透，如图 1-99 所示。为防止未焊透，钝边不能太大，装配间隙要适当。

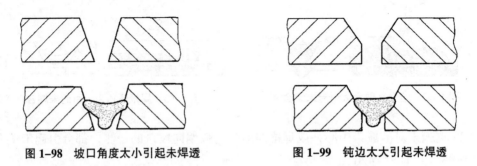

图 1-98　坡口角度太小引起未焊透　　　图 1-99　钝边太大引起未焊透

（3）装配时错边太大易引起未焊透，如图 1-100 所示。

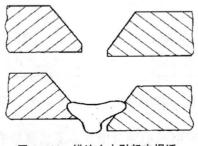

图 1-100　错边太大引起未焊透

（4）焊接参数选择不当，如电弧电压太低，焊接电流太小，送丝速度不均匀，焊接速度太快等。

（四）咬边

产生咬边的主要原因如下：

（1）焊接参数选择不当。如电弧电压过高、焊接电流过大以及焊接速度过快等均会产生咬边。

（2）半自动焊时操作不当。如电弧过长、焊丝的摆动不当、焊枪倾斜角不正确，或因焊枪阻挡看不清熔池等，均会产生咬边。

（五）烧穿

产生烧穿的主要原因是对焊件加热过甚、焊接参数选择不当及操作不正确。防止烧穿的措施如下：

（1）注意焊接参数的选择，如减小电弧电压与焊接电流，适当提高焊接速度，采用短弧焊等。

（2）合理进行操作。如运枪时，焊丝可作适当的直线往复运动以增加熔池的冷却作用。对于长的焊缝可采用分段焊，以避免热量集中，也可采用加铜垫板的方法增加散热。焊接件的装配间隙或坡口要求小些。

（六）焊缝成型不良

由于电弧不能很好地燃烧，使焊接过程不稳定，从而影响焊缝成型。产生焊缝成型不良的主要原因如下：

（1）电弧电压不合适，偏高或偏低。

（2）焊接电流与电弧电压不匹配。

（3）送丝不均匀，送丝轮压力不够，焊丝有卷曲现象。

（4）焊丝伸出太长，焊丝过热，造成成段熔断，使焊接过程不稳定。

（5）导电嘴孔径过小或过大，当孔径过小时焊丝送出困难；孔径过大则导电性不好，会使焊丝偏离，破坏焊接过程的稳定性。

（七）飞溅

飞溅是 CO_2 气体保护焊的主要缺陷之一。产生飞溅的原因及减小飞溅的措施如下：

（1）焊接区域的 CO_2 气体受热急剧膨胀，造成熔滴爆破，产生大量细粒飞溅。选用含锰、硅脱氧元素多、含碳量低的焊丝，可减少 CO 气体的生成，从而减小飞溅。

（2）由极点压力引起。当采用正极性焊接时，机械冲击力大，容易产生大颗粒飞溅。焊接时采用直流反接，可使飞溅明显减小。

（3）当熔滴短路过渡时，短路电流增长速度过快或过慢，均会引起飞溅。通过调节焊接回路中的电感值，可使熔滴过渡过程稳定，从而减轻飞溅。

（4）由于焊接参数选择不当引起。当焊接电流、电弧电压等焊接参数选择不当时会引起飞溅。合理选择焊接参数，特别应使电弧电压与焊接电流之间具有最佳配合，可有效地减小飞溅。

（5）焊丝伸出太长，造成焊丝成段熔断，使焊接过程不稳定，会造成很大飞溅。

三、Ar + CO_2 气体保护焊（MAG 焊）的焊接参数

（一）焊接电流

根据焊接条件（板厚、焊接位置、焊接速度、材质等参数）选定相应的焊接电流。MAG 焊机调电流实际上是在调整送丝速度。因此 MAG 焊机的焊接电流必须与焊接电压相匹配，即一定要保证送丝速度与焊接电压对焊丝的熔化能力一致，以保证电弧长度的稳定。

同一焊丝，电流越大送丝速度越快。电流相同，丝越细送丝速度越快。

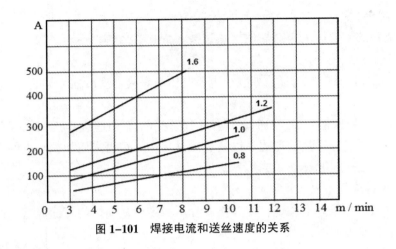

图 1-101　焊接电流和送丝速度的关系

（二）电弧电压

焊接电压即电弧电压：提供焊接能量。

电弧电压越高，焊接能量越大，焊丝熔化速度就越快，焊接电流也就越大。电弧电压等于焊机输出电压减去焊接回路的损耗电压，可用下列公式表示：

$$U_{电弧} = U_{输出} - U_{损}$$

如果焊机安装符合安装要求的话，损耗电压主要指电缆加长所带来的电压损失，如您的焊接电缆需要加长，调节焊机输出电压时可参考表 1-80。

表 1-80　调节焊机输出电压

电缆长度 ＼ 焊接电流	100A	200A	300A	400A	500A
10m	约 1V	约 1.5V	约 1V	约 1.5V	约 2V
15m	约 1V	约 2.5V	约 2V	约 2.5V	约 3V
20m	约 1.5V	约 3V	约 2.5V	约 3V	约 4V
25m	约 2V	约 4V	约 3V	约 4V	约 5V

1. 焊接电压的设定

根据焊接条件选定相应板厚的焊接电流，然后根据下列公式计算焊接电压：

小于 300A 时：焊接电压 =（0.04 倍焊接电流 + 16 ± 1.5）伏

大于 300A 时：焊接电压 =（0.04 倍焊接电流 + 20 ± 2）伏

举例 1：选定焊接电流 200A，则焊接电压计算如下：

焊接电压 =（0.04 × 200 + 16 ± 1.5）伏 =（8 + 16 ± 1.5）伏 =（24 ± 1.5）伏

举例 2：选定焊接电流 400A，则焊接电压计算如下：

焊接电压 =（0.04 × 400 + 20 ± 2）伏 =（16 + 20 ± 2）伏 =（36 ± 2）伏

2. 焊接电压对焊接效果的影响

电弧电压的变化影响焊接电弧的长短，决定了熔宽的大小。一般电弧电压增大，熔宽增大而熔深略有减小。焊接电流小时，电弧电压较低；焊接电流大时，电弧电压较高。电弧电压必须与焊接电流配合适当，电弧电压过高或过低都会影响电弧稳定性使飞溅增大。

（三）焊接速度

焊接速度是焊接工艺参数中的重要因素之一。在一定的焊丝直径、焊接电流和电弧电压条件下，焊接速度增加时，焊缝宽度和熔深减少，焊接速度过快时：焊道变窄，熔深和余高变小，容易产生咬边、未熔合（或熔合不良）及未焊透等缺陷，且气体保护效果变差，易出现气孔；焊接速度过慢，焊接生产率低，焊接接头晶粒粗大，焊接变形增大，焊缝成型差。半自动：焊接速度为 30~60cm/min；自动焊：焊接速度可高达 250cm/min 以上。

（四）干伸长度

定义：焊丝从导电嘴到工件的距离。小于 300A 时：L = (10~15) 倍焊丝直径；大于 300A 时：L = (10~15) 倍焊丝直径 + 5mm。

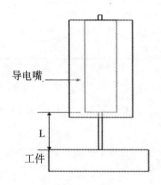

图 1–102　干伸长度

举例：

直径 1.2mm 焊丝可用电流 120~350A。

电流小时干伸长度 L 等于乘 10 倍的焊丝直径；

电流大时干伸长度 L 等于乘 15 倍的焊丝直径。

焊接过程中，保持焊丝干伸长度不变是保证焊接过程稳定性的重要因素之一。

过长时：气体保护效果不好，易产生气孔，引弧性能差，电弧不稳，飞溅加大，熔深变浅，成型变坏。

过短时：看不清电弧，喷嘴易被飞溅物堵塞，熔深变深，焊丝易与导电嘴粘连。

（五）焊丝

因 CO_2 是一种氧化性气体，在电弧高温区分解为一氧化碳和氧气，具有强烈的氧化作用，使合金元素烧损，所以 MAG 焊时为了防止气孔，减少飞溅和保证焊缝较高的机械性能，必须采用含有 Si、Mn 等脱氧元素的焊丝。

MAG 焊使用的焊丝既是填充金属又是电极，所以焊丝既要保证一定的化学性能和

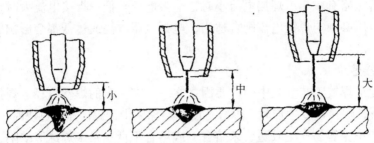

图 1-103　干伸长度的三种情形

机械性能，又要保证具有良好的导电性能和工艺性能。MAG 焊丝分为实芯焊丝和药芯焊丝两种。

表 1-81　实芯焊丝的型号、特征及适用范围

焊丝型号	特征及适用范围
H08Mn$_2$SiA	冲击值高，送丝均匀，导电好
H04Mn$_2$SiTiA	脱氧、脱氮、抗气孔能力强，适用于 200A 以上电流
H04Mn$_2$SiAlTiA	脱氧、脱氮、抗气孔能力更强，适用于填充和 CO_2~O_2 混合气体保护焊
H08Mn$_2$iA	MAG 焊

常用的实芯焊丝型号：H08MnSiA

H：焊接用钢；08：含碳量 0.08%；Mn：1%的锰；Si：1 %的硅；A：含硫、磷量小于 0.03%，无 A 则<0.04 %。

为了提高导电性能及防止焊丝表面生锈，一般在焊丝表面采用镀铜工艺，要求镀层均匀，附着力强，总含铜量不得大于 0.35%。

表 1-82　不同焊丝直径使用电流范围

焊丝直径/mm	电流范围/A	适用板厚/mm
0.6	40~100	0.6~1.6
0.8	50~150	0.8~2.3
0.9	70~200	1.0~3.2
1.0	90~250	1.2~6
1.2	120~350	2.0~10
1.6	>300	>6.0

使用焊丝的注意事项：

外观检查：焊丝平排密绕，直径均匀，表面光亮，焊丝盘无破损。

性能检查：化学成分不合格，严重影响焊接质量，必须采用优质焊丝。

焊接电流：必须在焊丝许用电流范围之内。电流过大将引起溶池翻腾和焊缝成型恶化。电流过小能量集中性变差，引弧困难，飞溅变大，熔深浅，焊缝成型不好。

丝径选用：在焊丝直径允许电流范围内，尽可能选用细焊丝，以提高焊丝熔化速度，提高引弧成功率，减少飞溅，增加熔深，改善焊缝成型，提高焊接质量。

表 1-83 焊丝融化速度和焊接电流的关系

焊丝直径/mm	电流范围/A	融化速度/(g/min)
0.8	50~150	10~50
0.9	70~200	10~60
1.0	90~250	10~80
1.2	120~350	20~120
1.6	140~500	40~160

（六）气体

作用：隔离空气并作为电弧的介质。

纯度：纯度要求大于 99.5%，含水量小于 0.05%。

性质：无色，无味，无毒。

存储：瓶装液态。

加热：气化过程中大量吸收热量，因此流量计必须加热。

流量：小于 350A 焊机：气体流量为 15~20 升/分；大于 350A 焊机：气体流量为 20~25 升/分。

（七）电源极性

CO_2 焊、MAG 焊和脉冲 MAG 焊一般都采用直流反极性（DCEP）即工件接负极，焊丝接正极。因为这种连接方法电弧稳定，熔滴过渡平稳，飞溅少，焊缝成型美观，在较大的电流范围内都能获得较大的熔深。但在堆焊和补焊焊件时，则采用正极性比较合适。因为阴极发热量比阳极大，焊丝的熔化系数大，约为反极性的 1.6 倍，金属熔敷效率高，可以提高生产率，由于熔深浅，对保证熔敷金属的性能有利。

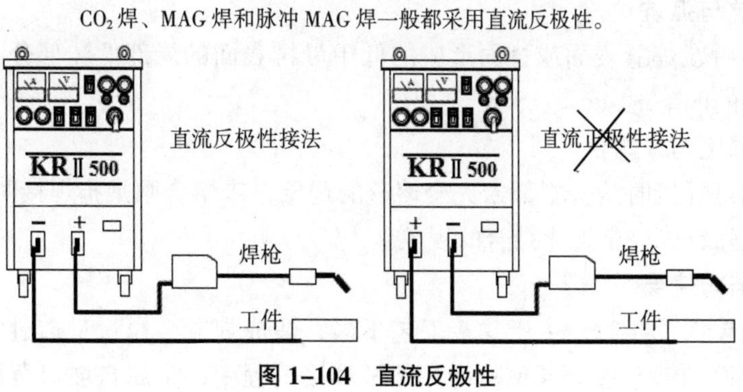

CO_2 焊、MAG 焊和脉冲 MAG 焊一般都采用直流反极性。

图 1-104 直流反极性

（八）回路电感

回路电感应根据焊丝直径、焊接电流和电弧电压等来选择。

表 1-84 回路电感值

焊丝直径/毫米	0.8	1.2	1.6
电感值/毫亨	0.01~0.08	0.10~0.16	0.30~0.70

四、$CO_2+ Ar$ 混合气体保护焊（MAG 焊）常见缺陷

（一）气孔

焊接熔池始终处于气流和熔滴金属的脉动作用下，所以金属流动后热量的提供和传递都具有脉动的性质。这就导致熔池的结晶呈现周期性的变化，结晶前沿液体金属中夹杂浓度的变化，即层状偏析。偏析层集中了有害元素，层状偏析造成了气孔。

（二）裂纹

热裂纹：拉应力是产生裂纹的外因，晶界上的低熔共晶体是产生裂纹的内因，拉应力通过晶界上的低熔共晶体而造成裂纹。

冷裂纹：氢、淬硬组织和应力三个因素是导致冷裂纹的主要原因。

（三）焊缝尺寸及形状不符合要求

焊缝外表形状高低不平，波形粗劣；焊缝宽度不齐，太宽或太窄；焊缝余高过高或高低不均等。

（四）咬边

咬边是指延焊趾的母材部位产生沟槽或凹陷。

（五）焊瘤

焊瘤，即在焊接过程中，熔化金属流淌到焊缝外未熔化的母材上所形成的金属瘤。

（六）夹渣

夹渣是指焊接后残留在焊缝中的焊渣。

（七）凹坑与弧坑

凹坑是焊后在焊缝表面或背面形成的低于母材表面的局部低洼部分。弧坑是在焊缝收尾处产生的凹陷现象。

（八）未焊透与未熔合

未焊透就是焊接时接头根部未完全熔透的现象；未熔合则是指焊接时焊道与母材、焊道与焊道之间，未完全熔化结合的现象。

（九）塌陷与烧穿

塌陷是指单面焊接时，由于焊接工艺不当，造成焊缝金属过量透过背面，而焊缝正面塌陷，背面凸起额过大现象；烧穿即是焊接过程中，金属自坡口背面流出形成穿孔的缺陷。

五、MAG 焊部分焊接缺陷进行返修判断举例

（一）合格焊缝

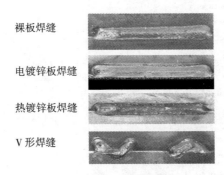

裸板焊缝

电镀锌板焊缝

热镀锌板焊缝

V 形焊缝

图 1-105 合格焊缝

（二）缺陷焊缝，无须返修

气孔
如直径 ø3mm 以下气孔密度 <5/cm 或
直径 ø5mm 以下气孔密度 <3/cm 则无
须返修
如气孔密度超过此标准，则必须返修

微型气孔
焊缝不均

咬边
B 类焊缝：H<e/5
A 类焊缝：H<e/10
（e 为板厚）

图 1-106 缺陷焊缝

（三）不合格焊缝，必须返修

六、MAG 焊最常见缺陷产生原因及防止措施

（一）气孔的产生原因及防止措施

原因：熔池金属中存在多量的气体，在熔池凝固过程中没有完全逸出，或由于凝固过程中化学反应产生的气体来不及逸出，残留在焊缝之中。主要有 CO 气孔、N 气孔、H 气孔。

防止措施：

（1）CO 气孔：保证焊丝含有足够的脱氧元素，并严格控制焊丝的含碳量。

（2）N 气孔：保证保护气流在焊接过程中稳定可靠。

缺陷：密集型气孔

缺陷：严重烧穿
如焊缝反面不可返修，
则报废；如焊缝反面可
返修，则依照返修工艺
卡进行返修

措施：在缺陷焊缝上覆
盖一道合格焊缝（如质
量要求，需打磨焊缝）

措施：

①打磨

缺陷：漏焊

②在焊缝反面补焊一道
衬垫焊缝

措施：补焊

③在焊缝正面补焊一道
合格焊缝

缺陷：焊缝偏向下板

缺陷：咬边（超过接收
标准）

措施：在不合格焊缝
和上边之间补焊一道
合格焊缝

措施：在咬边处补焊
一道合格焊缝

缺陷：焊缝偏向上板

缺陷：烧穿：最大空洞
6×10mm

措施：在不合格焊缝
和下边之间补焊一道
合格焊缝

措施：用连续点焊将
空洞补上

图 1-107　气孔产生的原因及防止措施

（3）H 气孔：对工件及焊丝表面作适当的清洁，对保护气进行提纯和干燥。

（二）飞溅产生的原因及防止措施

（1）由冶金反应引起的飞溅：加入脱氧元素。

（2）由极点压力引起的飞溅：直流反接。

（3）熔滴短路时引起的飞溅：改变焊接回路中的电感数值，使其合适。

（4）非轴向熔滴过渡造成的飞溅，由电弧斥力所引起：暂无防止方法。

（5）焊接规范选择不当引起的飞溅：正确的选择焊接规范。

操作说明

一、操作要点

焊件装配及定位焊、打底焊、填充焊、盖面焊。

二、焊前准备

（1）启动焊机安全检查：气保焊 NB-350 焊机检查（焊前检查电源、送丝机构及所用工具，一切均无问题方可使用），安装减压器及流量计，将流量计调到所需流量，调试电流。

（2）焊件加工：选用两块材质为 Q235 的低碳钢板，焊件规格约为长度 300mm，宽度 100mm，板厚 12mm，使用半自动火焰切割机制备 V 形坡口，单边坡口角度 30°±2°，坡口面应平直，钝边为 0.5~1.5mm，焊件平整无变形。

（3）焊件的清理：用锉刀、砂轮机、钢丝刷等工具，清理坡口两面 20mm 范围内的铁锈、氧化皮等污物，直至露出金属光泽。

（4）焊条：焊丝型号为 ER50-6，φ1.2mm 或 φ1.0mm，瓶装 Ar+CO_2 气体，气体纯度为 99.5%以上。

（5）焊件装配及定位焊：预留根部间隙，一般坡口间隙可以定为：始焊端间隙为 3mm，终焊端为 4mm，必须矫正焊件保证错边量应小于 1mm，反变形角度约 3°~4°为宜。始端、终端电焊固定，并放置于焊接架上，将试板横向垂直固定，注意将间隙小的一端放在右侧，准备进行焊接。定位焊缝的位置如图 1-108 所示。

三、操作步骤

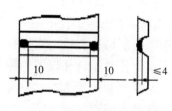

图 1-108 定位焊缝的位置

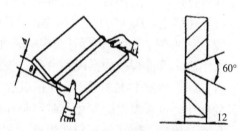

图 1-109 试板定位焊时预留反变形

横焊的单面焊双面成型是较难掌握的一种焊接方法，在焊接过程中应把握好对焊条角度和运条方式的掌握以及对参数的调整等。焊接操作采用左焊法，3 层 6 道，焊道分布和顺序如图 1-110 所示。

V 形坡口板对接横焊单面焊双面成型 MAG 焊的基本操作技术包括：打底焊、填充焊、盖面焊，打底焊要求单面焊双面成型。

1. 打底层的焊接

应保证得到良好的背面成型。

焊前先检查试板的装配间隙及反变形是否合适，将试板垂直固定好，焊缝处于水平位置，间隙小的一端放在右侧。

按照工艺参数表调整好焊接工艺参数后，按图 1-111 所示要求调整好焊枪角度，在试板右端定位焊缝上引燃电弧，以小幅锯齿形摆动，自右向左焊接，当定位焊缝左侧形成熔孔后，转入正常焊接。

正常焊接时电弧沿熔池前部边缘作小锯齿或小斜锯齿形运动，电弧摆动宽度稍大于间隙，电弧向上运动时稍快，向下运动时稍慢，上方熔孔可见，下方熔孔不可见（下方并非没有熔化钝边，只是其熔化后被铁水堵住）。电弧在上下坡口两侧稍作停留，

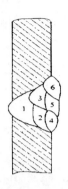

图 1-110 板对接横焊焊层及焊道

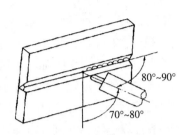

图 1-111 板对接横焊打底层焊枪角度

在上坡口的停留稍明显。使打底层焊道与上、下坡口熔合良好，过渡圆滑。

施焊打底层时应注意以下几点：

（1）控制引弧位置。首先调好焊接工艺参数，然后在试板右端定位焊缝左侧 15~20mm 引燃电弧。将电弧快速移至定位焊缝上，停留 1~2s 形成熔孔后开始向左焊接，作小幅度锯齿形横向摆动，连续向左移动。焊接过程中，电弧不能脱离熔池，利用电弧吹力托住熔化金属，防止铁水下淌。打底焊焊枪角度如图 1-111 所示。

（2）控制熔孔大小。横焊打底焊的关键是保证背部焊透，下凹小，正面平。由于熔孔的大小决定背部焊缝的宽度和余高，要求焊接过程中控制熔孔直径一直保持比间隙大 0.5~1mm，如图 1-112 所示。焊接过程中应仔细观察熔孔大小，并根据间隙和熔孔直径的变化、试板温度的变化及时调整焊枪角度、摆动幅度和焊接速度，尽可能地维持熔孔直径不变，既要保证根部焊透，又要防止焊道背部下凹而正面下坠。这就要求焊枪的摆动幅度要小，摆幅大小和前进速度要均匀，停留时间较其他位置要短，使熔池尽可能小而浅。

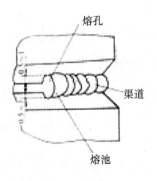

图 1-112 控制熔孔

（3）保证两侧坡口的熔合。焊接过程中，注意观察坡口面的熔合情况，依靠焊枪的角度及摆动，电弧在坡口两侧停留的时间，避免下坡口熔化过多，造成背部焊道出现下坠或产生焊瘤。

（4）电弧的位置在熔池前部边缘，过于向前时背面会高或造成穿孔，过于向后时根部易产生未熔合，正面成型差，两侧有夹角。

（5）焊枪角度从起焊至焊完应尽量保持一致。

2. 填充层的焊接

施焊填充层前应把打底层焊道清理干净，并清理试件表面的飞溅物。将焊道局部凸出处打磨平整。按照工艺参数表调整好焊接工艺参数。

施焊第 2 条焊道时，焊枪成 0°~10° 的俯角，如图 1-113 所示。电弧中心应对准打底层焊道的下缘，从右向左施焊，焊道与坡口边缘相差 1~1.5 mm 为宜。焊道 2 焊接时可选择直线运丝法、斜锯齿运丝法及斜圆圈运丝法等。

施焊第 3 条焊道时，焊枪成 0°~10° 的仰角，如图 1-113 所示。焊道 3 焊接时可根据预留位置的宽窄及深浅选择直线运丝法、直线往复运丝法、斜锯齿运丝法及斜圆圈运丝法等。焊道 3 焊后焊道与坡口边缘相差 0.5~1.0 mm 为宜。

3. 盖面层的焊接

施焊盖面层前应将填充层焊道清理干净，并将试件表面的飞溅物清理掉；调整焊接工艺参数。电弧运动方法以直线法为主，这样操作简单且焊道波纹相同，焊缝成型美观。施焊盖面层的焊枪倾角与焊枪夹角如图 1-114 所示。施焊焊道 4 时，应注意控制焊接速度，防止焊道过厚，焊道下缘与母材应熔合良好，平滑过渡。施焊第 5、6 条焊道时，应分别覆盖下层焊道 1/3~1/2，并注意平滑过渡，使焊缝平整。焊道 6 预留位置的宽窄对整个盖面层的影响很大。预留位置不可过窄，否则最上方焊道焊完后会凸出来，影响盖面层的美观；过宽时采用直线法不能完全焊满，但稍宽时较好焊接，可以采用小斜锯齿运丝法。第 6 条焊道与母材应熔合良好，并防止出现咬边。

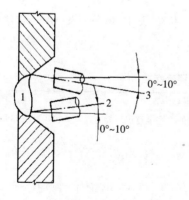

图 1-113 板对接横焊填充层焊枪角度

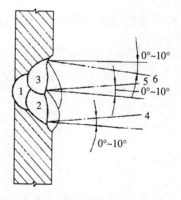

图 1-114 板对接横焊盖面层焊枪角度

四、焊缝清理

焊接结束后，清渣处理。主要清理焊件表面的焊接飞溅物、氧化物等。在焊接检验前，不得对焊接缺陷进行修改。焊缝应处于原始状态。清理焊件表面的焊接飞溅物，一定要戴好护目镜。

五、焊缝质量检验

外观检查一般以肉眼观察为主，有时用 5~20 倍的放大镜进行观察。

1. 焊缝外形尺寸

焊缝余高为 1~1.5mm。焊缝余高差 ≤1mm；焊缝宽度比坡口每侧增宽 0.5~1.5mm；焊缝宽度差 ≤1mm。

2. 焊缝缺陷

焊接结束后，关闭焊机，用钢丝刷清理焊缝表面。肉眼观察或用低倍放大镜检查焊缝表面是否有气孔、裂纹、咬边等缺陷。用焊缝量尺测量焊缝外观成型尺寸。

3. 焊件变形

焊后变形量 ≤2°；错边量 ≤1mm。

焊接结束，关闭气瓶和电源，收好所用工具，工具复位，清理、清扫现场，检查安全隐患。

【检查】

（1）V 形坡口板对接横焊单面焊双面成型熔化极气体保护焊完成情况检查。

（2）记录资料。

（3）文明实训。

（4）实施过程检查。

【评价】

过程性考核评价如表 1-85 所示；实训作品评价如表 1-86 所示；最后综合评价按表 1-87 执行。

表 1-85 平敷焊过程评价标准

考核项目		考核内容	配分
职业素养	安全意识	执行安全操作规程，安全操作技能，安全意识。如有违反，由考评员扣 1 分/项	10
	文明生产	做到对现场或岗位进行整理、整顿、清扫、清洁，文明生产。如不符合要求，由考评员扣 1 分/项	10
	责任心	有主人翁意识，工作认真负责，能为工作结果承担责任。如不符合要求，由考评员扣 1 分/项	10
	团队精神	有良好的合作意识，服从安排。如不符合要求，由监考员扣 1 分/项	10
	职业行为习惯	成本意识，操作细节。如不符合要求，由考评员扣 1 分/项	10
职业规范	工作前的检查	安全用电及安全防护、焊前设备检查。如不符合要求，由考评员扣 1 分/项	10
	工作前准备	场地检查、工量具齐全、摆放整齐、试件清理。如不符合要求，扣 1 分/项	10

续表

考核项目		考核内容	配分
职业规范	设备与参数的调节	参数符合要求、设备调节熟练、方法正确。如不符合要求，扣2分/项	10
	焊接操作	定位焊位置正确，引弧、收弧正确、操作规范；试件固定的空间位置符合要求。如不符合要求，扣2分/项	10
	焊后清理	关闭电源，设备维护、场地清理，符合6S标准。如不符合要求，由考评员扣1分/项	10

表1-86 实训作品评价标准

姓名			学号		得分	
检查项目		配分	标准	实际测定结果	检测人	得分
焊前准备	劳动保护准备	3	完好			
	试板外表清理	3	干净			
	试件背面二处定位焊尺寸、位置、反变形角度	3	长≤10mm			
外观检查	气孔	3	无			
	穿丝	3	无			
	咬边	4	深≤0.5mm、长≤10mm			
	弧坑	3	填满			
	焊瘤	3	无			
	未焊透	2	无			
	裂纹	3	无			
	内凹	3	无			
	未熔合	3	无			
	非焊接区域碰弧	3	无			
	焊缝正面高度	3	≤2mm			
	焊缝正面高度差	3	≤2mm			
	焊缝正面宽度C	3	≤18mm			
	焊缝正面宽度差	3	≤2mm			
	焊缝背面高度	3	≤3mm			
	焊缝背面高度差	3	≤2mm			
	试件变形	3	≤1°			
	试件错边量	3	无			
内部检查	射线探伤	25	一级片			
焊后自检	合理节约焊材	3	好			
	安全、文明操作	3	好			
	清理飞溅物	3	干净			
	不损伤焊缝	3	未伤			

表 1-87　综合评价表

学生姓名_____　　　　　　　　　　　　　　　　　　　　学号_____

评价内容		权重（%）	自我评价 占总评分（10%）	小组评价 占总评分（30%）	教师评价 占总评分（60%）
应知	笔试	10			
	出勤	10			
	作业	10			
应会	职业素养与职业规范	21			
	实训作品	49			
小计分					
总评分					

　　评价细则：综合评价表中应知部分的笔试、出勤、作业评价项及应会部分的职业素养与职业规范、实训作品评价项的各项分数按三方评价得出的分数乘以对应的权重值最后累加得出总评分。

　　为突出技能，分值比例为应知∶应会=3∶7；职业素养与职业规范∶实训作品=3∶7。

任务思考

1. MAG 焊板板对接横焊打底焊应注意哪些问题？

2. MAG 焊板板对接横焊常见焊接缺陷有哪些？

任务5 V形坡口板对接立焊单面焊双面成型

【任务描述】

本任务包含了 V 形坡口板焊条电弧焊对接立焊单面焊双面成型、V 形坡口板熔化极气体保护电弧焊对接立焊单面焊双面成型两个学习情境。学生通过操作实例学习焊条电弧焊、熔化极气体保护焊立焊单面焊双面成型的操作方法，掌握立焊的基础理论知识和操作技能。

情境一 V 形坡口板—板对接立位单面焊双面成型之焊条电弧焊

【资讯】

1. 本课程学习任务

（1）能选择合理的 V 形坡口板对接立焊的装夹方案，能正确进行焊接装配及定位焊。

（2）掌握 V 形坡口板对接立焊单面焊双面成型焊条电弧焊工艺参数选择与运用、焊接层道的安排。

（3）掌握 V 形坡口板对接立焊单面焊双面成型打底、填充、盖面三层多道焊接的操作要领。

（4）能通过学习对接立焊的操作过程来预防和解决焊接过程出现的质量问题。

（5）能严格执行安全规范、职业素养要求。

（6）能对焊缝进行质量外观检测。

2. 任务步骤

（1）焊前准备：焊机检查、工件（开坡口，坡口尺寸：60°V 形坡口）和焊条检查与准备、工艺参数选择。

（2）焊前装配：将打磨好的工件装配成 V 形坡口横对接接头，装配间隙 2~3mm，钝边 1mm，定位间隙先焊端 2mm 后焊端 3mm。

（3）定位焊接：定位焊采用与焊接相同的 E4303 焊条进行定位焊，在焊件反面两端 20mm 内点焊，焊点长度为 ≤10mm，预留反变形量 2°~3°，错边量 ≤1mm。

（4）手工电弧焊 12mm 钢板 V 形坡口横对接单面焊双面成型示范、操作。

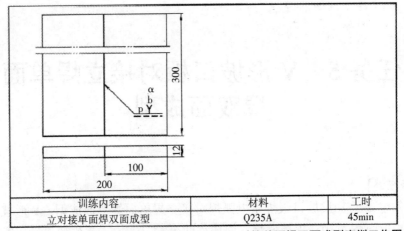

训练内容	材料	工时
立对接单面焊双面成型	Q235A	45min

图 1-115　手工电弧焊 12mm 钢板 V 形坡口立对接单面焊双面成型实训工作图

注：技术要求：①V 形坡口立位单面焊双面成型；②根部间隙 b=3.2~4.0mm，α=60°，p=0.5~1mm；③焊后变形量应小于 3°。

（5）焊缝清理。

（6）焊缝质量检验。

3. 工具、设备、材料准备

（1）焊件清理：半自动火焰切割机切割 Q235 钢板坡口，规格：300mm×100mm×12mm。2 块一组，将工件焊接处、工件表面和焊丝表面清理干净。

（2）焊接设备：BX3-300 型或 ZX5-500 型手弧焊机。

（3）焊条：E4303 型或 E5015 型，直径为 3.2mm。焊条烘干 150~200℃，并恒温 2h，随用随取。

（4）劳动保护用品：头戴式面罩、手套、工作服、工作帽、绝缘鞋、白光眼镜。

（5）辅助工具：锉刀、刨锤、钢丝刷、角磨机、焊缝万能量规。

（6）确定焊接工艺参数，共三层四道焊缝。如表 1-88 所示。

表 1-88　V 形坡口板对接立焊单面焊双面成型焊条电弧焊焊接工艺参数参考

焊接层次	焊条直径/mm	焊接电流/A	运条方法
打底焊（1）	3.2	100~110	断弧焊
填充层（2、3）	3.2	110~120	锯齿形运条
盖面层（4）	3.2	100~110	锯齿形运条

【计划与决策】

经过对工作任务相关的各种信息分析，制订并经集体讨论确定如下 V 形坡口板对接立焊单面焊双面成型焊条电弧焊方案，如表 1-89 所示。

表 1-89　V 形坡口板对接立焊单面焊双面成型焊条电弧焊方案

序号	实施步骤		工具设备材料	工时
1	焊前准备	工件开坡口、清理	半自动火焰切割机、钢丝刷、角磨机	2.5
		焊条检查、准备	E4303（J422）Φ4.0mm、Φ3.2mm 焊条	
		焊机检查	BX3-300 型或 ZX5-500 型手弧焊机	
		焊前装配	角磨机、钢尺	
		定位焊接	焊接设备、焊条	
2	示范与操作	示范讲解	焊帽、手套、工作服、工作帽、绝缘鞋、刨锤、钢丝刷等	11
		调节工艺参数		
		打底焊		
		填充焊		
		盖面焊		
3	焊缝清理	清理焊渣、飞溅	锉刀、钢丝刷	0.5
4	焊缝检查过程评价	焊缝外观检查	焊缝万能量规	1
		焊缝检测尺检测		

【实施】

✍ 板对接立焊任务简要分析

对接立焊是焊件处于垂直位置而接口也处于垂直位置的焊接操作。如图 1-116 所示。

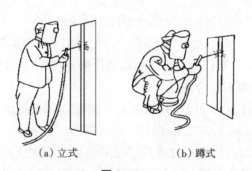

　　（a）立式　　　　　　　　（b）蹲式

图 1-116

　　本任务要完成焊件立位对接单面焊双面成型。板厚 12mm，故开 V 形坡口。V 形坡口对接立焊时，由于液态金属和熔渣受重力作用容易下淌，当操作方法不当，运条节奏不一致，熔池形状控制得不好以及焊条角度不正确时，会直接影响焊缝成型。因此，采用短弧焊接、正确的焊条倾角和运条方法成为立位对接单面焊双面成型的关键。

✍ 熔滴过渡形式

一、熔滴过渡概念及分类

(一) 熔滴过渡基本概念

熔滴是指熔化极电弧焊（焊条电弧焊、CO_2焊、MIG、MAG、埋弧焊）时，在焊条（或焊丝）端部形成的向熔池过渡的液态金属滴。熔化的液体金属达到一定程度便以一定的方式脱离焊丝末端，过渡到熔池中去。这个过程称为熔滴过渡。

$$焊条 \xrightarrow{电弧热} 端部熔化 \to 熔滴 \xrightarrow{各种力的作用下长大} 以滴状形式过渡到熔池$$

(二) 熔滴的温度

熔滴的温度是研究熔滴阶段各种物理化学反应时不可缺少的重要参数。试验表明，熔滴的平均温度随焊接电流的增加而升高，并随焊丝直径的增加而降低。对焊接低碳钢而言，熔滴的平均温度波动在 2100~2700K 的范围内。

(三) 熔滴过渡特性对焊接过程的影响

（1）熔滴过渡的速度和熔滴的尺寸影响焊接过程的稳定性、飞溅程度以及焊缝成型的好坏；

（2）熔滴的尺寸大小和长大情况决定了熔滴反应的作用时间和比表面积（指熔滴的表面积与其体积或质量之比）的大小，从而决定了熔滴反应速度和完全程度；

（3）熔滴过渡的形式与频率直接影响焊接生产率；

（4）熔滴过渡的特性对焊接热输入有一定的影响，改变熔滴过渡的特性可以在一定程度上调节焊接热输入，从而改变焊缝的结晶过程和热影响区的尺寸及性能。

(四) 熔滴过渡主要形式分类

根据外观形态、熔滴尺寸以及过渡频率等特征，熔滴过渡通常可分为三种基本类型，即接触过渡（Contacting Transfer）、自由过渡（Free Flight）和渣壁过渡（Slag Guiding Transfer）。接触过渡是通过焊丝末端的熔滴与熔池表面接触成桥而过渡的。自由过渡是指熔滴脱离焊丝末端前不与熔池接触，它经电弧空间自由飞行进入熔池的一种过渡形式。渣壁过渡是渣保护时的一种过渡形式，埋弧焊时在一定条件下熔滴沿熔渣的空腔壁形成过渡。

国际焊接学会（IIW）对熔滴过渡形式的分类，如图 1-117 所示。

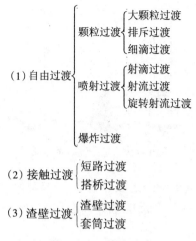

图 1-117 熔滴过渡

熔滴过渡形式的图示：

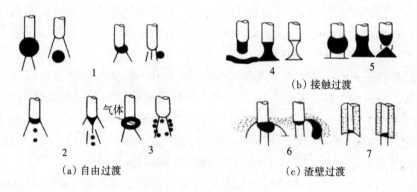

图 1-118 熔滴过渡的形式

二、各类主要熔滴过渡形式特点简介

（一）接触过渡

1. 短路过渡

短路过渡（Short Circuiting Transfer）主要用于 $\phi 1.6mm$ 以下的细丝 CO_2 气体保护焊或使用碱性焊条，采用低电压、小电流焊接工艺的焊条电弧焊。由于电压低，电弧较短，熔滴尚未长成大滴时即与熔池接触而形成短路液桥，在向熔池方向的表面张力及电磁收缩力的作用下，熔滴金属过渡到熔池中去（见图 1-119），这样的过渡形式称为短路过渡。

这种过渡电弧稳定，飞溅较小，熔滴过渡频率高（每秒可达几十次至一百多次），焊缝成型良好。广泛用于薄板结构及全位置焊接。

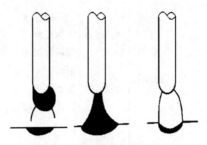

图 1–119　短路过渡示意图

（1）短路过渡过程。正常的短路过渡过程，一般要经历电弧燃烧形成熔滴—熔滴长大并与熔池短路熄弧—液桥缩颈而断开过渡—电弧再引燃等四个阶段。

（2）短路过渡的特点。

1）短路过渡是燃弧、短路交替进行。燃弧时电弧对焊件加热，短路时电弧熄灭，熔池温度降低。因此，调节燃弧时间或熄弧时间即可调节对焊件的热输入，控制母材熔深。

2）短路过渡时所使用的焊接电流（平均值）较小，但短路时的峰值电流可达平均电流的几倍，既可避免薄件的焊穿又能保证熔滴顺利过渡，有利于薄板焊接或全位置焊接。

3）短路过渡一般采用细丝（或细焊条），焊接电流密度大，焊接速度快，故对焊件热输入低，而且电弧短，加热集中，可减小焊接接头热影响区宽度和焊件变形。

（3）短路过渡的稳定性。短路过渡过程实质上可视为"燃弧—短路"周期性的交替过程。因此，短路过程的稳定性一方面可以用这种交替过程的柔顺、均匀一致程度以及过程中飞溅大小来衡量，同时还可以用短路过渡频率特性来评定。

短路过渡的周期 T 是由燃弧时间 t_1 和熄弧时间 t_2 所组成。调节燃弧时间和熄弧时间的大小，即可调节过渡周期，亦即调节过渡频率。一般认为，短路过渡频率越高，即每秒钟熔滴过渡次数越多，那么在恒定的送丝速度条件下，焊丝端部形成的熔滴尺寸越小，每过渡一滴时电弧的扰动也就越小，过渡过程就越稳定，飞溅也越小，并可提高生产效率。

燃弧时间取决于电弧电压和焊接电流或焊丝送进速度。增大电弧电压，减小焊接电流或送丝速度，都使熔滴要经过较长时间才能和熔池接触短路，故燃弧时间长，熔滴尺寸较大，短路频率较低，将降低电弧稳定性和增大飞溅。反之，则燃弧时间短，短路频率增加。

但如果电弧电压过低或送丝速度过快，则会造成熔滴尚未脱离焊丝时焊丝未熔化部分就可能插入熔池，造成固体短路，并产生大段爆断，使飞溅增大。

在短路过渡过程中，电源电压的恢复速度对稳定性具有重要影响。如果缩颈爆断后电源电压不能及时恢复到再引燃电压，则电弧不能及时再引燃而造成断弧现象，这就破坏了焊接过渡的连续性和稳定性。

（4）短路过渡的频率特性。短路过渡时每秒钟熔滴过渡的次数称为短路过渡频率，以 f 表示。若以 vf 表示焊丝的送进速度,在稳定焊接时 vf=vm,那么每次熔滴过渡的消耗焊丝的平均长度 Ld=vf/f。因此,在送丝速度恒定时,f 越高则 Ld 越小,即熔滴的体积越小,短路过程越稳定。

2. 搭桥过渡

与短路过渡相似的还有一种接触过渡。这种过渡出现在非熔化极填丝电弧焊或气焊中。因焊丝一般不通电,因此不称为短路过渡,而称为搭桥过渡。过渡时,焊丝在电弧热作用下熔化形成熔滴与熔池接触,在表面张力、重力和电弧力作用下,熔滴进入熔池,如图 1-120 所示。

(二)自由过渡

1. 滴状过渡(颗粒过渡)

(1)粗滴过渡(见图 1-121)。电流较小而电弧电压较高时,因弧长较长,熔滴与熔池不发生短路,焊丝末端便形成较大的熔滴。当熔滴长大到一定程度后,重力克服表面张力使熔滴脱落粗滴过渡时熔滴存在时间长,尺寸大,飞溅也大,电弧的稳定性及焊缝质量都较差。

图 1-120 搭桥过渡示意图

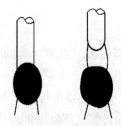

图 1-121 粗滴过渡过程示意图

(2)细滴过渡。电流比较大时,电磁收缩力较大,熔滴表面张力减小,熔滴细化,这些都促使熔滴过渡,使熔滴过渡频率增加。这种过渡形式称为细滴过渡。因飞溅较少,电弧稳定,焊缝成型较好,在生产中被广泛应用。

这种过渡形式在不同气体介质中或不同材料时,其过渡特点也不同。对于 CO_2 气体保护电弧焊及酸性焊条电弧焊,熔滴呈非轴向过渡。而铝合金熔化极氩弧焊或较大电流活性气体保护焊钢件时,熔滴呈轴向过渡(熔滴沿焊丝轴向落入熔池)。因此,前者又称为细颗粒过渡;而后者称为射滴过渡,如图 1-122 所示。相比之下,后者比前者飞溅小。

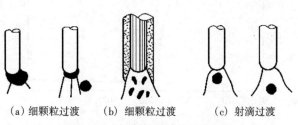

(a)细颗粒过渡　　(b)细颗粒过渡　　(c)射滴过渡

图 1-122 细颗粒过渡与射滴过渡

2. 喷射过渡

氩气或富氩气体保护焊接时，在焊接电流很大、电弧电压较高时，细小的熔滴从焊丝端部连续不断地以高速度冲向熔池（加速度可达重力加速度的几十倍），出现喷射过渡。

喷射过渡热量集中，过渡频率快，飞溅少，电弧稳定，对焊件的穿透力强，可得到焊缝中心部位熔深明显增大的指状焊缝。喷射过渡适合焊接厚度较大（>3mm）的工件，不适宜薄板焊接。喷射过渡这种过渡形式又分为射滴过渡、射流过渡和旋转射流过渡三种。旋转射流过渡是在焊丝伸出长度较大，焊接电流比通常射流过渡临界电流高出很多时（称为第二临界电流）出现的一种熔滴过渡形式。

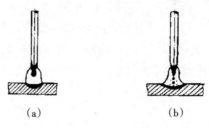

(a)   (b)

图 1-123 喷射过渡

（1）射滴过渡。过渡熔滴的直径接近于焊丝直径，通常是过渡完一滴后再过渡另一滴，过渡速度很快，好像一滴一滴地沿焊丝轴向射向熔池一样，故称射滴过渡，如图 1-123(a) 所示。主要出现在铝及其合金的 MIG 焊及钢的脉冲 MAG 焊中。

（2）射流过渡。焊丝端部熔化的液态金属被电弧力削成铅笔尖状，熔滴以细小尺寸从该部位一个接一个地射向熔池，其直径远小于焊丝直径。由于熔滴过渡频率很高，看上去好像存在一个从焊丝端部指向熔池的连续束流，故称射流过渡，如图 1-123(b) 所示。

当焊接电流小于临界电流时，电流的增大只是熔滴尺寸略有减小，熔滴过渡频率变化不大。电流一旦达到临界电流，熔滴尺寸减小，过渡频率大大增加。随后再增加电流，熔滴过渡频率变化不大。图 1-124 为钢焊丝在富 Ar 气氛中焊接时熔滴过渡频率（体积）与电流的关系。

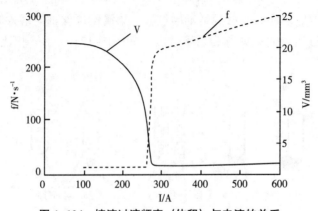

图 1-124 熔滴过渡频率（体积）与电流的关系

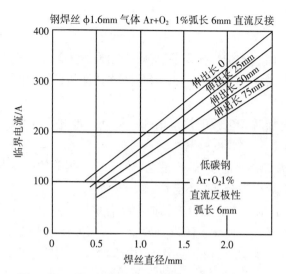

图 1-125 焊丝直径、伸出长度与临界电流的关系

（三）渣壁过渡

渣壁过渡是焊条电弧焊和埋弧焊中出现的一种熔滴过渡形式。熔滴沿渣壁流下，落入熔池，如图 1-126 所示。

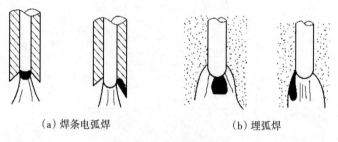

（a）焊条电弧焊 （b）埋弧焊

图 1-126 渣壁过渡

使用焊条焊接时，可能出现的过渡形式有四种：渣壁过渡、粗滴过渡、细滴过渡和短路过渡。过渡形式取决于药皮的成分与厚度、焊接工艺参数、电流种类和极性等。酸性焊条焊接一般为细滴过渡。

埋弧焊时，电弧在熔渣形成的空腔内燃烧，熔滴主要是通过渣壁流入熔池的，只有少量熔滴是通过空腔内的电弧空间落入熔池。埋弧焊的熔滴过渡与焊接速度、极性、电弧电压和焊接电流有关。

✍ 焊接工艺参数及其对焊缝形状的影响

焊接时，为保证焊接质量而选定的各项参数的总称叫焊接工艺参数。

一、焊接电流

当其他条件不变时，增加焊接电流，则焊缝厚度和余高都增加，而焊缝宽度则几乎保持不变（或略有增加），如图 1-127 所示，这是埋弧自动焊时的实验结果。分析这些现象的原因：

（1）焊接电流增加时，电弧的热量增加，因此熔池体积和弧坑深度都随电流而增加，所以冷却下来后，焊缝厚度就增加。

（2）焊接电流增加时，焊丝的熔化量也增加，因此焊缝的余高也随之增加。如果采用不填丝的钨极氩弧焊，则余高就不会增加。

（3）焊接电流增加时，一方面，电弧截面略有增加，导致熔宽增加；另一方面，电流增加促使弧坑深度增加。由于电压没有改变，所以弧长也不变，导致电弧潜入熔池，使电弧摆动范围缩小，则就促使熔宽减少。由于两者共同的作用，所以实际上熔宽几乎保持不变。

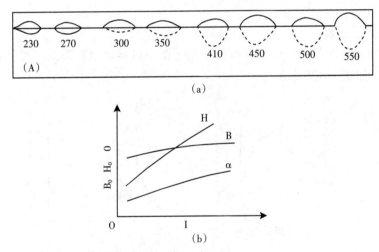

H—焊缝厚度　B—焊缝宽度　α—余高　I—焊接电流

图 1-127　焊接电流对焊缝形状的影响

二、电弧电压

当其他条件不变时，电弧电压增长，焊缝宽度显著增加而焊缝厚度和余高将略有减少，如图 1-128 所示。这是因为电弧电压增加意味着电弧 K 度的增加，因此电弧摆动范围扩大而导致焊缝宽度增加。另外，弧长增加后，电弧的热量损失加大，所以用来熔化母材和焊丝的热量减少，相应焊缝厚度和余高就略有减小。

由此可见，电流是决定焊缝厚度的主要因素，而电压则是影响焊缝宽度的主要因素。因此，为得到良好的焊缝形状，即得到符合要求的焊缝成型系数，这两个因素是互相制约的，即一定的电流要配合一定的电压，不应该将一个参数在大范围内任意变动。

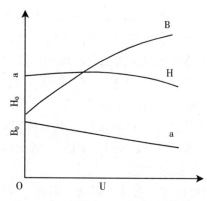

图 1-128　电弧电压对焊缝形状的影响

三、焊接速度

焊接速度对焊缝厚度和焊缝宽度有明显的影响。当焊接速度增加时，焊缝厚度和焊缝宽度都大为下降，如图 1-129 所示。这是因为焊接速度增加时，焊缝中单位时间内输入的热量减少了。

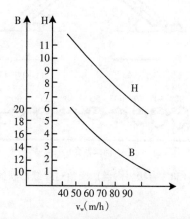

图 1-129　焊接速度对焊缝形状的影响

从焊接生产率考虑，焊接速度愈快愈好。但当焊缝厚度要求一定时，为提高焊接速度，就得进一步提高焊接电流和电弧电压，所以，这三个工艺参数应该综合在一起进行选用。

四、其他工艺参数及因素对焊缝形状的影响

电弧焊除了上述三个主要的工艺参数外，其他一些工艺参数及因素对焊缝形状也具有一定的影响。

（1）电极直径和焊丝外伸长。当其他条件不变时，减小电极（焊丝）直径不仅使电弧截面减小，而且还减小了电弧的摆动范围，所以焊缝厚度和焊缝宽度都将减小。

焊丝外伸长是指从焊丝与导电嘴的接触点到焊丝末端的长度，即焊丝上通电部分的长度。当电流在焊丝的外伸长上通过时，将产生电阻热。因此，当焊丝外伸长增加时，电阻热也将增加，焊丝熔化加快，因此余高增加。焊丝直径愈小或材料电阻率愈大时，这种影响愈明显。实践证明，对于结构钢焊丝来说，直径为 5mm 以上的粗焊丝，焊丝的外伸长在 60~150mm 范围内变动时，实际上可忽略其影响。但焊丝直径小于 3mm，焊丝外伸长波动范围超过 5~10mm 时，就可能对焊缝成型产生明显的影响。不锈钢焊丝的电阻率很大，这种影响就更大。因此，对细焊丝，特别是不锈钢熔化电极弧焊时，必须注意控制外伸长的稳定。

（2）电极（焊丝）倾角焊接时，电极（焊丝）相对于焊接方向可以倾斜一个角度。当电极（焊丝）的倾角顺着焊接方向时叫后倾；逆着焊接方向时叫前倾，如图 1-130 (a) 和 (b) 所示。电极（焊丝）前倾时，电弧力对熔池液体金属后排作用减弱，熔池底部液体金属增厚了，阻碍了电弧对熔池底部母材的加热，故焊缝厚度减小。同时，电弧对熔池前部未熔化母材预热作用加强，因此焊缝宽度增加，余高减小，前倾角度愈小，这一影响愈明显，如图 1-130 (c) 所示。

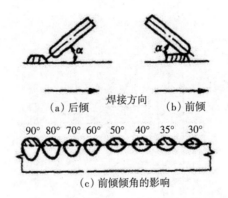

(a) 后倾　　焊接方向　　(b) 前倾

90°　80°　70°　60°　50°　40°　35°　30°

（c）前倾倾角的影响

图 1-130　电极（焊丝）倾角对焊缝形状的影响

电极（焊丝）后倾时，情况与上述相反。

（3）焊件倾角。焊件相对水平面倾斜时，焊缝的形状可因焊接方向不同而有明显差别。焊件倾斜后，焊接方法可分为两种：从高处往低处焊叫下坡焊；从低处往高处焊叫上坡焊，如图 1-131 (a) 所示。

当进行上坡焊时，熔池液体金属在重力和电弧力作用下流向熔池尾部，电弧能深入到加热熔池底部的金属，因而使焊缝厚度和余高都增加。同时，熔池前部加热作用减弱，电弧摆动范围减小，因此焊缝宽度减小。上坡角度愈大，影响也愈明显。上坡角度大于 6°~12°时，焊缝就会因余高过大，两侧出现咬边而使成型恶化，如图 1-131 (d) 所示。因此，在自动电弧焊时，实际上总是尽量避免采用上坡焊。

下坡焊的情况正好相反，即焊缝厚度和余高略有减小，而焊缝宽度略有增加。因此倾角小于 6°~8°的下坡焊可使表面焊缝成型得到改善，手弧焊焊薄板时，常采用下坡

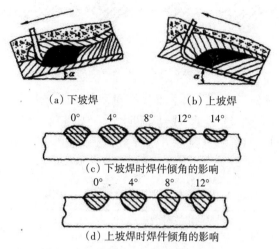

(a) 下坡焊　　　　　　　(b) 上坡焊

(c) 下坡焊时焊件倾角的影响

(d) 上坡焊时焊件倾角的影响

图 1-131　焊件倾角对焊缝形状的影响

焊，一方面避免焊件烧穿，另一方面可以得到光滑的焊缝表面成型。如果倾角过大，则会导致未焊透和熔池铁水溢流，使焊缝成型恶化，如图 1-131（c）所示。

（4）坡口形状。当其他条件不变时，增加坡口深度和宽度时，焊缝厚度略有增加，焊缝宽度略有增加，而余高显著减小，如图 1-132 所示。

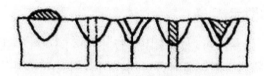

图 1-132　坡口形状对焊缝形状的影响

（5）焊剂。埋弧焊时，焊剂的成分、密度、颗粒度及堆积高度均对焊缝形状有一定影响。当其他条件相同时，稳弧性较差的焊剂焊缝厚度较大、而焊缝宽度较小。焊剂密度小，颗粒度大或堆积高度减小时，由于电弧四周压力减低，弧柱体积膨胀，电弧摆动范围扩大，因此焊缝厚度减小、焊缝宽度增加、余高略为减小。此外，熔渣黏度对焊缝表面成型有很大影响，若黏度过大，使熔渣的透气性不良，熔池结晶时所排出的气体无法通过熔渣排除，使焊缝表面形成许多凹坑，成型恶化。

（6）保护气体成分。气体保护焊时，保护气体的成分以及与此密切相关的熔滴过渡形式对焊缝形状有明显影响。采用不同保护气体进行熔化极气体保护焊直流反接时，焊缝形状的变化，如图 1-133 所示。射流过渡氩弧焊总是形成明显蘑菇状焊缝，氩气中加入 O_2、CO_2 或 H_2 时，可使根部成型展宽，焊缝厚度略有增加。颗粒状和短路过渡电弧焊则形成的焊缝形状宽而浅。

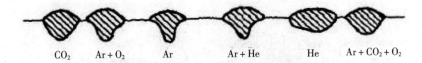

CO_2　　$Ar + O_2$　　Ar　　　　$Ar + He$　　　　He　　　$Ar + CO_2 + O_2$

图 1-133　保护气体成分对焊缝形状的影响

（7）母材的化学成分。母材的化学成分不同，在其他工艺因素不变的情况下，焊缝形状不一样，这一点在氩弧焊时特别明显。如三种产地不同的 Cr18Ni19 和 0Cr18Ni12Mo2 不锈钢，用钨极氩弧焊方法焊接，采用相同的焊接工艺参数时，所得焊缝形状的变化，如表 1-90 所示。

表 1-90　母材化学成分对焊缝形状的影响

序号	母材的化学成分/%								焊缝厚度/mm	焊缝宽度/mm	电弧电压/V
	C	Si	Mn	P	S	Cr	Mo	Ni			
1	0.034	0.55	1.63	0.030	0.002	17.2	2.65	11.4	2.5	6.8	15.1
2	0.037	0.63	0.93	0.018	0.02	16.0	2.18	10.2	1.7	6.8	14.9
3	0.042	0.45	1.65	0.032	0.012	16.3	2.62	11.5	1.6	6.6	14.9
4	0.041	0.67	1.66	0.031	0.014	17.8	—	8.6	3.0	5.2	15.1
5	0.036	0.40	1.54	0.035	0.11	18.0	—	8.8	2.3	6.5	15.2
6	0.44	0.60	0.99	0.016	0.004	17.8	—	9.1	1.3	6.9	14.7

注：钨棒端部 45°；弧长 2mm；电流 150A；焊接速度 300m/min。

🖐 焊缝形状的图示

国家标准 GB/T12212—1990《技术制图　焊接符号的尺寸、比例及简化表示法》规定，需要在图样中简易地绘制焊缝时，可用视图、剖视图或剖面图表示，也可以用轴测图示意地表示。在同一图样中，通常只允许采用一种画法。焊缝的图示举例如下：

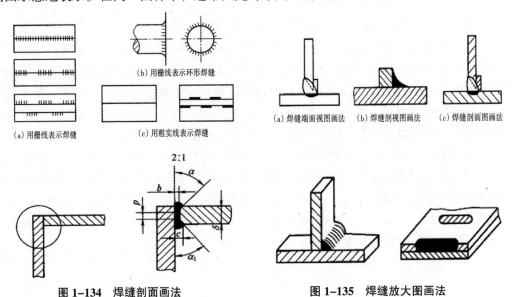

（a）用栅线表示焊缝

（b）用栅线表示环形焊缝

（c）用粗实线表示焊缝

（a）焊缝端面视图画法　（b）焊缝剖视图画法　（c）焊缝剖面图画法

图 1-134　焊缝剖面画法　　　　　**图 1-135　焊缝放大图画法**

✍ 焊接常用检验方法

一、产品质量检验的内容

产品不同，检验的内容也不相同，例如，船舶、桥梁、锅炉、压力容器、建筑结构等均有区别。可以概括为以下几方面：

（一）外观质量检查

检查产品和焊缝的外形尺寸；检查焊缝表面缺陷。

（二）无损检测

检查焊缝内部缺陷。

（三）焊接接头力学性能试验

检查焊接接头的强度、塑性、韧度等。

（四）金相及断口检验

检查焊接接头各区域的金相组织和断口形貌；检查焊接接头的内部缺陷。

（五）焊缝晶间腐蚀试验

检查不锈钢焊缝抵抗晶间腐蚀的能力。

（六）压力试验

（1）耐压试验。检验产品承受工作静压力的能力。分类：液压试验（首选）、气压试验。

（2）气密性试验：检验产品的密封性。

（七）其他试验，如抗疲劳试验、耐磨试验等

二、检验的内容和方法

（一）检验的内容

（1）外观质量检查。

（2）焊缝无损检测试验。

（3）焊接接头力学性能试验。

（4）压力试验。

（二）常用检验的方法

1. 外观质量检查

利用检验尺、样板、量规等检查外观尺寸；利用肉眼或放大镜检查焊缝表面缺陷。

要求：外观尺寸符合设计图样的规定；焊接接头无裂纹、气孔、未熔合、未焊透、咬边等，焊缝与母材过渡圆滑。

2. 焊缝无损检测试验

（1）焊缝无损检测的方法可以分为两类：

焊缝内部缺陷检测方法：射线检测、超声检测等；

焊缝外部缺陷检测方法：渗透检测、磁粉检测等。

射线检测按 GB—3323《钢熔化焊对接接头射线照相和质量分级》中的规定进行；超声检测按 JB—1152《锅炉和压力容器对接焊缝超声波探伤》中的规定进行；渗透检测按 GB150《钢制压力容器》中的规定进行；磁粉检测按 JB3965《钢制压力容器磁粉探伤》中的规定进行。

（2）技术要求：

A 射线检测：射线照相质量不应低于 AB 级；GB150、GB151 等标准中要求进行 100%检测的压力容器的对接焊缝不得低于 Ⅱ 级；除上述以外要求进行 100%检测和局部（20%）检测的压力容器的对接焊缝不得低于 Ⅲ 级，且无未焊透。

B 超声检测：GB150、GB151 等标准中要求进行 100%检测的压力容器的对接焊缝不得低于 Ⅰ 级；除上述以外要求进行 100%检测和局部（20%）检测的压力容器的对接焊缝不得低于 Ⅱ 级。

C 渗透检测：没有任何裂纹、成排气孔和分层，并符合有关标准要求。

D 磁粉检测：没有任何裂纹、成排气孔和分层，并符合有关标准要求。

✍ 操作说明

一、操作要点

焊件装配及定位焊、打底焊、填充焊、盖面焊。立焊因采用多层多道焊，故层间清渣一定要仔细，防止焊缝夹渣。

二、焊前准备

（1）启动焊机安全检查：BX3-300 型或 BX1-330 型手弧焊机，调试电流。

（2）焊件加工：选用两块材质为 Q235 的低碳钢板，焊件规格约为长度 300mm，宽度 100mm，板厚 12mm，使用半自动火焰切割机制备 V 形坡口，单边坡口角度 30°±2°，坡口面应平直，钝边为 1mm，焊件平整无变形。

（3）焊件的清理：用锉刀、砂轮机、钢丝刷等工具，清理坡口两面 20mm 范围内的铁锈、氧化皮等污物，直至露出金属光泽。

（4）焊条：E4303 型或 E5015 型，直径为 3.2mm。焊条烘焙 50~200℃，恒温 2h，然后放入焊条保温筒中备用，焊前要检查焊条质量。

（5）焊件装配及定位焊：校对坡口角度、组装、定位焊、清渣与开坡口平对接焊基本相同。组装时预留间隙 3.2~4.0mm 为宜，定位焊后的焊件表面应平整，错边量不大于 1mm。检查无误后，将焊件通过磕打留出反变形量，反变形角度 2°~3°为宜。

三、操作步骤

立焊的单面焊双面成型是较难掌握的一种焊接方法，在焊接过程中应把握好对焊条角度和运条方式的掌握以及对参数的调整等。

V 形坡口板对接立焊单面焊双面成型焊条电弧焊的基本操作技术包括：打底焊、

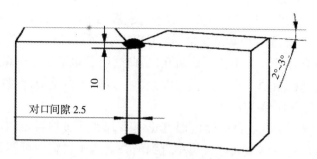

图 1-136　定位焊缝的位置及预留反变形

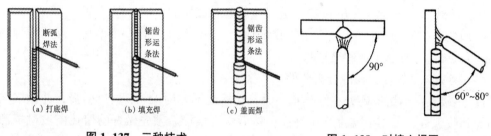

（a）打底焊　　（b）填充焊　　　（c）盖面焊

图 1-137　三种技术　　　　　　图 1-138　对接立焊图

填充焊、盖面焊，打底焊要求单面焊双面成型。

焊接时，焊条应垂直于焊件的平面，并与焊件下侧成 60°~80° 的夹角（见图 1-138）。利用电弧的吹力对熔池的推力作用，使熔滴顺利过渡并托住熔池。

（一）打底焊

应保证得到良好的背面成型。

V 形坡口底部较窄，为获得良好焊缝质量，应选用直径为 3.2mn 焊条，电流 90~100A，焊条角度与焊缝成 70°~80°，运条方法运采用挑弧微摆法或灭弧微摆法。

焊接时采用短弧，注意对熔池形状、大小的控制，防止烧穿、夹渣，防止焊道中间凸形。

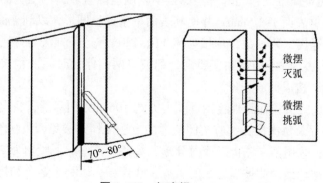

图 1-139　打底焊

（1）引弧在定位焊缝上端部引弧，焊条与试板的下倾角定为 75°~80°，与焊缝左右两边夹角为 90°。当焊至定位焊缝尾部时，应稍作停顿进行预热，将焊条向坡口根部压一下，在熔池前方打开一个小孔（称熔孔）。此时听见电弧穿过间隙发出清脆的"哔、哔"声，表示根部已熔透。这时，应立即灭弧，以防止熔池温度过高使熔化的铁水下坠，使焊缝正面、背面形成焊瘤。

在灭弧后稍等一会儿，此时熔池温度迅速下降，通过护目玻璃可看见原有白亮的金属熔池迅速凝固，液体金属越来越小直到消失。这个过程中可明显地看到液体金属与固体金属之间有一道白发亮的交接线。这道交接线轮廓迅速变小直到消失。

重新引弧时间应选择在交接线长度大约缩小到焊条直径 1~1.5 倍时，重新引弧的位置应为交接线前部边缘的下方 1~2mm 处。这就是打底层的"半击穿焊法"。

（2）收弧。打底层焊在更换焊条前收弧时，先在熔池上方作一个熔孔，然后回焊约 10mm 再灭弧，并使其形成斜坡形状。

（3）接头。分热接头和冷接头两种。

1）热接头：当熔池还处在红热状态时，在熔池下方约 15mm 坡口引弧，并做横向摆动焊到收弧处，使熔池温度逐步升高，然后将焊条沿着预先做好的熔孔向坡口根部压一下，同时使焊条与试板的下倾角度增加到约 90°。此时听到"哔、哔"的声音。然后，稍作停顿，再恢复正常焊接。停顿时间要合适。若时间过长，根部背面容易形成焊瘤；若时间过短，则不易接上接头或背面容易形成内凹。要特别注意：这种接头方法要求换焊条动作越快越好。

2）冷接头：当熔池已经冷却，最好是用角向砂轮或錾子将焊道收弧处打磨成长约 10mm 斜坡。在斜坡处引弧并预热。当焊至斜坡最低处时，将焊条沿预作的熔孔向坡口根部压一下，听到"哔、哔"的声音后，稍作停顿后恢复焊条正常角度继续焊接。

（4）打底层焊缝厚度。坡口背面 1~1.5mm，正面厚度约为 3mm。

（二）填充焊

焊前应对底层焊进行彻底清理，对于高低不平处应进行修整后再焊，否则会影响下一道焊缝质量。分两层两道进行施焊。施焊时的焊条下倾角度比打底焊时小 10°~15°，以防熔化金属下淌，另外焊条的摆动幅度应随着坡口的增宽而稍加大。整个填充焊缝应低于母材表面 1~1.5mm，并使其表面平整或呈凹形，以利盖面层施焊。

（1）调整焊接工艺参数，焊接电流 110~120A，运条方法与打底焊相同，但摆动幅度要比打底焊宽，焊条横摆频率要高，到坡口两侧停顿时间要稍长，以免焊缝出现中间凸，两侧低，造成夹渣现象。

（2）引弧、接头：在距焊缝始焊端上方约 10mm 处引弧后，将电弧迅速移至始焊端施焊。每层始焊及每次接头都应按照这样的方法操作，避免产生缺陷。

（3）运条：采用横向锯齿形或月牙形，焊条与板件的下倾角为 70°~80°。

（4）焊条摆动到两侧坡口边缘时，要稍作停顿，以利于熔合和排渣，防止焊缝两边未熔合或夹渣。填充焊层高度应距母材表面低 1~1.5mm，并应成凹形，不得熔化坡口棱边线，以利盖面层保持平直。

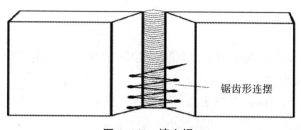

图 1-140　填充焊

（三）盖面焊

焊前要彻底清理前一道焊缝及坡口上的焊渣及飞溅。盖面前一道焊缝应低于工件表面 0.5~1.0mm 为佳，若高出该范围值，盖面时会出现焊缝过高现象，若低于该范围值，盖面时则会出现焊缝过低现象。盖面焊焊接电流应比填充焊要小 10A 左右，焊条角度应稍大些，运条至坡口边缘时应尽量压低电弧且稍停片刻，使坡口边缘熔化 1~2mm，以防咬边中间过渡应稍快，防止中间外凸或产生焊瘤，手的运动一定要稳、准、快，只有这样才能获得良好焊缝。焊接中要采用短弧，有节奏快速左右摆动运条。

换焊条后再焊接时，引弧位置应在坑上方约 15mm 填充层焊缝金属处引弧，然后迅速将电弧拉回至原熔池处，填满弧坑后继续施焊。

（四）注意事项

盖面施焊时，焊接电弧要控制短些，焊条摆动的频率应比平焊时快，运条速度要均匀一致，向上运条时的间距力求相等，使每个新熔池覆盖前一个熔池的 2/3~3/4。焊条摆动到坡口边缘时，要稍作停留，始终控制电弧熔化棱边 1mm 左右，可有效地获得宽度一致的平直焊缝。

焊接过程中，要分清铁水和熔渣，避免产生夹渣。在立焊时密切注意熔池形状。发现椭圆形熔池下部边缘由比较平直轮廓逐步变成鼓肚变圆时，表示熔池温度已稍高或过高，应立即灭弧，降低熔池温度，可避免产生焊瘤。

严格控制熔池尺寸。打底焊在正常焊接时，熔孔直径大约为所用焊条直径的 1.5 倍，将坡口钝边熔化 0.8~1.0mm，可保证焊缝背面焊透，同时不出现焊瘤。当熔孔直径过小或没有熔孔时，就有可能产生未焊透。

与定位焊缝接头时，应特别注意焊接透度对每层焊道的熔渣要彻底清理干净，特别是边缘死角的熔渣。盖面时要保证焊缝边缘和下层熔合良好。如发现咬边，焊条稍微动一下或多停留一会儿，焊缝边缘要和母材表面圆滑过渡。

四、焊缝清理

焊接结束后，清渣处理。主要清理焊件表面的焊渣、焊接飞溅物、氧化物等。在焊接检验前，不得对焊接缺陷进行修改。焊缝应处于原始状态。清理焊件表面的焊渣、焊接飞溅物，一定要戴好护目镜。

五、焊缝质量检验

外观检查一般以肉眼观察为主，有时要用 5~20 倍的放大镜进行观察。

（一）焊缝外形尺寸

焊缝余高为 1~1.5mm；焊缝余高差 ≤1mm；焊缝宽度比坡口每侧增宽 0.5~1.5mm；焊缝宽度差 ≤1mm。

（二）焊缝缺陷

焊接结束后，关闭焊机，用钢丝刷清理焊缝表面。肉眼观察或用低倍放大镜检查焊缝表面是否有气孔、裂纹、咬边等缺陷。用焊缝量尺测量焊缝外观成型尺寸。

焊接质量要求：咬边深度 ≤0.5mm。咬边总长度 ≤30mm；背面焊透成型好。总长度 ≤30mm 的焊缝表面不得有裂纹、未熔合、夹渣、气孔、焊瘤、未焊透等缺陷。

（三）焊件变形

焊后变形量 ≤2°；错边量 ≤1mm。

焊接结束，关闭焊接电源，工具复位，清理、清扫现场，检查安全隐患。

【检查】

（1）V 形坡口板对接立焊单面焊双面成型焊条电弧焊完成情况检查。

（2）记录资料。

（3）文明实训。

1）文明生产实习。

2）应对焊接设备正确使用和操作。

3）焊前检查焊机外壳是否有保护接地线。

4）防触电，防电弧光灼伤眼睛及皮肤。

5）对刚焊完的焊件，焊条头不要用手触摸，以免烫伤。

6）防烟尘和有害气体。

7）焊接工作结束后，应切断电源。待焊件冷却，并确认没有可疑烟气、火迹后方可离开操作间。

8）杜绝一切违章操作及违规超负荷使用各类工具的不良习惯。

（4）实施过程检查。

【评价】

过程性考核评价见表 1-91；实训作品评价见表 1-92；最后综合评价按表 1-93 执行。

表 1-91　平敷焊过程评价标准

考核项目		考核内容	配分
职业素养	安全意识	执行安全操作规程，安全操作技能，安全意识。如有违反，由考评员扣 1 分/项	10
	文明生产	做到对现场或岗位进行整理、整顿、清扫、清洁，文明生产。如不符合要求，由考评员扣 1 分/项	10
	责任心	有主人翁意识，工作认真负责，能为工作结果承担责任。如不符合要求，由考评员扣 1 分/项	10
	团队精神	有良好的合作意识，服从安排。如不符合要求，由监考员扣 1 分/项	10
	职业行为习惯	成本意识，操作细节。如不符合要求，由考评员扣 1 分/项。	10
职业规范	工作前的检查	安全用电及安全防护、焊前设备检查。如不符合要求，由考评员扣 1 分/项	10
	工作前准备	场地检查、工量具齐全、摆放整齐、试件清理。如不符合要求，扣 1 分/项	10
	设备与参数的调节	参数符合要求、设备调节熟练、方法正确。如不符合要求，扣 2 分/项	10
	焊接操作	定位焊位置正确，引弧、收弧正确、操作规范；试件固定的空间位置符合要求。如不符合要求，扣 2 分/项	10
	焊后清理	关闭电源，设备维护、场地清理，符合 6S 标准。如不符合要求，由考评员扣 1 分/项	10

表 1-92　实训作品评价标准

姓名			学号		得分	
检查项目		配分	标准	实际测定结果	检测人	得分
焊前准备	劳动保护准备	3	完好			
	试板外表清理	3	干净			
	试件背面二处定位焊尺寸、位置、反变形角度	3	长≤10mm			
外观检查	气孔	3	无			
	咬边	4	深≤0.5mm、长≤10mm			
	弧坑	4	填满			
	焊瘤	4	无			
	未焊透	3	无			
	裂纹	3	无			
	内凹	3	无			
	未熔合	3	无			
	非焊接区域碰弧	3	无			
	焊缝正面高度	3	≤2mm			
	焊缝正面高度差	3	≤2mm			
	焊缝正面宽度 C	3	≤18mm			
	焊缝正面宽度差	3	≤2mm			
	焊缝背面高度	3	≤3mm			
	焊缝背面高度差	3	≤2mm			
	试件变形	3	≤1°			
	试件错边量	3	无			

续表

	检查项目	配分	标准	实际测定结果	检测人	得分
内部检查	射线探伤	25	一级片			
焊后自检	合理节约焊材	3	好			
	安全、文明操作	3	好			
	清理飞溅物	3	干净			
	不损伤焊缝	3	未伤			

表1-93 综合评价表

学生姓名 _____ 学号 _____

评价内容		权重（%）	自我评价	小组评价	教师评价
			占总评分（10%）	占总评分（30%）	占总评分（60%）
应知	笔试	10			
	出勤	10			
	作业	10			
应会	职业素养与职业规范	21			
	实训作品	49			
小计分					
总评分					

评价细则：综合评价表中应知部分的笔试、出勤、作业评价项及应会部分的职业素养与职业规范、实训作品评价项的各项分数按三方评价得出的分数乘以对应的权重值最后累加得出总评分。

为突出技能，分值比例为应知：应会=3：7；职业素养与职业规范：实训作品=3：7。

任务思考

1. 谈谈熔滴过渡形式对焊接质量的影响，浅谈如何朝着有利于焊接质量的方向控制熔滴过渡形式。

2. 根据自己的实际操作谈谈焊条电弧焊板对接立焊时焊瘤、塌陷、烧穿、凹坑与弧坑等焊接缺陷产生原因及防止措施，体会操作技术的重要性。

情境二 V 形坡口板—板对接立位单面焊双面成型之 CO_2 气体保护焊

【资讯】

1. **本课程学习任务**

（1）能选择合理的 V 形坡口板对接立焊 CO_2 气体保护焊的装夹方案，能正确进行焊接装配及定位焊。

（2）掌握 V 形坡口板对接立焊单面焊双面成型 CO_2 气体保护焊工艺参数选择与运用、焊接层道的安排。

（3）掌握 V 形坡口板对接立焊 CO_2 气体保护焊单面焊双面成型打底、填充、盖面三层多道焊接的操作要领。

（4）能通过学习板对接立焊 CO_2 气体保护焊单面焊双面成型的操作过程来预防和解决焊接过程出现的质量问题并掌握相关基础知识。

（5）能严格执行安全规范、职业素养要求。

（6）能对焊缝进行质量外观检测。

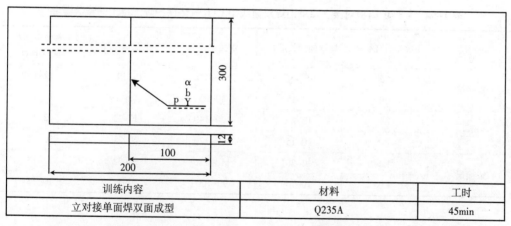

训练内容	材料	工时
立对接单面焊双面成型	Q235A	45min

图 1-141 CO_2 气体保护焊 12mm 钢板 V 形坡口立对接单面焊双面成型实训工作图

注：技术要求：①V 形坡口立位单面焊双面成型；②根部间隙 b=3.2~4.0mm，α=60°，p=0.5~1mm；③焊后变形量应小于 3°。

2. **任务步骤**

（1）焊前准备：焊机检查、工件（开坡口，坡口尺寸：60°V 形坡口）和焊丝检查与准备、工艺参数选择。

（2）安装减压器及流量计，将流量计调到所需流量。

（3）焊前装配：将打磨好的工件装配成 V 形坡口横对接接头，装配间隙 2~3mm，钝边 1mm，定位间隙先焊端 2mm 后焊端 3mm。

（4）定位焊接：定位焊采用与正式焊接相同的焊接材料及工艺参数进行定位焊，定位焊位置在焊件背面两端，焊点长度 ≤10mm，预留反变形量 2°~3°，错边量 ≤1mm。

（5）将工件固定在操作架上，间隙小的一端放在下端。

（6）CO_2 气体保护焊 12mm 钢板 V 形坡口立对接单面焊双面成型示范、操作。

（7）焊接完毕，焊缝清理。关闭气瓶和电源，收好所用工具。

（8）焊缝质量检验。

3. 工具、设备、材料准备

（1）焊件清理：半自动火焰切割机切割 Q235 钢板坡口，规格：300mm×100mm×12mm。2 块一组，将工件焊接处、工件表面和焊丝表面清理干净。

（2）焊接设备：选用 NBC-350 焊机。

（3）焊材的选择：焊丝型号为 ER49-1，直径为 1.0mm 或 1.2mm。瓶装 CO_2 气体，气体纯度为 99.5% 以上。

（4）劳动保护用品：面罩、工作服、绝缘鞋、焊接皮手套、皮围裙、脚盖、遮光眼镜、防尘口罩。

（5）辅助工具：锉刀、刨锤、钢丝刷、角磨机、焊缝万能量规。

（6）确定焊接工艺参数：12 mm 板立焊采用向上立焊法，焊道分布为三层三道，焊接工艺参数如表 1-94 所示。

表 1-94 V 形坡口板对接立焊单面焊双面成型 CO_2 气体保护焊焊接工艺参数参考

焊 层	焊丝直径/mm	焊丝伸出长度/mm	焊接电流/A	电弧电压/V	气体流量/(L·min^{-1})
打底层	1.2	10~15	90~100	19~19.5	12~15
	1.0	10~15	80~90	18.5~19	10~15
填充层	1.2	12~20	120~140	20~22	12~15
	1.0	10~15	110~120	20~21	10~15
盖面层	1.2	12~20	110~120	20~22	12~15
	1.0	10~15	90~100	20~21	10~15

【计划与决策】

通过对工作任务相关的各种信息分析，制订并经集体讨论确定 V 形坡口板对接立焊单面焊双面成型 CO_2 气体保护焊方案，如表 1-95 所示。

表 1-95　V 形坡口板对接立焊单面焊双面成型 CO_2 气体保护焊方案

序号	实施步骤		工具设备材料	工时
1	焊前准备	工件开坡口、清理	半自动火焰切割机、钢丝刷、角磨机	2.5
		焊丝、供气检查与准备	ER49-1、φ1.2mm 或 φ1.0mm 焊丝，瓶装 CO_2 气体	
		焊机检查	NBC-350 焊机	
		焊前装配	角磨机、钢尺	
		定位焊接	焊接设备、焊丝、保护气	
2	示范与操作	示范讲解	面罩、皮手套、工作服、绝缘鞋、刨锤、钢丝刷皮围裙、脚盖、遮光眼镜、防尘口罩等	11
		调节工艺参数		
		打底焊		
		填充焊		
		盖面焊		
3	焊缝清理	清理焊渣、飞溅	锉刀、钢丝刷	0.5
4	焊缝检查过程评价	焊缝外观检查	焊缝万能量规	1
		焊缝检测尺检测		

【实施】

🖋 CO_2 气体保护焊焊接设备与焊接材料

一、CO_2 气体保护焊设备

CO_2 气体保护焊所用设备，有半自动 CO_2 焊设备和自动 CO_2 焊设备两类，其基本原理相同半自动焊设备由焊接电源、送丝系统、焊枪、供气装置及控制系统等几部分组成，如图 1-142 所示。而自动 CO_2 焊接设备仅多一套焊枪及焊件相对运动的机构（如

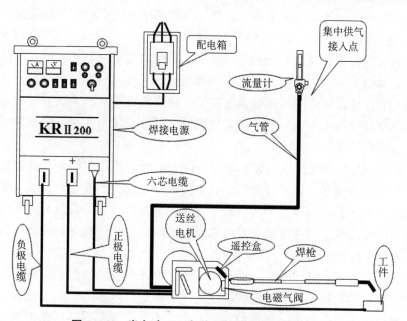

图 1-142　半自动 CO_2 气体保护焊设备安装示意图

焊接小车）进行自动操作。下面以使用得最多的半自动 CO_2 焊设备为主，对 CO_2 气体保护焊设备的基本原理、构造和作用加以介绍。

（一）CO_2 气体保护焊电源

1. 对焊接电源的要求

（1）电弧静特性曲线。CO_2 气体保护焊时，电弧四周有一层冷态的 CO_2 气流，带走了大量的电弧热量，为维持电弧的正常燃烧，电弧电压随之升高。因此，CO_2 气体保护焊的电弧静特性曲线是一条上升的曲线，并且焊丝直径越细，上升的程度越大，如图1-143所示。

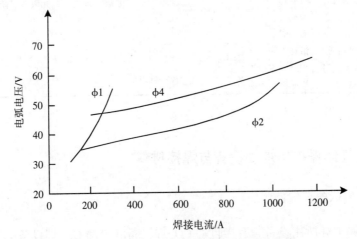

图1-143　CO_2 气体保护焊的电弧静特性曲线

（2）细丝 CO_2 气体保护焊时的焊接电源，由于电弧静特性是一条上升的曲线，因此对应需要一条平硬外特性的电源，如图1-144所示。图中有三种特性的外特性，当弧长从 L_1 减小到 L_2 时，与三种外特性曲线相交于 a、b、c 三点。这时三种不同外特性的电源所引起的焊接电流变化分别为 ΔI_a、ΔI_b、ΔI_c，其中平硬外特性的电源引起的焊接电流变化（ΔI_c）最大，电弧自身调节作用最强，为此应使用平硬外特性的电源。其次，细丝 CO_2 气体保护焊时，送丝速度甚快，因此不可能靠改变送丝速度来调节电弧长度，以达到焊接过程的稳定性，从而只能靠电弧自身调节作用来完成，平硬外特性的电源正好满足了这一要求。

（3）粗丝 CO_2 气体保护焊的焊接电源，由于电弧静特性曲线上升的程度较慢，当分别采用缓降外特性和平硬外特性的电源，弧长发生同样的变化时，二者引起的焊接电流增量相差不多，所以可以采用缓降外特性的电源。另外，粗丝 CO_2 焊时，送丝速度低，有可能靠改变送丝速度来调节电弧长度，所以在采用缓降特性的电源时，可以配以均匀调节的送丝系统。

（4）电源应有良好的动特性。从 CO_2 气体保护焊的熔滴过渡和飞溅问题的分析中可知，电源良好的动特性是焊接过程稳定的重要保证。电源的空载电压恢复速度一般都能满足要求。短路电流增长速度的调节方法，除了改变在焊接回路中电抗器的电感

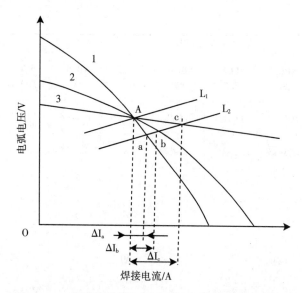

图 1-144 电源外特性形状对电弧自身调节作用的影响

外，还有改变电源空载电压；改变主变压器漏感；改变焊接回路电阻的大小等方法，这些应根据焊接电源的结构而异。

（5）电源的电压及电流能在一定范围内调节。细丝短路过渡的焊接电源，一般要求电弧电压为 17～30V。电压分级调节时，每级不应大于 1V，焊接电流能在 50～250A 范围内均匀调节。

粗滴过渡的焊接电源，一般要求电弧电压能在 25～44V 范围内调节，其最大焊接电流，可以按需要定为 300A、500A、1000A 等。

2. CO_2 气体保护焊机随着 CO_2 气体保护焊技术的应用范围日益扩大，CO_2 气体保护焊机的发展也很迅速

国产 CO_2 气体保护焊焊机的型号和主要技术数据如表 1-96 所示。

表 1-96 CO_2 气体保护焊焊机技术数据

焊机名称及型号 技术数据	半自动 CO_2 焊机						自动 CO_2 焊机		
	NBC-200 (GD-200)	NBC1-200	NBC1-300	NBC1-500	NBC1-500-1	NBC4-500	NZC-500-1	NZC3-500	NZC3-2×500-3
电源电压/V	380	280/380	380	380	380	380	380	380	380
空载电压/V	17~30	14~30	17~30	75	75	75		75	75
工作电压/V	17~30	14~30	17~30	15~42	15~40	15~42		15~40	15~40
电流调节范围/A	40~200		50~300		50~500			50~500	50~500
额定焊接电流/A	200	200	300	500	500	500	500	500	500

171

焊机名称 及型号 技术数据	半自动 CO_2 焊机						自动 CO_2 焊机		
	NBC–200 (GD– 200)	NBC1– 200	NBC1– 300	NBC1– 500	NBC1– 500–1	NBC4– 500	NZC– 500–1	NZC3– 500	NZC3–2× 500–3
焊丝直径/ mm	0.5~1.2	0.8~1.2	0.8~1.4	0.8~2	1.2~2.0	0.8~1.6	1~2	1.0~1.6	1.0~1.6
送丝速度/ (m/min)	1.5~9	1.5~15	2~8	1.7~17	8	1.7~25	1.5~17	2~8	2~8
焊接速度/ (m/min)							0.3~2.5	0.5~2.5	0.5~2.5
气体流量/ (L/min)		25	20	25	25	25	10~20	25	25×2
额定负载 持续率 (%)		100	70	60	60	60		60	60
配用电源	硅整流 电流	ZPC–200 形电源	晶闸管整 流电源	ZPG1– 500 形 电源	硅整流 电源	ZPG1– 500 形 电源	AP1–350 形电源 （埋弧焊 配用 AX7–500 形电源）	原 CD– 500 形 电源	原 CD– 500 形电 源两台
适用范围	控式半自 动焊机， 适用于 0.6~4mm 厚低碳钢 薄板的 焊接	适用于低 碳钢薄板 的焊接， 为推式半 自动焊机	推式半自 动焊机， 适用于低 碳钢板 焊接	推式半自 动焊机， 冷却水耗 量 1L/ min。适 用于中、 厚低碳钢 板的焊接	推式半自 动焊机， 适于焊接 中、后低 碳钢板	推式半自 动焊机， 适于点焊 或缝焊	可进行气 电焊，也 可用于埋 弧焊	汽车轴管 法兰专用 焊机	汽车轴管 孔臂专用 焊机

（二）送丝系统

按使用焊丝直径的不同，送丝系统可分为等速送丝和变速送丝两种形式。焊丝直径大于或等于 3mm 时采用变速送丝方式，焊丝直径小于或等于 2.4mm 时采用等速送丝方式。

1. 对送丝机构的要求

CO_2 气体保护焊通常采用等速送丝系统，基本要求如下：①送丝速度均匀稳定。②调速方便。③结构牢固轻巧。

2. 送丝方式

送丝方式可分为推丝式送丝、拉丝式送丝和推拉式送丝三种。

（1）推丝式送丝。这种送丝结构是焊枪与送丝机构是分开的，焊丝经一段软管送到焊枪中（见图 1–145（a）、（b））。这种焊枪的结构简单、轻便，但焊丝通过软管时受到的阻力大，因而软管长度受到限制，通常只能离送丝机 3~5m 的范围内操作。

（2）拉丝式送丝。送丝机构与焊枪合为一体，设有软管，送丝阻力小，速度均匀稳定，但焊枪结构复杂，重量大，焊工操作时的劳动强度大，如图 1–145（c）所示。

（3）推拉式送丝。这种送丝结构是以上两种送丝方式的组合，送丝时以推为主，由于焊枪上装有拉丝轮，可克服焊丝通过软管时的摩擦阻力，若加长软管长度至 60m，能大大增加操作的灵活性。还可多级串联使用，如图 1–145（d）所示。

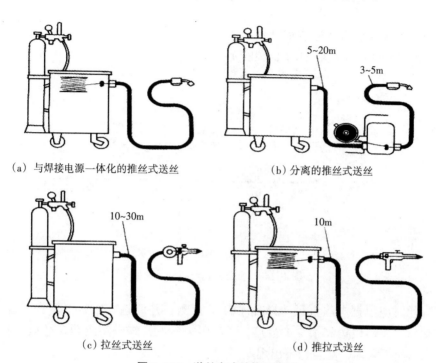

（a）与焊接电源一体化的推丝式送丝　　（b）分离的推丝式送丝

（c）拉丝式送丝　　　　　　　　　（d）推拉式送丝

图 1–145　送丝方式结构示意图

3. 送丝轮根据送丝

轮的表面形状和结构的不同，可将推丝式送丝机构分成两类：

（1）平轮 V 形槽送丝机构。送丝轮上加工有 V 形槽，依靠焊丝与 V 形槽两个接触点的摩擦力送丝，如图 1–146 所示。

由于摩擦力小，送丝速度不够稳定。当送丝轮夹紧力太大时，焊丝易被夹扁，甚至压出直棱，会加剧焊丝嘴内孔的磨损。我国生产的大多数送丝机械都采用这种送丝方式。

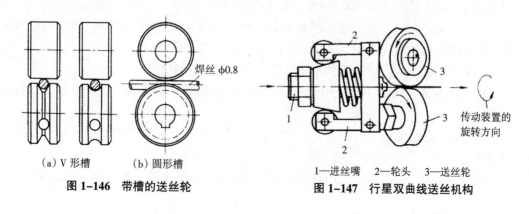

（a）V 形槽　　（b）圆形槽

图 1–146　带槽的送丝轮

1—进丝嘴　2—轮头　3—送丝轮

图 1–147　行星双曲线送丝机构

（2）行星双曲线送丝机构。采用特殊设计的双曲线送丝轮（见图1-147），使焊丝与送丝轮保持线接触送丝摩擦力大，速度均匀，送丝距离大，焊丝没有压痕，能校直焊丝，对带轻微锈斑的焊丝有除锈作用，且送丝机构简单，性能可靠，但设计与制造较复杂。

4. 推丝式送丝机构的简单介绍

常见的推丝式送丝机构如图1-148所示。

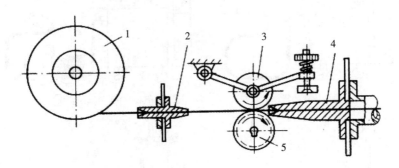

1—焊丝盘　2—进丝嘴　3—从动压紧轮　4—出丝嘴　5—主动送丝轮

图1-148　推丝式送丝机构示意图

装焊丝时应根据焊丝直径选择合适的 V 形槽，并调整好压紧力，若压紧力太大，将会在焊丝上压出棱边和很深的齿痕，送丝阻力增大，焊丝嘴内孔易磨损；若压紧力太小，则送丝不均匀，甚至送不出焊丝。

（三）焊枪

焊枪起到导电、导丝和导气的作用，它是焊工直接操作的工具，因此焊枪必须坚固轻便，并能适合各种位置的焊接。

1. 焊枪的种类

焊枪按用途分为半自动焊枪和自动焊枪；按焊丝给送的方式不同，焊枪又可分为拉丝式和推丝式两类。这两类焊枪均属于半自动焊枪。

（1）拉丝式焊枪。拉丝式焊枪的结构如图1-149所示。其主要特点是送丝均匀稳定，焊枪活动范围大，但因送丝机构和焊丝盘都装在焊枪上，所以焊枪比较笨重，结构较复杂。通常适用于直径 0.5～0.8mm 的细丝焊接。

（2）推丝式焊枪。这种焊枪结构简单，操作灵活，但焊丝经过软管产生的阻力较大，故所用的焊丝不宜过细，多用于直径 1mm 以上焊丝的焊接。

焊枪按形状不同，可分为鹅颈式焊枪和手枪式焊枪两种。

鹅颈式焊枪：如图1-150所示，这种焊枪形似鹅颈，应用较广，用于平焊位置较方便。

手枪式焊枪：如图1-151所示，这种焊枪形似手枪，用来焊接除水平面以外的空间焊缝较方便。

焊接电流较小时，焊枪采用自然冷却。当焊接电流较大时，可采用水冷式焊枪。

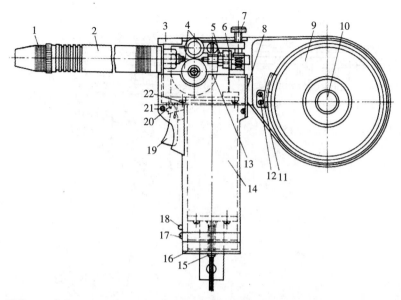

1—喷嘴　2—外套　3—绝缘外壳　4—送丝滚轮　5—螺母　6—导丝杆　7—调节螺杆
8—绝缘外壳　9—焊丝盘　10—压栓　11、15、17、21、22—螺钉　12—压片　13—减速箱
14—电动机　16—底板　18—退丝按钮　19—扳机　20—触点

图 1-149　拉丝式焊枪

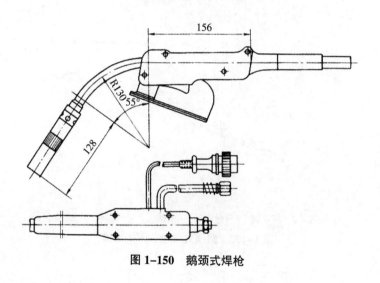

图 1-150　鹅颈式焊枪

2. 鹅颈式焊枪的结构

典型的鹅颈式焊枪头部的结构如图 1-152 所示。主要部件有喷嘴、导电嘴（焊丝嘴）、分流器、导管电缆。

（1）喷嘴。喷嘴内孔形状和直径的大小将直接影响保护效果，要求从喷嘴中喷出的气体为截头圆锥体，均匀地覆盖在熔池表面，如图 1-153 所示。

喷嘴内孔的直径为 16~22mm，不应小于 12mm，为节约保护气体，便于观察熔池，喷嘴直径不宜太大。

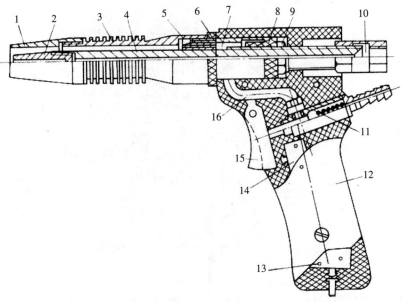

1—喷嘴　2—导电嘴　3—套筒　4—导电杆　5—分流环　6—挡圈　7—气室　8—绝缘圈
9—紧固螺母　10—锁紧螺母　11—球形气阀　12—枪把　13—退丝开关　14—送丝开关
15—扳机　16—气管

图 1-151　手枪式焊枪

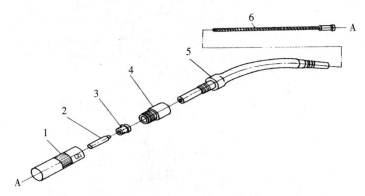

1—喷嘴　2—导电嘴　3—分流器　4—接头　5—枪体　6—弹簧软管

图 1-152　鹅颈式焊枪头部的结构

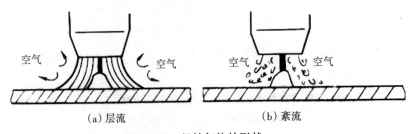

（a）层流　　　　　　　（b）紊流

图 1-153　保护气体的形状

常用纯铜或陶瓷材料制造喷嘴，为降低其内外表面的粗糙度，要求在纯铜喷嘴的表面镀上一层铬，以提高其表面硬度和降低粗糙度。

喷嘴以圆柱形为好，也可做成上大下小的圆锥形，如图 1–154 所示。焊接前，最好在喷嘴的内外表面喷一层防飞溅喷剂，或刷一层硅油，便于清除黏附在喷嘴上的飞溅，延长喷嘴使用寿命。

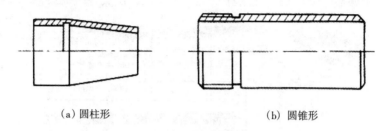

(a) 圆柱形　　　　　　　　(b) 圆锥形

图 1–154　喷嘴

（2）导电嘴。导电嘴又称焊丝嘴，其外形如图 1–155 所示。导电嘴常用纯铜、铬青铜或磷青铜制造。为保证导电性能良好，减小送丝阻力和保证对准中心，导电嘴的内孔直径必须按焊丝直径选取，孔径太小，送丝阻力大，孔径太大则送出的焊丝端部摆动太厉害，造成焊缝不直，保护也不好。通常焊丝嘴的孔径应比焊丝直径大 0.2mm 左右。

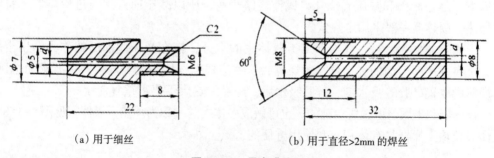

(a) 用于细丝　　　　　　　　(b) 用于直径>2mm 的焊丝

图 1–155　导电嘴外形

（3）分流器。分流器是用绝缘陶瓷制成的，上有均匀分布的小孔，从枪体中喷出的保护气经分流器后，从喷嘴中呈层流状均匀喷出，可改善保护效果，分流器的结构示意图如图 1–156 所示。

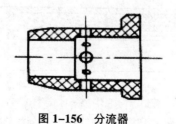

图 1–156　分流器

（4）导管电缆。导管电缆是由橡胶包裹的绝缘管，由弹簧软管、纯铜导电电缆、保护气管和控制线组成。常用导管电缆的标准长度为3m，但根据需要可选用6m。

（四）供气系统

供气系统的作用是将钢瓶内的CO_2液体变成符合质量要求、具有一定流量的CO_2气体并均匀地从焊枪喷嘴中喷出。供气系统包括CO_2气体和附属的供气装置，供气装置由预热器、干燥器、减压器、流量计及气阀等组成，供气系统安装如图1-157所示。

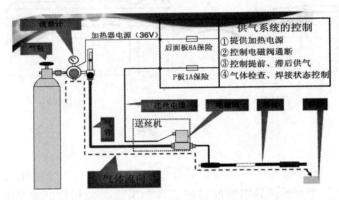

图1-157　供气系统安装图

1. 预热器和干燥器

由于液态CO_2转变成气态，并再减压，要吸收大量的热量，使气体温度下降到零度以下，易把瓶阀和减压阀冻坏，或使气路堵塞，所以减压前必须通过预热器、将气体加热。预热器一般采用电热式。

干燥器的作用是进一步吸收CO_2气体中的水分，接在减压阀前面的称为高压干燥器，接在减压阀后面的称为低压干燥器，这些应根据气体纯度和焊接质量要求而选用。干燥器内放置硅胶等吸水剂，硅胶吸水后，经过加热烘干仍可重复使用。

预热器和干燥器可做成单独的，也可做成一体式的，称为预热干燥器（见图1-158）。一体式预热干燥器具有体积小和使用方便的特点。

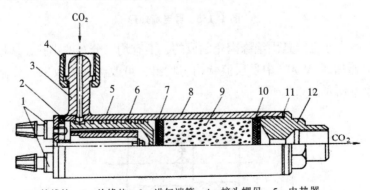

1—接线柱　2—绝缘垫　3—进气端管　4—接头螺母　5—电热器
6—导气管　7—气筛垫　8—壳体　9—硅胶　10、11—毡垫　12—接头

图1-158　一体式预热干燥器的结构

当 CO_2 气体中水蒸气的含量较低时，可不用干燥器。

2. 减压器和流量计

减压器的使用是将高压 CO_2 气体变为低压气体，并调节气体的流量。由于 CO_2 气体的工作压力为 $0.1 \sim 0.2$MPa，所以可直接使用低压力的乙炔减压器，也可用经改装后的氧气减压器，即将低压表里的弹簧片（弧形扁管）换成软软的材料。

流量计是用来测量 CO_2 气体的流量，常用的是玻璃转子流量计，也可采用减压器和流量计一体的浮标式流量计，其流量调节范围有 0~15L/min 和 0~30L/min 两种，可根据需要选用。

3. 气阀

气阀是用来控制 CO_2 气体的送气与停气。若准确性要求高时，通常采用电磁气阀由控制系统来完成气体的输送与停止。另外，也可直接采用机械的气阀开关由手工来控制。

目前生产的减压检测器是将预热器、减压器和流量计合为一体，使用更方便。

（五）控制系统

控制系统的作用是对 CO_2 气体保护焊的供气、送丝和供电等系统实现控制。自动 CO_2 气体保护焊时，还要完成焊接小车行走或焊件运转等动作。

对供气系统的控制大致三个过程：引弧时要求提前送气 1~2s，以排除引弧区的空气；焊接时气流要均匀可靠；结束时，因熔池金属尚未冷却凝固，应滞后停气 2~3s，给予继续保护。这样可防止空气的有害作用，保证焊缝的质量。

对送丝系统的控制，即对送丝电动机的控制，应保证电动机能够完成对焊丝的正常送进和停止动作。焊前调整焊丝伸出长度、均匀调节送丝速度；在焊接过程中对网络波动有补偿作用等。

对供电系统的控制，是指对焊接区电源的控制，这与送丝部分密切相关。供电可在送丝之前接通，或与送丝同时接通，但在停电时，要求送丝先停而后再断电，这样可避免焊丝末端与熔池粘连，而影响弧坑处的焊缝质量。在采用较大电流的自动 CO_2 气体保护焊时，应保证焊丝及小车停止后的 0.2~1s 内延时切断焊接电源，使电弧在焊丝伸出端"返烧"，借此填满弧坑，从而提高焊缝质量。

CO_2 气体保护焊的焊接控制程序如图 1-159 所示。

二、CO_2 气体保护焊的焊接材料

（一）CO_2 气体

焊接用的 CO_2 气体，通常是将它压缩成液态储存于钢瓶内。容量为 40L 的钢瓶，每瓶可装 25kg 液体 CO_2，满瓶压力为 5~7MPa，瓶内液面上为水蒸气、空气和 CO_2 三者的混合物，瓶内的压力随着外界温度的升高而增大，所以不能用压力表上的读数来估计瓶内液态 CO_2 的储量。因为压力表上的读数仅代表气体 CO_2 的压力，不代表液态 CO_2 的储量。

CO_2 气瓶使用时由于瓶内压力随外界温度的升高而增大，因此 CO_2 气瓶不准靠近热

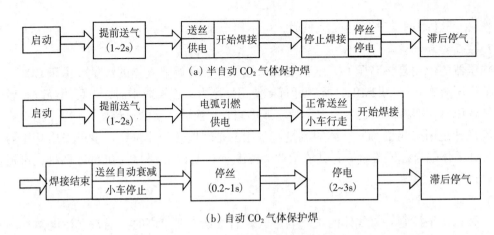

(a) 半自动 CO₂ 气体保护焊

(b) 自动 CO₂ 气体保护焊

图 1-159 CO₂ 气体保护焊焊接控制程序

源或置于烈日下曝晒，以防发生爆炸事故。另外，CO_2 气瓶应涂铝白色，并标写有"液态二氧化碳"黑色字样。

液态 CO_2 在大气压力下的沸点为 -78℃，所以常温下容易蒸发。CO_2 气体中水汽的含量与瓶中的压力有关，压力越低，水汽越多，当压力低于 1MPa 时，CO_2 气体中的含水量便大为增加，不能继续使用。

为保证焊接质量，一般碳素钢焊接时，CO_2 气体的纯度（体积分数）不应小于 99.5%，含水量、含氮量（体积分数）不得超过 0.1%。焊接高强度碳素结构钢或低合金高强度钢，应采用高纯度 CO_2 气体，其纯度不应小于 99.9%，如果纯度不够，可采取下列措施：

（1）将气瓶倒置 1~2h，待水沉积于瓶口部，再打开瓶阀，放出自由状态的水。

（2）使用前，先将瓶内杂气放掉，一般放 2~3min 即可。

（3）在气路中串联干燥器，以进一步减少 CO_2 气体中的水分。

（二）焊丝

CO_2 气体保护焊时，为了保证焊缝具有足够的力学性能，以及不产生气孔等，焊丝中必须比母材含有较多的硅、锰或铝、钛等脱氧元素。为了减少飞溅，焊丝碳的质量分数必须限制在 0.10% 以下。

CO_2 气体保护焊焊丝一般根据 GB/T 8110—2008《气体保护电弧焊用碳钢、低合金钢焊丝》的规定来选用，这类焊丝是按熔敷金属的力学性能来进行分类的。

焊丝型号的表示方法如下：

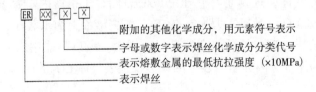

附加的其他化学成分，用元素符号表示
字母或数字表示焊丝化学成分分类代号
表示熔敷金属的最低抗拉强度（×10MPa）
表示焊丝

CO_2 气体保护焊焊丝也可根据 GB/T 14957—1994《熔化焊用钢丝》的规定来选用，这类焊丝是按熔敷金属化学成分来进行分类的。最常用的是 H08MnSi、H08Mn2SiA，均具有较好的工艺性能和较高的力学性能。

图 1-160 CO_2 气体保护焊焊丝

用于承压设备的气体保护电弧焊的焊丝应满足 GB/T 8110—2008 及 NB/T 47018.3—2011《承压设备用焊接材料订货条件，第三部分气体保护电弧焊钢丝和填充丝》的要求。

CO_2 气体保护焊所用的焊丝，一般直径在 0.5~3.2mm 范围内。手工焊时常用的焊丝有 Φ0.8mm、Φ1.0mm、Φ1.2mm、Φ1.6mm 等几种。自动焊时，除上述各种直径的焊丝外，还可采用直径为 3 ~ 5mm 焊丝。焊丝表面有镀铜和不镀铜的两种，镀铜可防止生锈，并可改善焊丝的导电性能，提高焊接过程的稳定性。焊丝使用时应彻底去除表面的油、锈。

 操作说明

一、操作要点

焊件装配及定位焊、打底焊、填充焊、盖面焊。板对接立焊时，液态金属受重力作用易下淌，因此，很难保证焊道表面平整，为防止液态金属下淌，应采用比板对接平焊稍小的焊接电流，焊枪摆动频率稍快，使熔池小而薄。

二、焊前准备

（1）启动焊机安全检查：焊前检查电源 NBC-350 焊机、送丝机构及所用工具，一切均无问题方可使用，调试电流。

（2）焊件加工：试件材料为 Q235A 钢板，尺寸为 300 mm×100 mm×12 mm，60°的 V 形坡口，每组两块。使用半自动火焰切割机制备 V 形坡口，单边坡口角度 30°±2°，坡口面应平直，钝边为 1mm，焊件平整无变形。

（3）焊件的清理：用锉刀、砂轮机、钢丝刷等工具，清理坡口两面 20mm 范围内的铁锈、氧化皮等污物，直至露出金属光泽。

（4）焊材的选择：焊丝型号为 ER49-1，直径为 1.0 mm 或 1.2 mm。瓶装 CO_2 气体，气体纯度为 99.5% 以上。

（5）焊件装配及定位焊：12 mm 板对接立焊单面焊双面成型装配与定位焊要求与板对接平焊相同，试板装配尺寸如表 1-97 所示。

表 1-97　板对接立焊装配尺寸

钝边/mm	装配间隙/mm	反变形/(°)	错边量/mm
0.5	始焊端 2.0；终焊端 3.0	2~3	≤1

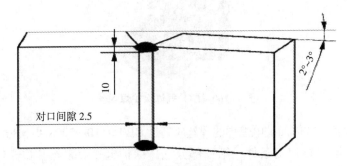

图 1-161　定位焊缝的位置及预留反变形

三、操作步骤

立焊的单面焊双面成型是较难掌握的一种焊接方法，在焊接过程中应把握好对焊条角度和运条方式的掌握以及对参数的调整等。

（一）打底焊

应保证得到良好的背面成型。

焊前先检查试板的装配间隙及反变形是否合适，间隙小的一端放在下面，将试板垂直固定好。施焊时焊枪角度如图 1-162 所示。

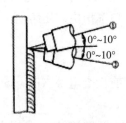

图 1-162　焊枪角度

施焊之前，按照工艺参数表 1 调试好焊接工艺参数。

检查、清理导电嘴和喷嘴，并在喷嘴上涂防飞溅剂。焊接时，先按动焊枪开关，检查送丝是否正常，然后调整好焊枪角度，在试板下端定位焊缝上引燃电弧，以小锯齿形向上摆动焊枪施焊，当电弧运动到定位焊缝与坡口根部连接处时，用电弧将坡口根部击穿，产生熔孔后，转入正常施焊。正常施焊时，采用锯齿形摆动焊枪，摆动时中间稍快，两侧稍停。如熔孔太大时，可适当加快摆动，并加宽摆幅，以使散热面积加大。随着焊接的进行，焊枪向上移动，注意焊枪与试板的角度应保持不变。焊枪向上运动时，操作者的手臂也要随之上移，否则焊至上方时焊枪与下方夹角会减小，焊丝会穿过间隙，造成穿丝。

施焊打底层时应注意以下问题：

（1）注意保持大小合适、均匀一致的熔孔，一般坡口两侧各熔化 0.5~1.0 mm 为宜。

（2）焊枪以操作者手腕为中心横向摆动，并注意焊丝端部始终处在熔池的上边缘，其摆动方式可以是锯齿形或反半月牙形，如图 1-163 所示，以防止铁液下淌。

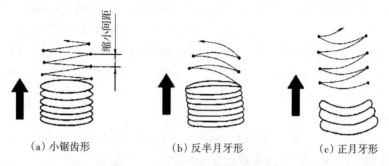

（a）小锯齿形　　　　　（b）反半月牙形　　　　（c）正月牙形

图 1-163　板对接立焊焊丝摆动方法

（3）焊枪或焊丝摆动时，摆动间距要小，且均匀一致，防止穿丝。当焊丝用完，或者由于送丝机、焊枪出现故障需要中断施焊时，焊枪不能马上离开熔池，应先稍停顿，如可能应将电弧移向坡口侧再停弧，以防产生气孔和缩孔。

接头前用角向磨光机将弧坑焊道打磨成缓坡形，操作时焊丝的端部对准缓坡的最高点，然后引弧，以锯齿形摆动焊丝，将焊道缓坡处覆盖，当电弧到达缓坡最低处时即可转入正常施焊。CO_2 焊的接头方法与焊条电弧焊有所不同，电弧燃烧到原熔孔处时，不需压低电弧形成新的熔孔，而只用它的熔深就可将接头接好。接头方法正确、操作熟练时，接头平滑、美观，很难分辨。

（二）填充层的焊接

施焊填充层前，应将打底层焊道和试件表面的飞溅物清理干净，焊道局部凸起处打磨平整。填充层焊接工艺参数见表 1-1。可采用锯齿形运丝法、圆圈形运丝法和反月牙形运丝法，焊枪角度与打底层焊接时相同，电弧摆动不要太快，要稍慢而稳，摆幅比焊接打底层时稍宽，电弧在坡口两侧稍作停留，保证焊道两侧熔合良好，焊道表面平整。填充层焊道比坡口边缘要低 1.5~2 mm，并使坡口边缘保持原始状态，为施焊盖面层打好基础。

1. 锯齿形运丝法

在工件下端引弧后电弧运动稍慢，起预热作用，待形成熔池后，电弧向另一侧摆动，摆到打底层焊道与坡口边缘的夹角处时稍作停留，以便两侧熔合良好。采用锯齿形运丝法焊接填充层需焊两层，各层焊接速度较快，焊道温度低，表面光亮美观，容易掌握。

2. 圆圈形运丝法

这种运丝法因为散热面积较大，应用较大的电流和电压（如用直径为 1.2 mm 的焊丝，焊接电流为 130~140 A，电弧电压为 22 V），电流小时波纹不光滑，成型不美观。立焊圆圈形运丝法可以看作向前的反月牙运动加横向锯齿形运动。起焊时电弧以较慢的速度作横向摆动，较慢的速度起预热作用，同时可以使起焊处稍厚一些，注意两侧应熔合好，此运动完成后，电弧沿熔池的上缘作反月牙运动，目的是保证熔池与两侧夹角处及前一层充分熔合，电弧运动至坡口一侧稍停后，以直线形向另一侧运动，此时电弧位于熔池下缘，其目的是增加熔池的厚度，同时保证焊道的平整。圆圈形运丝法焊接速度较慢，焊道及熔池温度较高，焊后焊道颜色较暗，不是很美观。其优点是熔合很好，一次可以焊出较厚的焊层，生产率高。采用这种运丝法时，填充层只需焊一层。

3. 反月牙形运丝法

焊接电流和电弧电压同圆圈形运丝法，焊接时电弧沿熔池前部边缘作反月牙形移动，但较圆圈形运丝法要慢，注意电弧在两侧坡口应适当停留，以使两侧熔合良好。电弧运动速度不能太快，否则熔池温度低，成型不光滑，中间可能会出现凹陷。反月牙形运丝法一次可以焊出较厚的焊层，熔合好，成型美观，方法简单，生产率高。采用这种运丝法，填充层也只需焊一层。

（三）盖面层的焊接

施焊盖面层前，应清理前层焊道和飞溅物，清理喷嘴上的飞溅物，并在喷嘴上涂硅油。施焊盖面层时的焊枪角度与施焊打底层时相同，焊接工艺参数见表 1-1。施焊盖面层用锯齿形运丝法，焊丝横向摆动幅度比焊填充层要大，在坡口两侧应稍作停留，以填满坡口。停顿时间以焊缝与母材圆滑过渡、焊缝余高不超过标准为宜。焊丝横向摆动时，应注意控制摆动间距，使之均匀合适，间距不宜过大，否则易产生咬边，焊缝表面也不美观。收弧时应注意填满弧坑，防止产生弧坑裂纹。

（四）注意事项

（1）引弧工艺：半自动 CO_2 焊时习惯的引弧方式是焊丝端头与焊接处划擦的过程中按焊枪按钮，引弧后必须迅速调整焊枪位置，焊枪角度及导电嘴与焊件间的距离。

（2）收弧方法：带有电流衰减装置的焊机时，填充弧坑电流较小，一般只为焊接电流的 50%~70%，易填满弧坑，以短路过渡方式处理弧坑。

（3）没有电流衰减装置时，在弧坑未完全凝固的情况下，应在基上进行几次断续焊接。

四、焊缝清理

焊接结束后，清理。主要清理焊件表面的焊接飞溅物、氧化物等。在焊接检验前，不得对焊接缺陷进行修改。焊缝应处于原始状态。清理焊件表面的氧化物、焊接飞溅物，一定要戴好护目镜。

五、焊缝质量检验

外观检查一般以肉眼观察为主，有时要用 5~20 倍的放大镜进行观察。

（一）焊缝外形尺寸

焊缝余高为 1~1.5mm；焊缝余高差≤1mm；焊缝宽度比坡口每侧增宽 0.5~1.5mm；焊缝宽度差≤1mm。

（二）焊缝缺陷

焊接结束后，关闭焊机，用钢丝刷清理焊缝表面。肉眼观察或用低倍放大镜检查焊缝表面是否有气孔、裂纹、咬边等缺陷。用焊缝量尺测量焊缝外观成型尺寸。

焊接质量要求：咬边深度≤0.5mm；咬边总长度≤30mm；背面焊透成型好。总长度≤30mm 的焊缝表面不得有裂纹、未熔合、夹渣、气孔、焊瘤、未焊透等缺陷。

（三）焊件变形

焊后变形量≤2°；错边量≤1mm。

焊接结束，关闭气瓶和电源，收好所用工具，清理、清扫现场，检查安全隐患。

【检查】

（1）V 形坡口板对接立焊单面焊双面成型 CO_2 气体保护焊完成情况检查。

（2）记录资料。

（3）文明实训。

（4）实施过程检查。

【评价】

过程性考核评价如表 1-98 所示；实训作品评价如表 1-99 所示；最后综合评价按表 1-100 执行。

表 1-98　过程评价标准

	考核项目	考核内容	配分
职业素养	安全意识	执行安全操作规程，安全操作技能，安全意识。如有违反，由考评员扣 1 分/项	10
	文明生产	做到对现场或岗位进行整理、整顿、清扫、清洁，文明生产。如不符合要求，由考评员扣 1 分/项	10
	责任心	有主人翁意识，工作认真负责，能为工作结果承担责任。如不符合要求，由考评员扣 1 分/项	10
	团队精神	有良好的合作意识，服从安排。如不符合要求，由监考员扣 1 分/项	10
	职业行为习惯	成本意识，操作细节。如不符合要求，由考评员扣 1 分/项	10
职业规范	工作前的检查	安全用电及安全防护、焊前设备检查。如不符合要求，由考评员扣 1 分/项	10
	工作前准备	场地检查、工量具齐全、摆放整齐、试件清理。如不符合要求，扣 1 分/项	10
	设备与参数的调节	参数符合要求、设备调节熟练、方法正确。如不符合要求，扣 2 分/项	10

续表

考核项目		考核内容	配分
职业规范	焊接操作	定位焊位置正确，引弧、收弧正确、操作规范；试件固定的空间位置符合要求。如不符合要求，扣2分/项	10
	焊后清理	关闭电源，设备维护、场地清理，符合6S标准。如不符合要求，由考评员扣1分/项	10

表 1-99 实训作品评价标准

姓名		学号		得分		
检查项目		配分	标准	实际测定结果	检测人	得分
焊前准备	劳动保护准备	3	完好			
	试板外表清理	3	干净			
	试件背面二处定位焊尺寸、位置、反变形角度	3	长≤10mm			
外观检查	气孔	3	无			
	穿丝	3	无			
	咬边	4	深≤0.5 mm、长≤10 mm			
	弧坑	3	填满			
	焊瘤	3	无			
	未焊透	2	无			
	裂纹	3	无			
	内凹	3	无			
	未熔合	3	无			
	非焊接区域碰弧	3	无			
	焊缝正面高度	3	≤2 mm			
	焊缝正面高度差	3	≤2 mm			
	焊缝正面宽度 C	3	≤18 mm			
	焊缝正面宽度差	3	≤2 mm			
	焊缝背面高度	3	≤3 mm			
	焊缝背面高度差	3	≤2 mm			
	试件变形	3	≤1°			
	试件错边量	3	无			
内部检查	射线探伤	25	一级片			
焊后自检	合理节约焊材	3	好			
	安全、文明操作	3	好			
	清理飞溅物	3	干净			
	不损伤焊缝	3	未伤			

表 1-100　综合评价表

学生姓名_____　　　　　　　　　　　　　　　　　　　　　学号_____

评价内容		权重（%）	自我评价	小组评价	教师评价
			占总评分（10%）	占总评分（30%）	占总评分（60%）
应知	笔试	10			
	出勤	10			
	作业	10			
应会	职业素养与职业规范	21			
	实训作品	49			
小计分					
总评分					

　　评价细则：综合评价表中应知部分的笔试、出勤、作业评价项及应会部分的职业素养与职业规范、实训作品评价项的各项分数按三方评价得出的分数乘以对应的权重值最后累加得出总评分。

　　为突出技能，分值比例为应知：应会=3：7；职业素养与职业规范：实训作品=3：7。

任务思考

1. CO_2 气体保护焊板板对接立焊打底焊应注意哪些问题？

2. CO_2 气体保护焊板板对接立焊常见焊接缺陷有哪些？

项目二　管对焊接

【项目引入】

本项目包含了钢管 V 形坡口对接水平转动焊、钢管 V 形坡口对接水平固定焊两个学习任务，其中任务二的钢管 V 形坡口对接水平固定焊又设置了焊条电弧焊、手工钨极氩弧焊两个学习情境。在设置的学习情境下，以"任务"为主线，在强烈的问题动机的驱动下，通过对学习资源的积极主动应用，完成既定的学习任务，在不同学习情境的学习过程中，反复强化学生的工作能力。

【项目目标】

知识目标

（1）掌握管对焊接工艺基础知识，了解钢管 V 形坡口对接水平转动焊、钢管 V 形坡口对接水平固定焊单面焊双面成型操作的基本知识；

（2）了解钢管 V 形坡口对接水平转动焊、钢管 V 形坡口对接水平固定焊单面焊双面成型的焊接参数选择方法；

（3）掌握焊接的安全知识，做到安全文明生产。

技能目标

（1）掌握钢管 V 形坡口对接水平转动焊、钢管 V 形坡口对接水平固定焊单面焊双面成型的操作过程、操作技巧；

（2）培养学生自我分析焊接质量的能力，使学生通过学习能预防和解决焊接过程出现的质量问题。

素质目标

（1）养成遵纪、守法、依规、文明的行为习惯。

（2）具有良好的道德品质、职业素养、竞争和创新意识。

（3）具有爱岗敬业、能吃苦耐劳、高度责任心和良好的团队合作精神。

（4）严格执行焊接各项安全操作规程和实施防护措施，保证安全生产，避免发生事故。

任务1   钢管 V 形坡口对接水平转动焊

【任务描述】

本任务包含了钢管 V 形坡口对接水平转动焊之焊条电弧焊一个学习情境。通过学习和实训，熟练掌握并巩固管—管对接水平转动焊焊条电弧焊的施焊方法。转动管焊接是最常用的钢管焊接技术之一，应用极广。在焊接过程中，焊条角度要随焊接位置的不同而变化。表面敷焊是从立焊位置过渡到平焊位置。

情境一   钢管 V 形坡口对接水平转动焊之焊条电弧焊

【资讯】

1. 本课程学习任务

（1）了解焊条电弧焊管—管对接水平转动焊最可能产生的缺陷；

（2）掌握焊条电弧焊管—管对接水平转动焊焊接工艺参数的选用和使用原则；

（3）通过实训任务，掌握管—管对接水平转动焊的施焊方法操作要领；

（4）能够正确对焊缝进行外观检测。

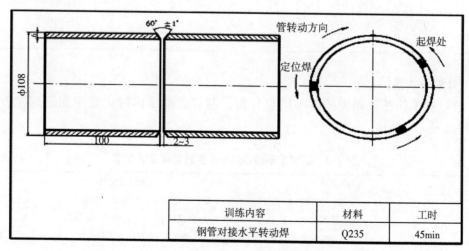

训练内容	材料	工时
钢管对接水平转动焊	Q235	45min

图 2-1   钢管 V 形坡口对接水平转动焊技能训练工作图

注：技术要求：①焊条电弧焊，面单焊双面成型；②水平转动，中心线离地面高度800mm。

2. 任务步骤

（1）焊机、工件、焊接材料准备。

（2）焊前装配：将打磨好的工件（两根钢管）装配成水平对接转动焊对接接头，装配间隙 2~3mm，钝边 1mm。

（3）定位焊：采用与焊接相同的 E4303 焊条进行定位焊。管径不同定位焊位置和数量也不同，小管（<φ50mm）定位焊一处，中管（φ50mm~φ133mm）定位焊二处，大管（>φ133mm）定位焊三至四处。本任务钢管属中管，二点定位，按时钟 9 点、5 点，焊点长度<10mm，错边量≤1.5mm。

（4）钢管 V 形坡口对接水平转动焊示范、操作。

（5）焊后清理。

（6）焊缝检查。

3. 工具、设备、材料准备

（1）焊件清理：Q235 钢管，规格：φ108mm×100mm×6mm，开 60° V 形坡口，2 根一组。

（2）焊接设备：BX3-300 型或 ZX5-500 型手弧焊机。

（3）焊条：E4303 型或 E5015 型，直径为 3.2mm、2.5mm。焊条烘干 150~200℃，并恒温 2h，随用随取。

（4）劳动保护用品：面罩、手套、工作服、工作帽、绝缘鞋、白光眼镜。

（5）辅助工具：锉刀、刨锤、钢丝刷、角磨机、焊条保温筒、焊缝检验尺。

（6）确定焊接工艺参数，如表 2-1 所示。

表 2-1 钢管 V 形坡口对接水平转动焊焊接工艺参数参考

焊接层次	焊条直径/mm	焊接电流/A
打底焊	2.5	60~80
填充焊	3.2	85~110
盖面焊	3.2	80~100

【计划与决策】

通过对工作任务相关的各种信息分析，制订并经集体讨论确定如下焊接方案，如表2-2所示。

表 2-2 钢管 V 形坡口对接水平转动焊焊接方案

序号	实施步骤		工具设备材料	工时
1	焊前准备	工件开坡口、清理	半自动火焰切割机、钢丝刷、角磨机	2.5
		焊条检查、准备	E4303（J422）Φ2.5mm、Φ3.2mm 焊条	
		焊机检查	BX3-300 型或 ZX5-500 型手弧焊机	
		焊前装配	角磨机、钢尺	
		定位焊接	焊接设备、焊条	

续表

序号	实施步骤		工具设备材料	工时
2	示范与操作	示范讲解	焊帽、手套、工作服、工作帽、绝缘鞋、刨锤、钢丝刷等	11
		调节工艺参数		
		打底焊		
		填充焊		
		盖面焊		
3	焊缝清理	清理焊渣、飞溅	锉刀、钢丝刷	0.5
4	焊缝检查过程评价	焊缝外观检查	焊缝万能量规	1
		焊缝检测尺检测		

【实施】

焊接热影响区的组织与性能

一、焊接热循环

在焊接热流作用时，焊件上某一点 P 的温度随时间的变化过程叫作焊接热循环。在加热和冷却过程中，焊件上不同位置所经受的热循环状态是不同的，靠焊缝越近的位置，被加热的最高温度越高，反之，越远的位置被加热的最高温度越低。

（一）焊接热循环的主要参数

（1）加热速度（ω_H）。

（2）加热的最高温度（T_m）。

（3）在相变温度以上的停留时间（t_H）。

（4）冷却速度（ω_c）或冷却时间（$t_{8/5}$）。

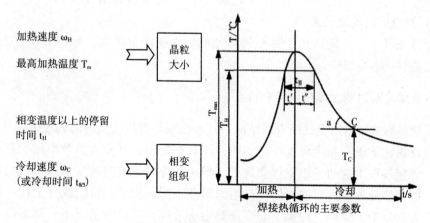

图 2-2 焊接热循环的参数及特征

反映焊接热循环特性的指标主要有 2 个：t_H 和 $t_{8/5}$。

t_H：焊接接头在 1100℃以上高温的停留时间，其值越大，焊接接头的组织与性能越差。

$t_{8/5}$：焊接接头由 800℃冷却到 500℃所需的时间，这个温度区域是焊缝金属固态相变过程，其值大小，对焊缝金属的充分转变、过热过程或淬硬倾向均有一定影响。

（二）焊接热循环特点

（1）加热温度高：热处理加热温度以上 100~200℃。故发生过热，致使该区晶粒长大粗化严重。

（2）加热速度快：是热处理加热速度的几十倍甚至几百倍。

（3）高温停留时间短：手工焊以上停留时间最大 20s，埋弧自动焊时 30~100s。

（4）自然冷却：热处理可根据要求控制冷却速度或在冷却过程中不同阶段进行保温，焊接时，自然条件下冷却，冷却速度快。从而致使焊接接头容易发生淬硬，形成淬硬组织，加剧了焊接冷裂纹的产生。

（5）局部加热：热处理时，工件是在炉中整体加热，焊接时，局部集中加热，随热源的移动，局部加热地区的范围也移动。由于局部加热产生复杂应力，组织转变是在复杂应力下完成。

二、快速加热的金属组织转变特点

（一）加热速度对相变点的影响

焊接时的加热速度很快，各种金属的相变温度发生了很大的变化；焊接时，由于采用的焊接方法不同，规范不同，加热速度可在很大的范围内变化。

（二）加热速度对 A（奥氏体）均质化影响

焊接快速加热不利于元素扩散，使得已形成的奥氏体来不及均匀化。加热速度越高，高温停留的时间越短不均匀的程度就越严重。导致焊接接头性能下降。

（三）近缝区的晶粒长大

在焊接条件下，近缝区由于强烈过热使晶粒发生严重胀大，影响焊接接头塑性，韧性产生热裂纹、冷裂纹。

三、连续冷却时的金属组织转变特点

研究焊热影响区的熔全线附近的情况，这一区域是焊接接头的薄弱地带。

根据材料化学成分和冷却条件的不同，固态相变一般可分为扩散型相变和非扩散型相变，焊接过程中这两种相变都会遇到。焊接条件下的组织转变特点不仅与等温转变不同，也与热处理条件下的连续冷却组织转变不同，而且在组织成分上比一般热处理条件下更为复杂。焊接过程属于非平衡热力学过程，在这种情况下，随着冷却速度增大，平衡状态图上各相变点和温度线均发生偏移。

如图 2-3 所示的 Fe-C 合金，随着冷却速度的增加，Ar_1、Ar_3、A_{cm} 等均向更低的温度移动，同时共析成分已经不是一个点，而是一个成分范围。当冷却速度 $\omega_c=30℃/s$

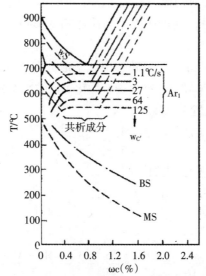

Ar₁—珠光体开始形成温度；BS—贝氏体开始形成温度
MS—马氏体开始形成温度；WS—魏氏组织开始形成温度

图 2-3 冷却速度对 Fe-C 平衡状态图的影响

（相当于手工电弧焊线能量为 17kJ/cm 的情况）时，共析成分范围 0.4%~0.8%C，也就是说在快速冷却的条件下，含碳量 0.4% 的钢就可以得到全部为珠光体的组织（伪共析）。钢中除碳之外，尚有多种合金元素（如 Mn、Si、Cr、Ni、Mo、V、Nb、Ti、B、Re 等），它们对平衡状态图的影响也十分复杂。当冷却速度增加到一定程度之后，珠光体转变将被抑制，发生贝氏体或马氏体转变。应当指出，在焊接连续冷却条件下，过冷奥氏体转变并不按平衡条件进行，如珠光体的成分，由 0.8%C 而变成一个成分范围，形成伪共析组织。此外，贝氏体、马氏体也都是处在非平衡条件下的组织，种类繁多。这与焊接时快速加热、高温、连续冷却等因素有关。通过进行焊接热模拟试验，研究各种材料热影响区的组织转变，建立"模拟焊接热影响区连续冷却组织转变图 SH-CCT"技术资料数据库，它可以比较方便地预测焊接热影响区的组织和性能，同时也能作为选择焊接线能量、预热温度和制定焊接工艺的依据。有关典型钢种的 CCT 图及组织的变化可参阅有关焊接手册。

四、焊接热影响区的性能

（一）焊接热影响区（HAZ）的硬化

为了方便起见，常用硬度的变化来判定热影响区的性能变化，硬度高的区域，强度也高，塑性、韧性下降，测定热影响区的硬度分布可以间接来估计热影响区的强度，塑性和裂纹倾向影响硬度的因素。材料淬硬倾向的评价指标——碳当量。

钢中含碳量显著影响奥氏体的稳定性，对淬硬倾向影响最大。含碳量越高，越容易得到马氏体组织，且马氏体的硬度随含碳量的增高而增大。

合金元素的影响与其所处的形态有关。溶于奥氏体时提高淬硬性（和淬透性）；而形成不溶碳化物、氮化物时，则可成为非马氏体相变形核的核心，促进细化晶粒，使淬硬性下降。

碳当量（Carbon Equivalent）是反映钢中化学成分对硬化程度的影响，它是把钢中合金元素（包括碳）按其对淬硬（包括冷裂、脆化等）的影响程度折合成碳的相当含量。

国际焊接学会碳当量经验公式如下：

$$CE_{(IIW)} = C + \frac{Mn}{6} + \frac{Cu + Ni}{15} + \frac{Cr + Mo + V}{5}$$

日本焊接学会碳当量经验公式如下：

$$Ceq_{(WES)} = C + \frac{Mn}{6} + \frac{Si}{24} + \frac{Ni}{40} + \frac{Cr}{5} + \frac{Mo}{4} + \frac{V}{14}$$

近年来常用的公式：

$$CEN = C + A(C)\left(\frac{Si}{24} + \frac{Mn}{16} + \frac{CU}{15} + \frac{Ni}{15} + \frac{Cr + Mo + V + Nb}{5} + 5B \right)$$

随着碳当量值的增加，钢材的焊接性会变差。当 CE 值大于 0.4%~0.6%时，冷裂纹的敏感性将增大，焊接时需要采取预热、后热及用低氢型焊接材料施焊等一系列工艺措施。

（二）焊接热影响区的脆化

不同材料的焊接热影响区及热影响区的不同部位都会发生程度不同的材料脆化。包含如下脆化形式：粗晶脆化、组织转变脆化、析出脆化、热应变时效脆化、氢脆以及石墨脆化。

1. 粗晶脆化

在热循环的作用下，熔合线附近和过热区将发生晶粒粗化。粗化程度受钢种的化学成分、组织状态、加热温度和时间的影响。如：钢中含有碳、氮化物形成元素，就会阻碍晶界迁移，防止晶粒胀大。例如 18CrWV 钢，晶粒显著胀大温度可达 1140℃之高，而不含碳化物元素的 23Mn 和 45 号钢，超过 1000℃晶粒就显著胀大。

晶粒粗大严重影响组织的脆性，尤其是低温脆性。一般来讲，晶粒越粗，则脆性转变温度越高。

2. 组织转变脆化

焊接 HAZ 中由于出现脆硬组织而产生的脆化称之组织脆化。

对于常用的低碳低合金高强钢，焊接 HAZ 的组织脆化主要是 M-A（高碳马氏体与残余奥氏体的混合物）组元、上贝氏体、粗大的魏氏组织等所造成。但对含碳量较高的钢（一般 C≥0.2%），则组织脆化主要是高碳马氏体。

3. 析出脆化

析出脆化的机理目前认为是由于析出物出现以后，阻碍了位错运动，使塑性变形难以进行。若析出物以弥散的细颗粒分布于晶内或晶界，将有利于改善韧性。但以块状或沿晶界以薄膜状分布的析出物会造成材料脆化。

4. 热应变时效脆化

产生应变时效脆化的原因，主要是由于应变引起位错增殖，焊接热循环时，碳、氮原子析集到这些位错的周围形成所谓 Cottrell 气团，对位错产生钉扎和阻塞作用而使材料脆化。

明显产生热应变时效脆化的部位是 HAZ 的熔合区和 Ar_1 以下的亚临界 HAZ（200~600℃）。

（三）焊接热影响区的软化

经冷作强化的金属在焊接热循环作用下再结晶软化；经热处理强化的金属在焊接热循环作用下过时效软化。

五、影响焊接接头组织和性能的因素和调整与改善的方法

影响焊接接头性能的主要因素有焊接材料、结构特征、坡口形式、焊接工艺、操作方法、焊接规范和焊后热处理等。

焊缝和热影响区的组织特征对焊接接头的力学性能影响很大，改善方法有：

（一）选择合适的焊接工艺方法

同一接头，同一材料采用不同的焊接方法、焊接工艺时，接头性能会有很大差异。主要考虑减少焊缝合金元素的烧损、焊缝中的杂质元素、焊缝中的气体含量，以及热影响区宽度、焊缝的组织特点等方面。

1. 焊条电弧焊

焊条电弧焊机械保护效果好，合金元素烧损较少，焊缝中气体元素和杂质元素含量较低。焊条电弧焊的热输入较小，接头高温停留时间短，焊缝和热影响区的组织较细，热影响区较窄。因此焊条电弧焊的焊缝和热影响区性能较好。

2. 手工钨极氩弧焊

手工钨极氩弧焊是由氩气作为保护气体，其保护效果最好，合金元素基本没有烧损，焊缝中杂质元素含量极少，焊缝金属纯净。加之钨极作为电极使氩弧焊热量集中，热输入小，接头高温停留时间短，焊缝和热影响区的组织细腻，热影响区很窄。因此手工钨极氩弧焊的焊缝和热影响区性能最好。

3. CO_2 气体保护焊

利用从送丝焊嘴中喷出的 CO_2 气体隔离空气，保护焊接电弧和熔化金属，并且不断地向熔池送进焊丝与熔化的母材金属熔合形成焊接接头的工艺方法，简称 MAG 焊。除去气体保护焊的共同优点外，还具有抗氢气孔能力强、适合薄板焊接、易进行全位置焊接等优点。也是一种高效节能成本低的焊接方法。在不同的焊接条件下，正确地调整焊丝成分，将对焊接过程产生很大的影响，也是 CO_2 气体保护焊得到高质量焊接接头的保证。

4. 自动埋弧焊

自动埋弧焊机械保护效果好，合金元素烧损较少，焊缝中杂质元素含量较低。由于自动埋弧焊电弧功率比焊条电弧焊电弧大得多，热输入大，因此自动埋弧焊焊缝和

热影响区的组织较粗大，热影响区较宽。因此焊条电弧焊的焊缝和热影响区性能较好，但焊缝金属的冲击韧度比焊条电弧焊低。

氩弧焊合金烧损基本没有，力学性能最好。氧—乙炔接头最差。易淬火钢焊接，为了避免在过热区产生淬硬组织，通常采用预热、控制层间温度和焊后缓冷等措施改善。

（二）选择合适的焊接参数

焊接过程中，焊缝熔池中晶粒成长方向，会随着焊接速度的变化而变化。速度越大，熔池中的温度梯度大，此时容易形成脆弱的结合面，常在焊缝中心出现纵向裂纹。当焊接速度一定时，焊接电流对结晶形态有很大。电流较小（150A），容易得到胞状晶，电流增大时（300A），得到胞状树枝晶，继续增大（450A），会得到粗大的胞状树枝晶，影响力学性能。焊缝成型系数也影响接头性能，大电流中速焊可以得到较宽的焊缝。小电流快速焊时，宽度变窄，熔池中心聚集杂质偏析，容易形成裂纹。

（三）选择合适的焊接热输入

焊接热输入的大小，影响焊接热循环，影响接头的组织和脆化倾向及冷裂倾向。低碳钢脆硬倾向小，选择余地较大。含碳量偏高的 16M 钢及低合金钢，淬硬倾向增大，热输入应选择大一些。焊接含碳量和合金元素均偏高的正火钢（490 MPA）时应采用预热及焊后热处理。

（四）选择合适的焊接操作方法

采用多层多道焊，改善接头性能。

（五）正确选择焊接材料

焊接材料的选择首先应以基本金属的化学成分和性能为前提，根据结构和接头的刚性、材料的焊接特点、焊接过程本身的特点等要求来进行，一经确定，不得随意用其他材料代用，更不能错用，因为焊条焊丝是决定焊缝性能的主要因素。

焊缝金属的成分及性能应与被焊金属相近，利用焊接材料调整焊缝金属。选择低碳及硫、磷含量较低的焊接材料。耐热钢要考虑接头对高温的要求。

（六）正确选择焊后热处理

焊后热处理可消除残余应力；防止延迟裂纹；提高焊缝抗拉强度；对热影响区进行软化。

（七）控制熔合比

熔化焊时，被融化的母材在焊缝金属中所占的百分比叫熔合比。控制它在焊后获得希望得到的焊缝。当母材和焊材化学成分基本相同时，熔合比对焊缝金属性能无明显影响。当母材与焊接材料有较大差别或较多杂质时，一般选择较小的熔合比。

🖌 管子坡口的加工方法

一、坡口加工

（一）车床加工

操作者必须熟悉车床坡口加工工艺，切削完毕后，应清除坡口处的油脂、脏污和水分。

（二）坡口机加工

使用电动坡口机加工坡口时，管端与刀口之间应留有 2~3mm 的间隙，管子中心线应垂直于坡口机的机削平面，进刀应缓慢，并加冷却液使刀具冷却。操作者必须熟悉坡口机加工工艺，切削完毕后，清除坡口处的油脂、脏污和水分。

（三）角向砂轮磨光机加工

角向砂轮磨光机所使用的砂轮片直径为 φ100 ~φ150，坡口加工应与砂轮片相匹配。

（四）火焰切割

用氧-乙炔焰切割坡口时，将割刀头沿管子圆周旋转，根据需要的角度顺序切割，切割后应用角向磨光机进行平整，打磨掉切口表面的氧化皮及热影响区。

坡口毛刺的去除。坡口加工完毕应及时去除残存毛刺，清洗坡口表面及邻近区域（20mm 之内）。

二、坡口加工检验

不论用哪种方法，坡口加工操作完成之后，应对坡口的质量进行检验，其基本要求如下：坡口的加工尺寸和加工形式必须符合坡口加工图的要求或技术文件的规定。

坡口的加工质量应满足下列要求：坡口表面的粗糙度应达 Ra≤6.3um 的要求；坡口不应有不均匀的钝边、毛刺、擦伤、裂纹、氧化皮及凹凸等缺陷；坡口两边 20mm 内管子内、外表面的清洁度，用白布进行检查，肉眼检验白布基本保持原有清洁度为合格。

操作说明

一、操作要点

焊件装配及定位焊、打底焊、填充焊、盖面焊。钢管 V 形坡口对接水平转动焊因采用三层三道焊，故层间清渣一定要仔细，防止焊缝夹渣。

二、焊前准备

（1）启动焊机安全检查：BX3-300 型或 ZX5-500 型手弧焊机，调试电流。

（2）焊件加工：选用两根材质为 Q235A 的低碳钢管，焊件规格约为长度 100mm，直径 108mm，钢管厚度 6mm，使用半自动火焰切割机制备 V 形坡口，单边坡口角度 30°±2°，坡口面应平直，钝边为 1mm，焊件平整无变形。

（3）焊件的清理：用锉刀、砂轮机、钢丝刷等工具，清理坡口两面 20mm 范围内的铁锈、氧化皮等污物，直至露出金属光泽。

（4）焊条：E4303 型或 E5015 型，直径为 3.2mm、2.5mm。焊条烘焙 50~200℃，恒温 2h，然后放入焊条保温桶中备用，焊前要检查焊条质量。

（5）焊件装配及定位焊：装配间隙 2~3mm，钝边 1mm，定位焊采用与焊接相同的 E4303 焊条进行定位焊，二点定位，按时钟 9 点、5 点，焊点长度<10mm，错边量≤1.5mm。并放置于焊接架上，准备进行焊接。

三、操作步骤

转动管焊接在生产中是最为普遍的一种焊接位置，焊接质量容易得到保证，但如果操作不当也会产生缺陷。

钢管 V 形坡口对接水平转动焊单面焊双面成型焊条电弧焊的基本操作技术包括：打底焊、填充焊、盖面焊。

（一）打底焊

应保证得到良好的背面成型，要求单面焊双面成型。

施焊时管子随轴中心线转动。从 2 点钟位置起焊按图 2-4 焊接方向焊到 10 点钟位置收弧，将收弧点再转动至 2 点钟位置，继续焊接，直至封口，转动两次完成打底焊。转动方向如图 2-4 所示。由于焊缝是一条变化的曲线，在焊接过程中，焊条角度也要随焊接位置的不同而变化。表面敷焊是从立焊位置过渡到平焊位置。

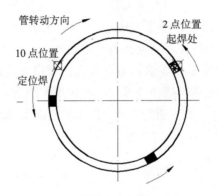

图 2-4　焊接方向与转动方向

单面焊双面成型的打底焊，操作方法有连弧法与断弧法两种。这里介绍断弧法，焊接位置应为上坡位置（一般位于时钟 2 点位置），具有立焊铁水与熔渣容易分离的优点，又有平焊易操作的优点。采用断弧两点击穿法：先在坡口内引弧，对始焊处稍加预热，然后压低电弧，使焊条在钝边间轻微摆动。当钝边熔化的铁水与焊条金属熔滴连在一起，并听到"噗噗"声时，形成第一个熔池后灭弧，这时在第一个熔池前形成熔孔，并使其向坡口根部两侧各深入 0.5~1.0mm。然后采用两点击穿法进行焊接，接弧位置要准确，焊条中心要对准熔池前端与母材交界处，向熔池后方迅速灭弧，依次循环，灭弧频率为 50~60 次/分为宜。接头方法为在焊缝后端 10mm 引弧然后向前送进到接头处稍作停顿（2~3s）并听到"噗噗"声时，进行正常断弧焊。

（二）填充焊

清理和修整打底焊道氧化物及局部凸起的接头等。采用锯齿形或月牙形运条方法施焊。焊条摆动到坡口两侧时，稍作停顿，中间过渡稍快，以防焊缝与母材交界处产生夹角。焊接速度应均匀一致，应保持填充焊道平整。填充层高度应低于母材表面 1~1.5mm 为宜，并不得熔化坡口棱边。中间接头更换焊条要迅速，应在弧坑上方 10mm

处引弧，然后把焊条拉至弧坑处，填满弧坑，再按正常方法施焊，不得直接在弧坑处引弧焊接，以免产生气孔等缺陷。焊缝收口时要填满弧坑。

(三) 盖面焊

盖面层的焊接运条方法、焊条角度与填充层焊接相同。不过焊条的摆动幅度应适当加大。在坡口两侧应稍作停留，并使两侧坡口棱边各熔化 1~2mm，以免咬边。盖面层的中间焊接应特别注意，当焊接位置偏下时，则使焊头过高，当偏上时，则造成焊缝脱节。焊缝接头的方法同填充焊。盖面层的接头方法：换焊条收弧时应对熔池稍添熔滴铁水迅速更换焊条，并在弧坑前约 10mm 处引弧，然后将电弧退至弧坑的 2/3 处，填满弧坑后就可正常进行焊接。接头时应注意：若接头位置偏后，则使接头部位焊缝过高；若偏前，则造成焊道脱节。盖面层的收弧可采用 1~2 次断弧引弧收尾，以填满弧坑，使焊缝平滑为准。

(四) 注意事项

1. 操作姿势

由于管子处于吊焊位置，一般距地面 800mm 左右，所以双脚站立且呈马步或开步站立，左侧身靠近管壁的处长线，焊钳夹持焊条呈一定的倾角，手腕随焊接位置的变化灵活扭动。

2. 运条方法

(1) 锯齿形：锯齿形运条时，在熔池两边稍作停留，熔池中间不停留，停留时间比为 2∶1∶2，运条时跨距要小，使焊缝波纹细密。

(2) 月牙形：运条方法同锯齿形。

要求：表面敷焊要求焊缝圆滑，波纹细密、直。

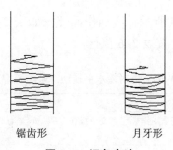

锯齿形　　　　　月牙形

图 2-5　运条方法

四、焊缝清理

焊接结束后，清渣处理。主要清理焊件表面的焊渣、焊接飞溅物、氧化物等。在焊接检验前，不得对焊接缺陷进行修改。焊缝应处于原始状态。清理焊件表面的焊渣、焊接飞溅物、氧化物，一定要戴好护目镜。

五、焊缝质量检验

外观检查一般以肉眼观察为主，有时要用 5~20 倍的放大镜进行观察。

（一）焊缝外形尺寸

焊缝表面宽度为 14~16mm，高度为 1~3mm，背面高度为 1~3mm。焊缝圆滑过渡，无夹渣、咬边、未焊透等缺陷。

（二）焊缝缺陷

焊接结束后，关闭焊机，用钢丝刷清理焊缝表面。肉眼观察或用低倍放大镜检查焊缝表面是否有气孔、裂纹、咬边等缺陷。用焊缝量尺测量焊缝外观成型尺寸。

焊接质量要求：咬边深度≤0.5mm。咬边总长度≤30mm；背面焊透成型好。总长度≤30mm 的焊缝表面不得有裂纹、未熔合、夹渣、气孔、焊瘤、未焊透等缺陷。

（三）焊件变形

焊后变形量≤2°；错边量≤1mm。

焊接结束，关闭焊接电源，工具复位，清理、清扫现场，检查安全隐患。

【检查】

（1）钢管 V 形坡口对接水平转动焊完成情况检查。

（2）记录资料。

（3）文明实训。

（4）实施过程检查。

【评价】

过程性考核评价如表 2-3 所示；实训作品评价如表 2-4 所示，实训作品评分细则按表 2-5 执行；最后综合评价按表 2-6 执行。

表 2-3　钢管 V 形坡口对接水平转动焊条电弧焊过程评价标准

考核项目		考核内容	配分
职业素养	安全意识	执行安全操作规程，安全操作技能，安全意识。如有违反，由考评员扣 1 分/项	10
	文明生产	做到对现场或岗位进行整理、整顿、清扫、清洁，文明生产。如不符合要求，由考评员扣 1 分/项	10
	责任心	有主人翁意识，工作认真负责，能为工作结果承担责任。如不符合要求，由考评员扣 1 分/项	10
	团队精神	有良好的合作意识，服从安排。如不符合要求，由监考员扣 1 分/项	10
	职业行为习惯	成本意识，操作细节。如不符合要求，由考评员扣 1 分/项	10
职业规范	工作前的检查	安全用电及安全防护、焊前设备检查。如不符合要求，由考评员扣 1 分/项	10
	工作前准备	场地检查、工量具齐全、摆放整齐、试件清理。如不符合要求，扣 1 分/项	10
	设备与参数的调节	参数符合要求、设备调节熟练、方法正确。如不符合要求，扣 2 分/项	10

续表

考核项目		考核内容	配分
职业规范	焊接操作	定位焊位置正确，引弧、收弧正确、操作规范；试件固定的空间位置符合要求。如不符合要求，扣 2 分/项	10
	焊后清理	关闭电源，设备维护、场地清理，符合 6S 标准。如不符合要求，由考评员扣 1 分/项	10

表 2-4 钢管 V 形坡口对接水平转动焊条电弧焊实训作品评价标准

姓名			学号		得分		
	检查项目	配分	标 准		实际测定结果	检测人	
焊前准备	劳动保护准备	4	完好				
	试板外表清理	3	干净				
	试件定位焊尺寸、位置	3	≤10 mm、一处或二处				
外观检查	气孔	3	无				
	夹杂	3	无				
	咬边	4	深≤0.5 mm、长≤10 mm				
	弧坑	4	填满				
	焊瘤	3	无				
	未焊透	3	无				
	裂纹	3	无				
	内凹	3	无				
	未熔合	3	无				
	非焊接区域碰弧	3	无				
	焊缝正面高度	3	≤2 mm				
	焊缝正面高度差	4	≤1mm				
	焊缝正面宽度 C	3	≤10 mm				
	焊缝正面宽度差	4	≤1mm				
	焊后试件错边量	4	无				
	内径通球	10	过				
内部检查	断口试验	20	无缺陷				
焊后自查	合理节约焊材	3	焊丝>150 mm 允许一根				
	安全、文明操作	4	好				
	不损伤焊缝	3	未伤				

表 2-5 钢管 V 形坡口对接水平转动焊条电弧焊实训作品评分细则

序号	检查项目	配分	A		B		C		D	
			标准	得分	标准	得分	标准	得分	标准	得分
1	劳动保护准备	4	完好	4	较好	3.2	一般	2.4	差	0
2	试板外表清理	3	干净	3	较干净	2.4	一般	1.8	差	0
3	试件定位焊尺寸、位置	3	≤10mm	3	≤12mm	2.4	≤15m	1.8	>15mm	0

序号	检查项目	配分	A 标准	得分	B 标准	得分	C 标准	得分	D 标准	得分
4	气孔	3	无	3	≤ø1mm, 1个	2.4	≤ø1.5mm, 1个	1.8	>ø1.5mm 或>2个	0
5	夹杂	3	无	3					有	0
6	咬边	4	深≤0.5mm 长≤10mm	4	深≤0.5mm 长10~20mm	3.2	深≤0.5mm 长20~30mm	2.4	深>0.5mm 长>30mm	0
7	弧坑	4	填满	4					未填满	0
8	焊瘤	3	无	3					有	0
9	未焊透	3	无	3					有	0
10	裂纹	3	无	3					有	0
11	内凹	3	无	3	深≤1mm 长≤10mm	2.4	深≤1mm 长≤12mm	1.8	深>1mm 或 长>12mm	0
12	未熔合	3	无						有	0
13	非焊接区域碰弧	3	无	3	有一处	2.4	有二处	1.8	有三处	0
14	焊缝正面高度	3	≤2mm	3	≤3mm	2.4	≤4mm	1.8	>4mm	0
15	焊缝正面高度差	4	≤1mm	4	≤2mm	3.2	≤3mm	2.4	>3mm	0
16	焊缝正面宽度C	3	≤10mm	3	10mm<C ≤11mm	2.4	11mm<C ≤12mm	1.8	>13mm	0
17	焊缝正面宽度差	4	≤1mm	4	≤2mm	3.2	≤3mm	2.4	>3mm	0
18	焊后试件错边量	4	无	4	≤0.5mm	3.2	≤1mm	2.4	>1mm	0
19	内径通球	10	过	10					不过	0
20	断口试验	20	无缺陷	20	合格	16			不合格	0
21	合理节约焊材	3	>150mm 一根	3	>150mm 二根	2.4	>150mm 三根	1.8	>150mm 四根	0
22	安全、文明操作	4	好	4	较好	3.2	一般	2.4	差	0
23	不损伤焊缝	3	未伤	3					伤	0

注意事项：

（1）通球直径为管子内径的 85%。

（2）焊缝表面有裂纹、焊瘤、未熔合及焊缝低于母材等缺陷之一，按不及格论。

表 2-6 综合评价表

学生姓名_____   学号_____

评价内容		权重（%）	自我评价	小组评价	教师评价
			占总评分（10%）	占总评分（30%）	占总评分（60%）
应知	笔试	10			
	出勤	10			
	作业	10			
应会	职业素养与职业规范	21			
	实训作品	49			
小计分					
总评分					

　　评价细则：综合评价表中应知部分的笔试、出勤、作业评价项及应会部分的职业素养与职业规范、实训作品评价项的各项分数按三方评价得出的分数乘以对应的权重值最后累加得出总评分。

　　为突出技能，分值比例为应知∶应会=3∶7；职业素养与职业规范∶实训作品=3∶7。

任务思考

1. 钢管 V 形坡口对接水平转动焊条电弧焊装配及定位焊有哪些要求？

2. 钢管 V 形坡口对接水平转动焊条电弧焊操作时应注意什么问题？

任务2　钢管V形坡口对接水平固定焊

【任务描述】

本任务包含了钢管V形坡口对接水平固定焊之焊条电弧焊及钢管V形坡口对接水平固定焊之手工钨极氩弧焊两个学习情境。通过学习和实训，熟练掌握并巩固管—管对接水平固定焊焊条电弧焊、手工钨极氩弧焊的施焊方法。由于焊缝是环形的，在焊接过程中需经过仰焊、立焊、平焊等几种位置，因此焊条角度变化较大，应注意每个位置的操作要领。

情境一　钢管V形坡口对接水平固定焊之焊条
电弧焊（碱性焊条）

【资讯】

1. **本课程学习任务**

（1）了解焊条电弧焊管—管对接水平固定焊碱性焊条焊接注意事项。

（2）掌握焊条电弧焊管—管对接水平固定焊碱性焊条焊接工艺参数的选用和使用原则。

（3）通过实训任务，掌握管—管对接水平固定焊的施焊方法操作要领。

（4）了解焊条电弧焊焊接碱性焊条的使用保管知识。

（5）能够使用焊缝检测尺测量焊缝尺寸。

2. **任务步骤**

（1）焊机、工件、焊接材料准备。

（2）焊前装配：将打磨好的工件（两根钢管）装配成水平对接固定焊对接接头，装配间隙2~3mm，钝边1mm。

（3）定位焊：采用与焊接相同的E5015型焊条进行定位焊。定位焊为两点，方向相对，要求焊透并不得有焊接缺陷。错边量≤1.5mm。

（4）钢管V形坡口对接水平固定焊示范、操作。

（5）焊后清理。

（6）焊缝检查。

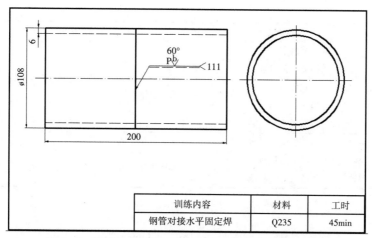

训练内容	材料	工时
钢管对接水平固定焊	Q235	45min

图 2-6　钢管 V 形坡口对接水平固定焊技能训练工作图

注：技术要求：①焊条电弧焊，单面焊双面成型，钝边 P=1mm，间隙 b=2~3mm；②水平固定，中心线离地面高度 800mm，错边量≤1mm。

3. 工具、设备、材料准备

（1）焊件清理：Q235 钢管，规格：φ108×100×6mm，开 60° V 形坡口，2 根一组；
（2）焊接设备：ZX5-500 型手弧焊机；
（3）焊条：E5015 型，直径为 3.2mm、2.5mm；
（4）劳动保护用品：面罩、手套、工作服、工作帽、绝缘鞋、白光眼镜；
（5）辅助工具：锉刀、刨锤、钢丝刷、角磨机、焊条保温筒、焊缝检验尺；
（6）确定焊接工艺参数，如表 2-7 所示。

表 2-7　钢管 V 形坡口对接水平固定焊焊接工艺参数参考

焊接层次	焊条直径/mm	焊接电流/A
打底焊（1）	2.5	60~80
填充焊及盖面层焊（2、3）	3.2	90~100

【计划与决策】

通过对工作任务相关的各种信息分析，制订并经集体讨论确定如下焊接方案，如表2-8所示。

表 2-8　钢管 V 形坡口对接水平固定焊焊接方案

序号	实施步骤		工具设备材料	工时
1	焊前准备	工件开坡口、清理	半自动火焰切割机、钢丝刷、角磨机	2.5
		焊条检查、准备	E5015 型 Φ2.5mm、Φ3.2mm 焊条	
		焊机检查	BX3-300 型或 ZX5-500 型手弧焊机	
		焊前装配	角磨机、钢尺	
		定位焊接	焊接设备、焊条	

续表

序号	实施步骤		工具设备材料	工时
2	示范与操作	示范讲解	焊帽、手套、工作服、工作帽、绝缘鞋、刨锤、钢丝刷等	11
		调节工艺参数		
		打底焊		
		填充焊		
		盖面焊		
3	焊缝清理	清理焊渣、飞溅	锉刀、钢丝刷	0.5
4	焊缝检查过程评价	焊缝外观检查	焊缝万能量规	1
		焊缝检测尺检测		

【实施】

 碱性焊条

所谓的碱性焊条是指药皮中含有多量碱性氧化物（如 CaO、Na$_2$O 等）的焊条。E5015 是一种典型的碱性焊条，碱性焊条的特点是：碱性焊条脱硫、脱磷能力强，药皮有去氢作用。焊接接头含氢量很低，故又称为低氢型焊条。焊缝金属的力学性能和抗裂性能都比酸性焊条好，但是焊接过程中飞溅较大，焊缝表面粗糙，不易脱渣，产生较多的有毒烟尘，容易产生气孔。

酸性焊条能交直流两用，焊接工艺性能较好，但焊缝的力学性能，特别是冲击韧度较差，适用于一般低碳钢和强度较低的低合金结构钢的焊接，是应用最广的焊条。碱性焊条的焊缝具有良好的抗裂性和力学性能，但工艺性能较差，一般用直流电源施焊，主要用于重要结构（如锅炉、压力容器和合金结构钢等）的焊接。使用酸性焊条比碱性焊条经济，在满足使用性能要求的前提下应优先选用酸性焊条。

一、碱性焊条使用注意事项

（1）施焊前一般将焊条在 350~400℃烘 1~2h。对含氢量有特殊要求的碱性焊条，烘干温度应提高到 450℃。经烘干的碱性焊条，最好放入另一温度在 100~150℃的烘箱内保温，随用随取。碱性焊条如果次日使用，用前还要重新烘干。

（2）焊前必须彻底清理焊缝两侧 25 mm 范围内的铁锈、油污、水分等杂质。

（3）这种焊条对铁锈、油污、水分和电弧拉长都较敏感，容易产生气孔，所以焊接时必须用短弧进行操作，以窄焊道为好。

（4）碱性焊条的稳弧性能较差，必须采用直流反接才能施焊，即焊条接正极。

（5）焊接电流要比同规格的酸性焊条小 10%~15%，焊接时运条速度应比酸性焊条快。

（6）碱性焊条适合划擦引弧。

二、碱性焊条保管

与酸性焊条相比，碱性焊条药皮中的含水量和熔敷金属中的扩散氢要求很低。如果焊条保存不当容易受潮或生锈，严重地影响焊接质量，因此必须重视碱性焊条的保管问题。

（一）碱性焊条的储存条件

碱性焊条应储存在专用的仓库内，仓库应通风良好，室内保持洁净。仓库内保持一定的温度和湿度，温度应在 10~20℃，相对湿度小于 60%。

焊条应放在架子上，架子离地面高度距离不小于 300mm，离墙距离不小于 300mm，焊条按种类、牌号、批次、规格入库分类堆放，每个区域的焊条有明显的标志，避免混放。

国产焊条一般为塑料袋包装，放在纸盒或橡胶盒内，其密封性较差；而国外焊条多为铁皮真空密封包装，完全密封。焊条在入库检查及搬动时应注意不能碰损包装，以免造成密封不严而吸湿受潮。此外，还应定期查看所保管的焊条，有无受潮、损坏，以及温度、湿度是否在要求范围内等情况，仓库每天至少应检查一次。

（二）碱性焊条的烘干

碱性焊条应按说明书规定的烘焙温度及时间烘干。碱性焊条应在 350~400℃，烘干 1h，对含氢量有特殊要求的低氢焊条的烘焙温度可提高到 400~450℃。铁皮真空密封包装的焊条仍保持干燥状态，可直接放入保温柜或焊条保温筒内。烘箱温度应徐徐上升，切不可将冷焊条放入高温烘箱内或突然冷却，以免药皮开裂。烘干焊条时，应铺放成层状，每层焊条不能堆放太厚（一般 1~3 层），避免焊条烘干时受热不均和潮气不易去除。烘干过的焊条应放入保温柜中，保温柜中的温度控制在 100~150℃范围内。焊工领取焊条后放入焊条保温桶内保温 100~150℃保存。

当盛装碱性焊条的密封包装碰破或打开后，焊条暴露在空气中 4h 以上，或者焊条虽未破损，但被放置在特别潮湿的环境中，焊条也会受潮。碱性焊条根据其受潮的程度，对焊接质量产生不同程度的影响。

（1）如果碱性焊条药皮仅吸收了少量的潮气，可能导致焊缝内部产生气孔，这样的内部气孔需要 X 射线或做破坏试验才能发现。若母材具有较高的淬硬性，则焊条仅轻微受潮也会导致焊道下裂纹的产生。

（2）当碱性焊条吸收了大量的潮气而比较潮时，如果进行焊接则焊缝中会产生内部气孔，并在焊缝上产生肉眼可见的表面气孔。

（3）碱性焊条严重受潮时，除了焊缝中将产生大量的气孔外，还会产生焊缝裂纹或焊道下裂纹。

通过对受潮的焊条进行重新烘干，可使碱性焊条恢复其焊接良好的焊缝质量的性能，避免焊接缺陷的产生。生产中要根据碱性焊条的种类及其受潮状况确定适当的焊条再烘干温度。

（三）注意事项

（1）在低于规定的烘焙温度下的某一温度重新烘干碱性焊条几个小时，其效果与在规定温度下烘焙 1h 并不相同。因此，为保证碱性焊条的使用性能和焊接质量，应严格按规定的烘焙温度和时间烘干碱性焊条。

（2）碱性焊条的重新烘干次数不得多于两次。

（3）经过重新烘干过的焊条，可以根据实际情况降级使用或丢弃。例如用于重要的压力容器、管道、结构的焊接的碱性焊条，受潮重新烘干后可用于一般用途的部件的焊接。但是在某些特别重要的工程中，规定焊条一经受潮即作废，不允许再次烘干后使用。如核电站建设中，规定焊工每天焊接时领取的焊条必须当天使用，如未使用完，当天下班之前交回焊条房，放入焊条保温桶中。如果当天没有交回焊条房，则这些焊条作废，第二天也不能使用，即使焊工把碱性焊条放置在自己的便携式保温桶内保存也不允许。可见核电站对焊条的管理制度是十分严格的。不同的生产企业根据对焊接质量要求的不同，可制定相应的焊条管理制度。

常见焊接缺陷的特征及危害

水平固定管焊接缺陷产生原因及防止措施如下：

（一）夹渣

常产生于定位焊、仰焊位置的打底及盖面层。

原因：

（1）电流太小。

（2）仰焊打底间隙太小。

（3）操作方法不正确，如焊接速度太快。

措施：

（1）适当加大电流。

（2）增大仰焊打底时的间隙，通常以 3.5mm 左右为宜。

（3）定位焊及起焊时要使其充分熔合良好后再熄弧。仰焊位置反接头要彻底清除熔渣并修成缓坡状，接头时使其充分熔合后再移动焊条。

（二）未熔合（内凹）

常产生于仰焊及仰焊爬坡处打底焊。

原因：

（1）电流太小。

（2）间隙太小。

（3）操作方法不正确。

措施：

（1）适当加大电流。

（2）增大间隙至 3.5mm 左右。

（3）仰焊及仰焊爬坡焊，焊条要伸至管内壁，使电弧完全在管内壁燃烧，引弧位置准确，并使坡口钝边完全熔化。

（三）焊瘤

常产生于平焊位置的打底及仰焊位置的盖面。

原因：

（1）电流太大。

（2）间隙太大。

（3）操作方法不正确。

措施：

（1）减小电流及间隙。

（2）加快焊接速度，仔细观察熔池的温度变化。

（四）咬边

常产生于仰焊及仰焊爬坡处盖面。

原因：

（1）电流太大。

（2）操作方法不正确。

措施：

（1）减小电流。

（2）压短电弧，在坡口两侧要稍作停留。

焊接裂纹的特征及危害

　　裂纹是焊接结构中危险性最大的缺陷之一。它不仅减少了焊缝的有效截面，而且裂纹的端部应力高度集中，极易扩散导致整个结构的破坏，造成灾害性事故。因此，在鉴定一种新的金属材料和焊接材料时，也常把材料形成裂纹倾向的大小，作为判断材料焊接性好坏的一个重要标志。

　　焊接裂纹是指在焊接应力及其他致脆性因素共同作用下，焊接接头中局部地区的金属原子结合力遭到破坏，而形成新界面时产生的缝隙。它具有尖锐的缺口和大的长宽比的特征。裂纹会出现在焊缝或热影响区中，它可能位于焊缝的表面，也可能存在于焊缝的内部。按照检测的方法，可将裂纹分为宏观裂纹和微观裂纹；按照与焊缝中心线的相对位置，可分为纵向裂纹和横向裂纹；按照裂纹存在的部位，又可分为弧坑裂纹、焊根裂纹、焊趾裂纹、焊道下裂纹及层状撕裂等。按照裂纹的形成范围和原因，还可分为热裂纹、冷裂纹和再热裂纹。

一、热裂纹

　　焊接过程中，焊缝和热影响区金属冷却到固相线附近的高温区所产生的焊接裂纹叫热裂纹。它一般分成结晶裂纹、高温液化裂纹和多边化裂纹。其中结晶裂纹是焊接结构中最为常见的裂纹。我们在分析热裂纹形成的机理时，主要以结晶裂纹为主。所谓结晶裂纹，是指焊缝在结晶过程中，固相线附近由于凝固金属收缩时，残余液相不足，在焊接拉伸应力的作用下，致使沿晶界开裂的现象。结晶裂纹主要出现在含杂质较多的碳钢焊缝中，特别是含硫、磷、硅、碳较多的焊缝中。

（一）结晶裂纹的特点

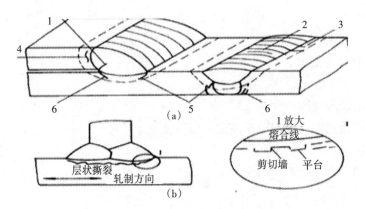

1—焊缝纵裂纹　2—焊缝横裂纹　3—热影响区裂纹
4—焊道下裂纹　5—焊趾裂纹　6—焊缝根部裂纹

图 2-7　各种裂纹的分布情况

（1）产生的温度和时间。热裂纹一般产生在金属凝固过程中，但也有产生在凝固结束之后的。所以，它的发生和发展都处在高温下（固相线附近），从时间上来说，是处于焊缝金属结晶过程中。

（2）产生的部位。结晶裂纹绝大多数出现在焊缝金属中，有时也可能在热影响区中产生。

（3）外观特征。结晶裂纹沿焊缝长度方向分布，大多数向表面开口，开口宽度 0.05~0.5mm。裂纹末端呈圆形。裂纹扩展到表面与空气接触后呈明显的氧化色。

（4）金相特征。结晶裂纹都发生在晶界上，具有晶间断裂特征，所以又称为晶间裂纹。

（二）结晶裂纹产生的原因

焊缝金属在冷却凝固以及随后的继续冷却过程中，体积都要发生收缩，但由于受到焊缝周围金属的阻碍，对焊缝金属产生拉应力，这是产生热裂纹的外因（必要条件）。焊缝刚开始结晶时，这种拉应力就产生了，但由于此时晶粒刚开始生长，液体金属比较多，流动性好，由拉应力而造成的晶粒间的间隙都能被液体金属所填补，不会引起结晶裂纹。当温度继续下降时，柱状晶体继续生长，拉应力也逐渐增大。如果焊缝含有低熔点共晶物，则由于它的熔点低，凝固晚，就被柱状晶体推向晶界，并聚集在晶界上形成一个液态薄膜（即焊缝金属结晶过程中以液态薄膜的形式存在于焊缝金属当中），这时，拉应力已发展得比较大，而作为液体夹层的低熔点共晶本身没有什么强度，这就使焊缝金属晶粒间的结合力大为削弱。在拉伸应力作用下，使柱状晶体之间的空隙增大，这样就产生了裂纹。由此可见，产生结晶裂纹的原因就在于焊缝中存在液态薄膜和在焊缝凝固过程中有拉应力共同作用的结果。因此，因低熔点共晶物所形成的液态薄膜是产生结晶裂纹的根本原因，而拉伸应力是产生结晶裂纹的必要条件。

（三）防止热裂纹的措施

认真把好材料关。凡用于建造船舶、压力容器等重要焊接结构的钢材和焊接材料，都必须有相关检验部门的验证认可，同时还必须做到以下几点：

（1）钢材和焊丝的硫含量。对碳钢和低合金钢来说，硫的质量分数应不大于0.025%~0.040%；对于焊丝来说，硫的质量分数一般不大于0.030%；焊接高合金钢用的焊丝，其硫的质量分数则不大于0.020%。

（2）焊缝的碳含量。通过实践得知，当焊缝金属中的碳的质量分数小于0.15%时，产生裂纹的倾向就小。所以，一般碳钢焊丝如H08A、H08MnA、H08Mn2Si、H08Mn2SiA等，碳的质量分数最高都不超过0.100%。在焊接低合金高强度钢时，焊丝中的碳含量更要严格控制，甚至要用碳的质量分数在0.03%以下的超低碳焊丝。

（3）提高焊丝中锰含量。锰能与FeS作用生成MnS。MnS本身的熔点比较高，也不会与其他元素形成低熔点共晶物，所以可以降低硫的有害作用。一般在锰的质量分数低于2.5%时，锰可起到有利的作用。在高合金钢和镍基合金中，同样可以用锰来消除硫的有害作用。

（4）加变质剂。当在焊缝金属中加入钛、铝、锆、硼或稀土金属铈等变质剂时，能起到细化晶粒的作用。由于晶粒变细了，因此晶粒相对增多，晶界也随之增多。这样，即使存在低熔点共晶物，也会分散开来，使分布在晶界局部区域的杂质数量减少，从而降低了低熔点共晶物的偏析，这样就有利于消除结晶裂纹。最常用的变质剂是钛。

（5）形成双相组织。如铬镍奥氏体不锈钢焊接时，在焊缝金属中加入能够形成双相组织的元素硅，当焊缝形成奥氏体加铁素体的双相组织时，不仅打乱了奥氏体的方向性，使焊缝组织变细，而且提高了焊缝的抗结晶裂纹的能力。

（6）严格控制焊接工艺参数。选用合理的焊缝形状系数，选择合理的焊接顺序和焊接方向，尽可能采用小电流和多层多道焊等，都能减少焊接应力而有利于减小结晶裂纹产生的倾向。

（7）采取预热和缓冷措施。除奥氏体等材料外，其余材料在焊接时尽量减少焊接结构的刚性。对刚性大的焊件，必要时应采取预热和缓冷措施以减小焊接应力。

二、冷裂纹

焊接接头冷却到较低温度下（对于钢来说在一定温度以下）时产生的焊接裂纹叫冷裂纹。它一般分成延迟裂纹、淬硬脆化裂纹和低塑性脆化裂纹等，其中延迟裂纹最为普遍。

所谓延迟裂纹，是指钢的焊接接头冷却到室温后并在一定时间（几小时、几天甚至十几天）后才出现的焊接裂纹。延迟裂纹主要出现在中碳钢、高碳钢及合金结构钢等高强度钢的焊接接头中。

(一) 冷裂纹的特点

(1) 产生的温度和时间。产生冷裂纹的温度通常在 200~300℃，产生的时间主要在焊缝余属冷却凝固后的一段时间。

(2) 产生的部位冷裂纹大多产生在母材或母材与焊缝交界的熔合线上，通常出现在焊道下、焊趾和焊缝的根部。

(3) 外观特征冷裂纹走向大体与熔合线平行，即所谓纵向裂纹，少数情况下会出现走向垂直于熔合线或焊缝轴线的横向裂纹。从宏观上看，冷裂纹断没有明显的氧化色彩，而具有发亮的金属光泽。

(4) 金相特征。冷裂纹可以是晶间断裂，也可以是晶内断裂，而且常常可以见到晶间与晶内的混合断裂。

(二) 冷裂纹产生的原因

(1) 焊接应力。焊接应力一方面来自外部，即由于焊接结构本身存在的自重，以及随着焊接过程的进行，结构刚性的不断增大，使得焊接结构对焊缝存在着越来越大的拘束度（衡量焊接接头刚性大小的一个定量指标），这就产生了很大的焊接应力；另一方面来自接头内部，即由于温度分布不均匀而造成的温度应力和由于相变过程（特别是马氏体转变时）形成的组织应力。

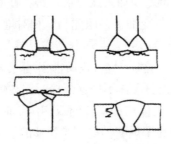

图 2-8 几种典型的层状撕裂

(2) 淬硬组织。在易淬火钢焊接接头的热影响区中，凡是加热温度超过了相变温度而出现了奥氏体晶粒的区域，在焊后冷却速度较快的条件下，都可能出现马氏体组织。马氏体的硬度高、塑性差，其晶粒越粗大，则焊接接头的脆性就越严重。易淬火钢焊接接头的熔合线和过热区的淬火组织，都是粗大的马氏体，因此这个部位是整个接头中脆化最严重、抗裂性最差的区域，当受到焊接应力的作用时，熔合线和过热区最容易出现冷裂纹。焊道下裂纹、焊根裂纹和焊趾裂纹都产生在这个区域。焊缝金属内部之所以不会出现冷裂纹，是因为焊缝中碳含量控制得比较低，其淬火倾向较小，塑性好，具有较高的抗裂性。只有当焊缝金属的含碳量与母材相同或相近时，才有可能产生冷裂纹。

(3) 焊缝含氢量。焊接热影响区冷裂纹，特别是低合金高强度钢焊接时容易产生热影响区冷裂纹。焊接冷裂纹产生的另一个重要原因是焊接母材中原有的氢和焊接过程中焊缝金属吸收的氢所造成的。母材含氢量取决于原材料的冶炼方法，焊接时吸氢量的多少取决于焊接方法、焊条药皮或焊剂类型及其干燥条件、焊接环境的温度等因素。焊接时随着熔池温度的降低，氢的溶解度也降低，因此便有相当多的氢析出而聚集在热影响区熔合线附近，形成一个富氢带。当此处存在显微缺陷，如晶格空位时，氢原子就在这些部位结合成分子状态的氢，在局部地区造成很大的压力，加之已产生的焊接应力，就促使焊接接头生成冷裂纹。

（三）防止冷裂纹的措施

（1）选用低氢型的碱性焊条，以减少焊缝中氢的含量。

（2）严格遵守焊接材料的保管、烘焙和使用制度，谨防受潮。

（3）仔细清理坡口边缘的油污、水分和锈迹，减少氢的来源。

（4）根据材料等级、含碳量、构件厚度、施焊环境等，选择合理的焊接工艺参数和采用合适的焊接工艺措施，如预热、后热、控制层间温度、焊后热处理以及选择合理的装焊顺序和焊接方向等。

预热是指焊接开始前，对焊件的全部或局部进行 80~150℃ 的加热或保温，使其缓冷的工艺措施，可以减少焊接应力。后热是指焊后立即将焊件加热到 250~350℃，并保温 1~2h，然后在空气中冷却的工艺措施，这样可以消除焊接应力和减小扩散氢的作用。层间温度是指多层焊时，在焊后道焊缝之前，其相邻焊道应保持的最低温度。焊后热处理是指焊后为改善焊接接头的组织和性能或消除残余应力而进行的工艺措施。结构钢的焊后热处理以不超过母材的回火温度为准，一般为 550~620℃，保温时间视焊件厚度而定。采用这些工艺方法都能改善焊件的应力状态，避免热影响区过热、晶粒粗大所造成的接头脆化现象，从而降低冷裂纹的产生倾向。

三、层状撕裂

层状撕裂也是一种冷裂纹。它是一种焊接时在构件中沿钢板轧层形成的呈阶梯状的裂纹。这类裂纹主要产生在母材中，其发生位置常在距焊缝熔合线 10mm 左右或板厚中心。这种裂纹都出现在刚性较大、拘束度较高的焊接接头中。产生层状撕裂的主要原因是钢材中含有过多的非金属杂质。在轧制钢板的过程中，这些杂质被轧成长条状和层状，使钢材变得像胶合的多层板那样，在厚度方向抵抗外力的能力很弱，当受到板厚方向上的拉伸应力和扩散氢等因素影响时，即出现层状撕裂。

防止层状撕裂，除了采取上述防止冷裂纹的主要措施之外，还应提高钢材质量，在金属冶炼时减少钢中的杂质或改变这些杂质的性质，如采用抗层状撕裂的"z"向钢。这种钢在板厚方向具有足够的塑性变形能力，具有强度高、韧性好、脆性转变温度低、耐腐蚀等特点，其硫的质量分数在 0.01% 以下；在设计和工艺方面，则应考虑减小板厚方向的拉伸应力，这也是防止层状撕裂的主要措施。

四、再热裂纹

再热裂纹是焊后将焊件在一定温度范围内再次加热（消除应力热处理或其他加热过程）而产生的裂纹，一般也称为消除应力裂纹。这种裂纹在很多钢材中都有，如低合金结构钢、奥氏体不锈钢、铁素体抗蠕变钢、镍基合金钢等。特别在国内常用的Mn、Mo、Nb 系列低合金钢焊接容器中曾数次出现再热裂纹。

再热裂纹的发生部位都产生在靠近热影响区粗晶带或多层焊的焊层间，沿奥氏体晶界扩展，而结束于焊缝和热影响区细晶带。它大多隐藏在焊件内部，常规无损检测难以发现，一旦发现，裂纹已处于较严重的状态。再热裂纹难以焊补，有的在焊补后的热处理过程中又产生新的再热裂纹，这样多次反复降低了焊件的其他性能指标。为防止焊后再次热处理过程中又产生新的再热裂纹，有时不得已取消消除应力热处理。

对再热裂纹产生的原因，有不同的观点，至今尚未统一。但都认为：焊件在进行高温加热消除应力时，热影响区的应变能力补偿不了消除应力的变形，而导致裂纹。热影响区应变能力不足是由于通过高温消除应力时，热影响区靠近熔合线处的金属晶粒处于过热状态而产生强烈的脆化，释放应力所需的应变不可能通过晶粒内的滑移来松弛，而引起晶界滑移产生应力集中现象，最终导致晶界分离破坏，从而酿成晶间的再热裂纹。

防止再热裂纹可采取下列措施：

（1）控制母材及焊缝金属的化学成分，适当调整各种易产生再热裂纹的敏感元素，如铬、铝、钒等元素的含量。

（2）选用低强度高塑性焊条，能降低焊缝强度以提高塑性变形能力，可以减少近熔合区塑性应变的集中程度，而有利于减小再热裂纹产生的倾向。

（3）适当提高线能量，可以减小过热区的硬度，有利于减小再热裂纹倾向。

（4）采用较高预热温度（200~450℃）可防止再热裂纹的产生。

（5）改善焊接结构的应力状态可以避免应力集中，减小应力。当然，在实际生产中还应尽量消除应力集中源，如咬边、未焊透等缺陷。

（6）合理选择消除应力热处理的温度，避免采用600℃这个对再热裂纹敏感的温度，适当减慢热处理的加热速度，以减小温差应力，也可以有效地防止再热裂纹的产生。

气孔

气孔是焊缝金属的主要缺陷之一，它不仅削弱了焊缝的有效工作截面，同时也会带来应力集中，显著降低焊缝金属的强度和塑性，特别是冷弯和冲击韧性降低更多。气孔对动载荷情况下，尤其是在交变载荷下工作的焊接结构更为不利，它显著降低了焊缝疲劳强度；过大的气孔还会破坏焊缝金属的致密性。气孔不仅出现在焊缝的表面，有时也出现在焊缝的内部，并且不易检查出来。它的危害性相当严重。

所谓气孔，是指在焊接时熔池中的气泡，在熔池冷却凝固时未能逸出而残留下来所形成的空穴。根据气孔产生的部位不同，可分为表面气孔和内部气孔；根据气孔在焊缝中的分布情况不同，可分为单个气孔、连续气孔和密集气孔；按气孔的形状不同，可分为球形状气孔、椭圆形状气孔、条虫状气孔、针状气孔和漩涡状气孔；按形成气孔的气体种类不同，又将气孔分为氢气孔、氮气孔和一氧化碳气孔。

一、产生气孔的原因

（1）焊条受潮，特别是低氢型焊条，使用前烘焙温度和时间没有达到规定的要求，或因烘焙温度过高而使药皮中部分组成物变质失效。

（2）焊件表面及坡口处有油污、铁锈、水分以及焊丝表面有滑石粉、润滑油等。

（3）焊接电流过大，造成焊条发红、药皮脱落而失去对焊接区的保护作用。

（4）焊接电流太小或焊速过快，使熔池的存在时间太短，以致气体来不及从熔池金属中逸出。

（5）电弧过长使熔池失去保护，空气很容易侵入熔池。

（6）焊条偏芯或磁偏吹以及运条手法不适当，而造成电弧强烈的不稳定。

（7）埋弧焊时使用过高的电弧长度或波动过大的电网电压；在薄板焊接时，焊速过快或空气湿度太大，也可能产生气孔。

（8）气体保护焊时，气体纯度太低，焊丝脱氧能力差以及气体流量过大或过小都会产生气孔。

二、防止措施

（1）焊前应将坡口两侧 20~30mm 范围内的焊件表面的油污、铁锈及水分等清除干净。

（2）所用的焊条在使用前一定要严格按工艺要求保管、烘焙和使用。

（3）选用含碳量较低、脱氧能力强的焊条，不宜使用药皮开裂、剥落、变质、受潮、偏芯或焊芯锈蚀的焊条。

（4）选择合适的焊接电流和焊接速度。

（5）焊件装配时应保证定位焊缝的质量。

（6）使用低氢型焊条时应采用直流反接；采用短弧焊接，并配以适当的运条手法，以利于熔池内气体的逸出。

（7）薄板埋弧焊时，在保证不焊穿的情况下尽量减慢焊接速度。

（8）气体保护焊时，要选用纯度高的保护气体并选择合适的气体流量，保证气体对焊接区的保护。

操作说明

一、操作要点

焊件装配及定位焊、打底焊、填充焊、盖面焊。钢管 V 形坡口对接水平固定焊因采用三层三道焊，故层间清渣一定要仔细，防止焊缝夹渣。

二、焊前准备

（1）启动焊机安全检查：ZX5-500 型手弧焊机，调试电流。

（2）焊件加工：选用两根材质为 Q235A 的低碳钢管，焊件规格约为长度 100mm，直径 108mm，钢管厚度 6mm，使用半自动火焰切割机制备 V 形坡口，单边坡口角度 30°±2°，坡口面应平直，钝边为 1mm，焊件平整无变形。

（3）焊件的清理：用锉刀、砂轮机、钢丝刷等工具，清理坡口两面 25mm 范围内的铁锈、氧化皮等污物，直至露出金属光泽。

（4）焊条：E5015 型，直径为 3.2mm、2.5mm。焊条 350~400℃烘 1~2h，并在 100~150℃的烘箱内恒温，随用随取，焊前要检查焊条质量。焊条接电源正极，工件接负极（直流反接）。

（5）焊件装配及定位焊：装配间隙 2~3mm，钝边 1mm，定位焊采用与焊接相同的 E5015 型焊条进行定位焊，定位焊为两点，长度为 15mm，厚度为 3mm，方向相对，错边量≤1.5mm。并放置于焊接架上，准备进行焊接。

三、操作步骤

水平固定管的焊接水平固定管的焊接实际上是一条环形焊缝，一般的规律都是按仰焊→仰立焊→立焊→立平焊→平焊的焊接顺序进行的，其焊接位置随着焊缝的空间位置的变化而改变。为了达到单面焊接双面成型的目的，使背面成型良好，就需要不断地改变焊条角度。但这还不够，因为水平固定管在焊接时一般都是下部（仰焊）温度低，上部（平焊）温度高，所以控制焊接热循环不是靠随时调整电流，而主要是靠通过运条方法的改变来达到温度的均衡。因此在焊接过程中，尤其是第一层的焊接极易出现：背面透过焊肉过多或不足、表面凹凸不平、焊缝中存在气孔、夹渣、接头处发生缩孔、烧穿、焊瘤等焊接缺陷。

钢管 V 形坡口对接水平固定焊单面焊双面成型焊条电弧焊的基本操作技术包括打底焊、填充焊、盖面焊，打底焊要求单面焊双面成型。

（一）打底层焊接

采用断弧法，要求单面焊双面成型，焊接电流为 60~80A。焊条角度及前、后两个半圈焊接方向如图 2-9 所示。

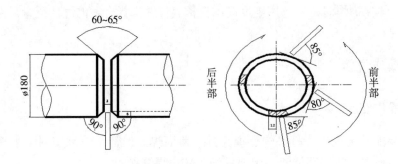

图 2-9 断弧法

将按要求组装好的试管水平固定于焊接架上，注意：时钟 6 点位置应无定位焊缝。在时钟 6 点位置前约 8mm 处引弧起焊，按逆时针方向焊接，至过时钟 12 点位置收弧，完成前半圈打底焊。再由前半圈起弧处开始起弧，按顺时针方向焊接后半圈，至前半圈收弧处重叠 5~10mm。焊接时应注意引弧，先在坡口内引弧，对始焊处稍加预热，然后压低电弧，使焊条在钝边间轻微摆动。当钝边熔化的铁水与焊条金属熔滴连在一起，并听到"噗噗"声时，形成第一个熔池后灭弧，这时在第一个熔池前形成熔孔，并使其向坡口根部两侧各深入 0.5~1.0mm。然后采用两点击穿法进行焊接，接弧位置要准确，焊条中心要对准熔池前端与母材交界处，向熔池后方迅速灭弧，依次循环，灭弧频率为 50~60 次/分为宜。接头方法为在焊缝后端 10mm 引弧然后向前送进到接头处稍作停顿（2~3s）并听到"噗噗"声时，进行正常断弧焊。

1. 前半部焊接

仰焊位：首先从底部偏左 10mm 处采用直击法引弧，然后拉长电弧预热 1~2 秒后迅速压低电弧使其在坡口内壁燃烧，这时在坡口两侧各形成一个焊点，再使两个焊点充分熔合到一起后熄弧，形成一个完整的熔池。这时在坡口两侧可看到一个熔孔，等到熔池颜色开始由亮变暗时再接弧，下次接弧要将电弧完全伸至管内壁使电弧在壁内燃烧，每次接弧的覆盖量只能压住原熔池的 1/3 左右，不能压得太多，否则不易焊透、背面产生内凹，接弧位置要准确，短弧操作。每次引弧要听到管内有"噗、噗"的响声后再熄弧，熄弧时采用向上挑弧，动作要果断、利索。更换焊条前收弧时要注意填满弧坑，以免产生冷缩孔。

顺接头：接头时动作要迅速，在弧坑前方坡口处引弧并拉长电弧预热后，迅速压低电弧运条至接头处往上顶送焊条，使焊条端头和管内壁平齐，并稍作停顿一下后熄弧，再转入正常焊接。

仰焊位→立焊位：焊接到此位置时，焊条的伸入量是管壁的 2/3 左右，焊条的角度要随时调整。

反接头：当焊接到离定位焊反接头处还有 4mm 时，焊条作圆圈摆动后往里压一下电弧，听到击穿后，使焊条在接头处稍作摆动，填满弧坑后熄弧。

立焊位→平焊位：当焊接到此位置时，焊条不能伸入太多，大约是管壁的 1/3，并要注意观察熔池的温度，避免产生焊瘤，并且焊过中心线 10mm 左右，收弧时要填满弧坑。

2. 后半部焊接

焊前首先要彻底清除仰焊接头处的缺陷，可用电弧或角向磨光机将接头处铲成缓坡形状，这样便于接头。焊接时在仰焊反接头偏后 10mm 处引弧，预热 2~3 秒后迅速压低电弧，随后马上将焊条往上顶，使其在壁内燃烧，形成完整的熔池后再熄弧，如此反复。其余方法同前半部一致，当焊接到平焊位置封口时，采用画圆圈法往里轻压一下电弧，听到击穿声后，使焊条在接头处稍作摆动，填满弧坑后熄灭弧。

（二）填充焊

清理和修整打底焊道氧化物及局部凸起的接头等。采用锯齿形或月牙形运条方法施焊时的焊条角度见图 2-10。焊条摆动到坡口两侧时，稍作停顿，中间过渡稍快，以防焊缝与母材交界处产生夹角。焊接速度应均匀一致，应保持填充焊道平整。填充层

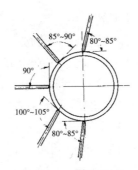

图 2-10 焊条角度

高度应低于母材表面 1~1.5mm 为宜，并不得熔化坡口棱边。中间接头更换焊条要迅速，应在弧坑上方 10mm 处引弧，然后把焊条拉至弧坑处，填满弧坑，再按正常方法施焊，不得直接在弧坑处引弧焊接，以免产生气孔等缺陷。填充焊缝的封口和接头 在前半圈收弧时，应对弧坑稍填一些铁水，以使弧坑成斜坡状（也可采用打磨两端使接头部位成斜坡状），并将起始端焊渣敲掉 10mm，焊缝收口时要填满弧坑。

（三）盖面层焊接

电流和焊条角度同打底层一致，焊接顺序同打底时相反，即先焊后半部，再焊前半部。首先在底部中心线偏右 10mm 处引弧，拉长电弧预热 2~3 秒后迅速压短电弧形成熔池，待熔池形成后再向前运条，运条时采用短弧在坡口两侧稍作停留。当运条至仰焊爬坡处时要加快运条速度，仔细观察熔池的形状，温度太高时，可采用反月牙形运条，焊至平焊位置时，焊条可垂直摆动，并焊过中心线 10mm 左右为宜。仰焊反接头时要彻底清除起焊处的缺陷，并铲成缓坡状，焊接方法同前半部一致。

四、焊缝清理

焊接结束后，清渣处理。主要清理焊件表面的焊渣、焊接飞溅物、氧化物等。在焊接检验前，不得对焊接缺陷进行修改。焊缝应处于原始状态。清理焊件表面的焊渣、焊接飞溅物等时，一定要戴好护目镜。

五、焊缝质量检验

外观检查一般以肉眼观察为主，有时用 5~20 倍的放大镜进行观察。

（一）焊缝外形尺寸

焊缝表面宽度为 14~16mm，高度为 1~3mm，背面高度为 1~3mm。焊缝圆滑过渡，无夹渣、咬边、未焊透等缺陷。

（二）焊缝缺陷

焊接结束后，关闭焊机，用钢丝刷清理焊缝表面。肉眼观察或用低倍放大镜检查焊缝表面是否有气孔、裂纹、咬边等缺陷。用焊缝量尺测量焊缝外观成型尺寸。

焊接质量要求：咬边深度≤0.5mm；咬边总长度≤30mm；背面焊透成型好。总长度≤30mm 的焊缝表面不得有裂纹、未熔合、夹渣、气孔、焊瘤、未焊透等缺陷。

（三）焊件变形

焊后变形量≤2°；错边量≤1mm。

焊接结束，关闭焊接电源，工具复位，清理、清扫现场，检查安全隐患。

【检查】

（1）钢管 V 形坡口对接水平固定焊完成情况检查。

（2）记录资料。

（3）文明实训。

（4）实施过程检查。

【评价】

过程性考核评价如表 2-9 所示；实训作品评价如表 2-10 所示，实训作品评分细则按表 2-11 执行；最后综合评价按表 2-12 执行。

表 2-9　过程评价标准

考核项目		考核内容	配分
职业素养	安全意识	执行安全操作规程，安全操作技能，安全意识。如有违反，由考评员扣 1 分/项	10
	文明生产	做到对现场或岗位进行整理、整顿、清扫、清洁，文明生产。如不符合要求，由考评员扣 1 分/项	10
	责任心	有主人翁意识，工作认真负责，能为工作结果承担责任。如不符合要求，由考评员扣 1 分/项	10
	团队精神	有良好的合作意识，服从安排。如不符合要求，由监考员扣 1 分/项	10
	职业行为习惯	成本意识，操作细节。如不符合要求，由考评员扣 1 分/项	10
职业规范	工作前的检查	安全用电及安全防护、焊前设备检查。如不符合要求，由考评员扣 1 分/项	10
	工作前准备	场地检查、工量具齐全、摆放整齐、试件清理。如不符合要求，扣 1 分/项	10
	设备与参数的调节	参数符合要求、设备调节熟练、方法正确。如不符合要求，扣 2 分/项	10
	焊接操作	定位焊位置正确，引弧、收弧正确、操作规范；试件固定的空间位置符合要求。如不符合要求，扣 2 分/项	10
	焊后清理	关闭电源，设备维护、场地清理，符合 6S 标准。如不符合要求，由考评员扣 1 分/项	10

表 2-10　钢管 V 形坡口对接水平固定焊条电弧焊实训作品评价标准

姓名			学号		得分		
	检查项目		配分	标准	实际测定结果	检测人	
焊前准备	劳动保护准备		4	完好			
	试板外表清理		3	干净			
	试件定位焊尺寸、位置		3	≤10mm、一处或二处			

检查项目		配分	标准	实际测定结果	检测人
外观检查	气孔	3	无		
	夹杂	3	无		
	咬边	4	深≤0.5mm、长≤10mm		
	弧坑	4	填满		
	焊瘤	3	无		
	未焊透	3	无		
	裂纹	3	无		
	内凹	3	无		
	未熔合	3	无		
	非焊接区域碰弧	3	无		
	焊缝正面高度	3	≤2mm		
	焊缝正面高度差	4	≤1mm		
	焊缝正面宽度 C	3	≤10mm		
	焊缝正面宽度差	4	≤1mm		
	焊后试件错边量	4	无		
	内径通球	10	过		
内部检查	断口试验	20	无缺陷		
焊后自查	合理节约焊材	3	焊丝>150mm 允许一根		
	安全、文明操作	4	好		
	不损伤焊缝	3	未伤		

表 2-11 钢管 V 形坡口对接水平固定焊条电弧焊实训作品评分细则

序号	检查项目	配分	A		B		C		D	
			标准	得分	标准	得分	标准	得分	标准	得分
1	劳动保护准备	4	完好	4	较好	3.2	一般	2.4	差	0
2	试板外表清理	3	干净	3	较干净	2.4	一般	1.8	差	0
3	试件定位焊尺寸、位置	3	≤10mm	3	≤12mm	2.4	≤15m	1.8	>15mm	0
4	气孔	3	无	3	≤φ 1mm, 1 个	2.4	≤φ 1.5mm, 1 个	1.8	>φ 1.5mm 或>2 个	0
5	夹杂	3	无	3					有	0
6	咬边	4	深≤0.5mm 长≤10mm	4	深≤0.5mm 长 10~20mm	3.2	深≤0.5mm 长 20~30mm	2.4	深>0.5mm 长>30mm	0
7	弧坑	4	填满	4					未填满	0
8	焊瘤	3	无	3					有	0
9	未焊透	3	无	3					有	0
10	裂纹	3	无	3					有	0
11	内凹	3	无	3	深≤1mm 长≤10mm	2.4	深≤1mm 长≤12mm	1.8	深>1mm 或长>12mm	0

续表

序号	检查项目	配分	A 标准	A 得分	B 标准	B 得分	C 标准	C 得分	D 标准	D 得分
12	未熔合	3	无						有	0
13	非焊接区域碰弧	3	无	3	有一处	2.4	有二处	1.8	有三处	0
14	焊缝正面高度	3	≤2mm	3	≤3mm	2.4	≤4mm	1.8	>4mm	0
15	焊缝正面高度差	4	≤1mm	4	≤2mm	3.2	≤3mm	2.4	>3mm	0
16	焊缝正面宽度 C	3	≤10mm	3	10mm<C ≤11mm	2.4	11mm<C ≤12mm	1.8	>13mm	0
17	焊缝正面宽度差	4	≤1mm	4	≤2mm	3.2	≤3mm	2.4	>3mm	0
18	焊后试件错边量	4	无	4	≤0.5mm	3.2	≤1mm	2.4	>1mm	0
19	内径通球	10	过	10					不过	0
20	断口试验	20	无缺陷	20	合格	16			不合格	0
21	合理节约焊材	3	>150mm 一根	3	>150mm 二根	2.4	>150mm 三根	1.8	>150mm 四根	0
22	安全、文明操作	4	好	4	较好	3.2	一般	2.4	差	0
23	不损伤焊缝	3	未伤	3					伤	0

注意事项：

（1）通球直径为管子内径的 85%。

（2）焊缝表面有裂纹、焊瘤、未熔合及焊缝低于母材等缺陷之一，按不及格论。

表 2-12 综合评价表

学生姓名_____ 　　　　　　　　　　　　　　　　　　　　　　学号_____

评价内容		权重（%）	自我评价 占总评分（10%）	小组评价 占总评分（30%）	教师评价 占总评分（60%）
应知	笔试	10			
	出勤	10			
	作业	10			
应会	职业素养与职业规范	21			
	实训作品	49			
小计分					
总评分					

评价细则：综合评价表中应知部分的笔试、出勤、作业评价项及应会部分的职业素养与职业规范、实训作品评价项的各项分数按三方评价得出的分数乘以对应的权重值最后累加得出总评分。

为突出技能，分值比例为应知∶应会=3∶7；职业素养与职业规范∶实训作品= 3∶7。

任务思考

1. 谈谈在操作过程中使用碱性焊条焊接时的注意事项。

2. 通过实践谈谈管—管对接水平固定焊的施焊方法操作要领。

3. 结合实际操作谈谈水平固定管焊接缺陷产生原因及防止措施。

情境二　钢管 V 形坡口对接水平固定焊之
手工钨极氩弧焊

【资讯】

1. 本课程学习任务

（1）了解手工钨极氩弧焊管—管对接水平固定焊常见的缺陷。

（2）掌握手工钨极氩弧焊管—管对接水平固定焊焊接工艺参数的选用和使用原则。

（3）通过实训任务，掌握管—管对接水平固定焊的施焊方法操作要领。

（4）了解手工钨极氩弧焊安全操作规程。

（5）能够进行焊缝外观检测。

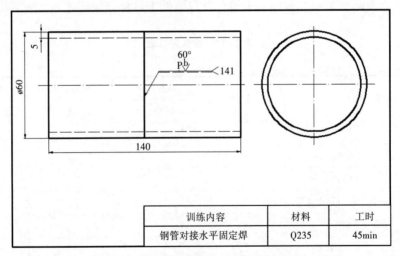

训练内容	材料	工时
钢管对接水平固定焊	Q235	45min

图 2-11　钢管 V 形坡口对接水平固定焊技能训练工作图

　　注：技术要求：①手工钨极氩弧焊，单面焊双面成型，钝边 P=1mm，间隙 b=2~3mm；②水平固定，中心线离地面高度 800mm，错边量≤0.5mm。

2. 任务步骤

（1）焊机、工件、焊接材料准备。

（2）焊前装配：将打磨好的工件（两根钢管）装配成水平对接固定焊对接接头。

（3）定位焊：采用与焊接相同的焊丝 H08A 进行定位焊。由于管径较小，固定一点即可。

（4）钢管 V 形坡口对接水平固定焊示范、操作。

（5）焊后清理。

（6）焊缝检查。

3. 工具、设备、材料准备

（1）焊件清理：Q235 钢管两根，规格：⌀60mm×100mm×5mm，每根开 30° V 形坡口，2 根一组。

（2）焊接设备：WSE-315 型交直流钨极氩弧焊机或 WSM-300 型直流钨极氩弧焊机，直流正接电源、Ce-W/Φ2.5（铈钨极）、PQ-85/150 型空冷焊枪、氩气流量计 AT-15/30、喷嘴直径 Φ16mm，喷嘴至试件距离 8~12mm。

（3）焊接材料：焊丝 H08A、直径 2.5mm，氩气，纯度≥99.99%。

（4）劳动保护用品：头盔式遮光面罩、绝缘手套、工作服、工作帽、绝缘鞋、白光眼镜、卫生口罩。

（5）辅助工具：锉刀、手锤、扁铲、钢丝刷、角磨砂轮机、焊条保温筒、钢板尺、焊缝检验尺。

（6）确定焊接工艺参数，如表 2-13 所示。

表 2-13　钢管 V 形坡口对接水平固定手工钨极氩弧焊焊接工艺参数参考

焊层	焊丝直径/mm	焊接电流/A	电弧电压/V	气体流量/(L·min⁻¹)	钨极直径/mm	钨极伸出长度/mm	喷嘴直径/mm	喷嘴至焊件距离/mm
打底层	2.5	85~90	12~14	8~10	2.5	4~5	8~10	8~12
盖面层	2.5	90~95	12~14	8~10	2.5	4~5	8~10	8~12

【计划与决策】

经过对工作任务相关的各种信息分析，制订并经集体讨论确定如下焊接方案，如表2-14所示。

表 2-14　钢管 V 形坡口对接水平固定焊焊接方案

序号		实施步骤	工具设备材料	工时
1	焊前准备	工件开坡口、清理	半自动火焰切割机、钢丝刷、角磨机	2.5
		焊接材料检查、准备	焊丝 H08AΦ2.5mm；氩气，纯度≥99.99%	
		焊机检查、供气检查、钨极检查	WSM-300 型钨极氩弧焊机、氩气瓶及氩气流量调节器（AT-15 型）、铈钨极 ce-W，直径为 2.5mm、气冷式焊 PQ-85/150-1 型	
		焊前装配	角磨机、钢尺	
		定位焊接	焊接设备、焊丝	
2	示范与操作	示范讲解	焊帽、绝缘手套、工作服、工作帽、绝缘鞋、刨锤、钢丝刷等	11
		调节工艺参数		
		打底焊		
		盖面焊		
3	焊缝清理	清理焊渣、飞溅	锉刀、钢丝刷	0.5

序号	实施步骤		工具设备材料	工时
4	焊缝检查过程评价	焊缝外观检查	焊缝万能量规	1
		焊缝检测尺检测		

【实施】

钨极氩弧焊的危害与安全操作规程缺陷

一、钨极氩弧焊的危害

钨极氩弧焊的危害除了与焊条电弧焊相同的触电、烧伤、火灾以外，还有高频电磁场、放射线、弧光伤害、有害气体和焊接烟尘等。

（一）高频电磁场

1. 高频电磁场的产生与危害

钨极氩弧焊常用高频振荡器来引弧，有的交流氩弧焊机还用高频振荡器来稳定电弧。焊工长期接触高频电磁场会引起植物神经功能紊乱和神经衰弱，表现为全身不适、头昏、多梦、头痛、记忆力减退、疲乏无力、食欲不振、失眠及血压偏低等症状。

高频电磁场的参考卫生标准规定 8 小时接触的允许辐射强度为 20V/m。据测定，手工氩弧焊时焊工各部位受到的高频电磁场强度均超过标准，其中以手部强度最大，超过卫生标准 5 倍多。如果只是引弧使用高频振荡器，因时间短，影响较小，但长期接触也是有害的，必须采取有效的防护措施。

2. 高频电磁场的防护措施

（1）氩弧焊的引弧与稳弧尽量采用晶体管脉冲装置，而不采用高频振荡装置，或仅用高频振荡装置来引弧，电弧引燃后，立即切断高频电源。

（2）降低振荡频率，改变电容器及电感参数，将振荡频率降至 30kHz，减少对人体的影响。

（3）屏蔽电缆和导线，采用细铜丝编织软线，套在电缆胶管外边（包括焊炬内及通至焊机的导线），并将其接地。

（4）因高频振荡电路的电压较高，要有良好而可靠的绝缘。

（二）放射线

1. 放射线的来源与危害

钨极氩弧焊使用的钍钨极含有 1%~1.2%的氧化钍，钍是一种放射性物质，在焊接过程中及与钍钨极接触过程中，都会受放射线的影响。

在容器内焊接时，通风不畅，烟尘中的放射性粒子可能超过卫生标准；在磨削钨极及存放钍钨极的地点，放射性气熔胶和放射性粉尘的浓度，可达到甚至超过卫生标准。放射性物质侵入体内可引起慢性放射性病，主要表现为一般机能状态减弱，出现明显的衰弱无力，对传染病的抵抗力明显降低，体重减轻等症状。

2. 预防放射线伤害的措施

（1）尽可能采用放射剂量极低的铈钨极。

（2）采用密封式或抽风式砂轮磨削钨极。

（3）磨削钨极时应戴防尘口罩，磨削后应以流动水和肥皂洗手，并经常清洗工作服和手套等。

（4）焊接时操作规范合理，避免钨极过量烧损。

（5）钨极应放在铅盒内保存。

（三）弧光伤害

1. 弧光辐射的危害

钨极氩弧焊的电流密度大，发出的弧光比较强烈，电弧产生的紫外线辐射约为焊条电弧焊的 5~30 倍，红外线辐射约为焊条电弧焊的 1~1.5 倍。皮肤在强紫外线作用下，可引起皮炎，皮肤上出现红斑，像被太阳晒过一样，甚至出现小水泡、渗出液和浮肿，有灼烧、发痒的感觉，以后变黑、脱皮。眼睛对紫外线最敏感，短时间照射就会引起急性角膜结膜炎，称为电光性眼炎，其症状是疼痛、有沙粒感、多泪、畏光、怕风吹、视力不清等，一般不会有后遗症。眼睛受到强烈的红外线辐射时，立即会感到强烈的灼伤和灼痛，发生闪光幻觉，长期接触还可能造成红外线白内障，视力减退，严重时能导致失明。

2. 焊接弧光的防护

为了保护眼睛，氩弧焊用面罩安装反射式防护镜片，能将强烈的弧光反射出去，使损害眼睛的弧光强度减弱，能更好地保护眼睛。还有一种光电式镜片，能自动调光，在未引弧时透明度较好，能清晰地看清镜外景物；当引燃电弧时，护镜黑度立即加深，能很好地遮光。这样，焊接过程中就不再需要抬起面罩或翻动防护镜。

为了预防焊工皮肤受到电弧伤害，焊工的防护服装应采用浅色或白色的帆布制成，以增加对弧光的反射能力。工作衣的口袋以暗为准，工作时袖口应扎紧，手套要套在袖口外面，领口要扣好，裤管不能打折，皮肤不得外露。

为了防止辅助工和焊接地点附近的其他工作人员受弧光伤害，要注意互相配合，引弧前先打招呼，辅助工要戴有色眼镜。在固定位置焊接时，应使用遮光屏。

（四）有害气体和焊接烟尘

钨极氩弧焊时，弧柱温度高，紫外线辐射强度远大于一般电弧焊，因此在焊接过程中会产生大量的臭氧和氧氮化物，尤其臭氧浓度远远超出参考卫生标准。如不采取有效通风措施，这些气体对人体健康影响很大，是氩弧焊最主要的有害因素。

氩弧焊工作现场要有良好的通风装置，以排出有害气体及焊接烟尘。除厂房通风外，可在焊接工作量大、焊机集中的地方，安装轴流风机向外排风。此外，还可采用局部通风的措施将电弧周围的有害气体抽走，例如采用明弧排烟罩、排烟焊枪、轻便小风机等。

二、钨极氩弧焊安全操作规程

（1）遵守焊工通用安全技术操作规程。工作前检查设备、工具是否良好。

（2）检查焊接电源、控制系统是否有接地线，氩气、水源必须畅通，有漏水、漏气现象时，应立即修理。

（3）采用高频引弧必须经常检查有否漏电。

（4）设备发生故障时，应停机断电，并由专业人员进行检修，焊工不得自行修理。

（5）在焊接区周围不准赤身和裸露身体其他部位，严禁在电弧四周吸烟、进食，以免臭氧、烟尘吸入体内。

（6）磨钨极的砂轮机必须装抽风装置，磨削时必须戴口罩、手套，并遵守砂轮机操作规程。

（7）钨极氩弧焊工应佩戴防尘口罩，操作时尽量减少高频电作用的时间，连续工作不得超过 6 小时。

（8）工作场地必须通风良好，工作中应启动通风排毒设备。

（9）氩气瓶不许撞砸，立放时必须有支架，并远离明火 3 米以上。

（10）容器内部进行氩弧焊时，人孔和手孔盖板必须打开，焊工应戴专用面罩，减少吸入有害气体和烟尘。

（11）钨极应存放于铅盒内，避免由于大量钍钨棒集中在一起引起放射性剂量超出安全规定而致伤人体。

（12）工作完毕后，关闭气瓶，待焊枪内无余气后方可停机断电，清理焊接现场，确认安全后方可离开。

👆 手工钨极氩弧焊管—管对接水平固定焊常见缺陷

一、常见操作不当产生的缺陷

（一）仰位背面内凹

产生原因：电弧太长、电弧弧穿过间隙太少；加丝晚、慢，使熔池温度升高，熔化金属下坠。

（二）未熔合

产生原因：焊枪角度不对，电弧只熔化了一侧坡口，加丝时熔化金属只向被熔化一侧的坡口流淌；电弧向另一侧摆动时电弧未运动到位从而使此侧坡口未熔合。

（三）焊道过宽

产生原因：焊枪摆动幅度太大（小径管钨极氩弧焊时电弧摆动宽度较小，熔化坡口棱边即可，不能太宽）。

（四）仰位正面超高

产生原因：电弧摆动小，两侧停留时间短；焊接速度慢；电弧位置不对；加丝太多等。

（五）咬边

产生原因：两侧未清理干净；两侧停留时间短；焊丝加入少；焊枪角度不对。

二、易出现缺陷的防止方法

（一）裂纹的防止

（1）选择合适牌号的焊丝，采用低硫磷低杂质元素的焊材。

（2）选择合适的焊接规范参数，采用软规范，以较小的焊接电流和尽可能快的焊速进行焊接。

（3）采用软规范，尽量缩短高温停留时间，减少过热和晶粒长大倾向。

（4）选择合理的焊接接头和坡口形式，控制焊缝金属中焊丝对母材所占的比例，即控制熔合比。

（5）严格焊前焊道坡口及管内外表面的清理。

（6）采用正确的收弧方式，填满弧坑，减少弧坑裂纹的倾向，选用有电流衰减的焊接设备。

（7）采取合理的焊接顺序焊接，以便减少焊接应力。

（二）气孔的防止

（1）严格焊件坡口表面油、锈、氧化皮和焊丝焊道附近端头部分的清理，尤其注意细管内焊道附近端头部分的清理工作，最后可采用丙酮清洗表面。

（2）提高焊工操作水平，熟练焊接技术，防止焊接时触碰钨极和熔池停留时间过长而送不上丝。

（3）送丝采用"二点法"，送丝过渡熔滴要求快而准，在保证焊缝熔合好的情况下平稳移动，防止熔池过烧、沸腾，焊枪摆动幅度不可过大。

（4）加强硅锰联合脱氧作用，采用脱氧元素含量高的焊丝，尤其是在端头搭接重熔时更应如此。

（5）发现熔池发泡或电弧气氛呈现蓝色即表明已有气孔产生，应立即停下清理打磨后重新施焊。

（6）以左焊法焊接，弧长尽量短。焊缝尽量一次焊完，尽可能减少重复加热和补焊次数，搭头起焊部位用砂轮打磨掉氧化膜后再施焊。

（7）保持合适的焊速，保证焊件、焊枪、焊口三者之间正确的相对位置。

（三）未焊透的防止

（1）提高焊工的操作熟练程度，采用合适的焊接规范焊接。

（2）采用合理的焊接接头坡口形式，在便于组对的情况下钝边尽量小，为便于焊接，坡口角度应稍大。

（3）严格检查焊缝组对质量。尤其在小钝边接头情况下，应控制组对错边量小于1.5mm。

（4）采取合适的钨极尖端形状，修磨的钨极长度，一般为钨极直径的3~5倍，末端的最小直径为钨极直径的1/2~1/5，尖端夹角应采用30°为好。

（5）严格焊前清洗，尤其对管内坡口端部附近的氧化膜应清理干净。

（四）非金属夹杂和夹钨的防止

焊接前仔细清理表面氧化膜，加强氩气保护效果，焊丝端头应尽量置于氩气保护范围内，选择合适的钨极直径及焊接规范，正确修磨钨极夹角，保持正确的钨极尖端形状，当钨极触粘在焊缝上时，应及时将触粘处修磨掉。

（五）焊缝尺寸超标的预防

选择合适的焊接规范参数，提高操作技术水平及熟练程度，送丝及时、到位准确、移动一致，正确控制熔池温度。在条件具备的情况下，尽量采用转动焊，当进行全位置焊接时，应采用逆向分半焊接顺序，严格控制焊缝的组对质量和对接间隙，坡口钝边厚度应选择适当。

✍ 手工钨极氩弧焊焊接材料选择

钨极氩弧焊的焊接材料是指氩气、电极和焊丝等。

一、氩气

焊接用氩气以气态形式灌入瓶中，氩气瓶为灰色，用绿漆标明"氩气"字样。目前我国常用氩气瓶的容积为 40L，最高工作压力为 15 MPa。

氩气瓶在使用和搬运过程中严禁敲击、碰撞；不能用电磁起重机搬运氩气瓶；夏季要防日光曝晒；瓶内气体不能用尽，应留有余气。

氩气是制氧的副产品，因为氩气的沸点介于氧、氮之间，差值很小，所以在氩气中常残留一定数量的杂质。如果氩气中杂质的含量超过规定标准，焊接时极易产生气孔，使接头质量变差，使钨极的烧损量大大增加。

在焊接不同的金属材料时，对氩气纯度的要求也不同，如表 2-15 所示。

表 2-15　焊接不同材料对氩气纯度的要求

被焊材料	氩气纯度（%）	被焊材料	氩气纯度（%）
铬镍不锈钢、铜、钛及其合金	≥99.7	高合金钢	≥99.95
铝、镁及其合金	≥99.9	钛、钼、铌、锆及其合金	≥99.98

二、钨极

钨是一种难熔的金属材料，耐高温，熔点和沸点高，导电性好，强度高。钨极氩弧焊时，钨作为电极起传导电流、引燃电弧和维持电弧正常燃烧的作用。钨极除应耐高温、导电性好、强度高外，还应具有很强的电子发射能力（引燃容易，电弧稳定），电流的承载能力大，抗污染性能好，不易损耗等特点。钨极的分类、牌号和规格如表 2-16 所示。

表 2-16　钨极的分类、牌号和规格

分类（按化学成分）	牌号	规格/mm
纯钨极	W1，W2	0.5、1.0、1.6、2.0、2.5、3.2
钍钨极	WTh-7，WTh-10，WTh-15，WTh-30	
铈钨极	WCe-5，WCe-13，WCe-20	4.5、6.3、8.0
锆钨极	WZr-150	

铈钨极具有无放射性、允许电流大、热电子发射能力强、电弧稳定、热量集中、使用寿命长及端头形状易于保持等特点，是目前普遍采用的电极。

三、焊丝

钨极氩弧焊对焊丝的要求有以下几点：

（1）焊丝的化学成分应与母材的性能相匹配，严格控制其化学成分、纯度和质量。有益合金元素应比母材稍高，以弥补高温的烧损。

（2）TIG 焊选用钢焊丝时应尽量选专用焊丝，以减少主要化学成分的变化，保证焊缝一定的力学性能和熔池液态金属的流动性，获得成型良好的焊缝，避免产生裂纹等缺陷。

（3）TIG 焊选用有色金属焊丝焊接铜、铝、镁、钛及其合金时应注意成分相符。有时可将与母材成分相同的薄板剪成小条当焊丝。

（4）焊丝在使用前应采用机械或化学方法清除其表面的油脂、锈蚀等杂质，并使之露出金属光泽。

手工钨极氩弧焊焊丝除应满足机械性能要求外，还应具有良好的可操作性，并且不产生缺陷。采用手工钨极氩弧焊焊接低碳钢时，常选用型号为 ER49-1（牌号为 $H08Mn_2SiA$）的焊丝。

焊接工装夹具简介

一、焊接夹具概念

在焊接生产过程中，为了提高产品质量和生产效率，经常使用一些工具和装置完成装配和焊接工作。我们把其中用以夹持并确定工件位置的工具和装置统称为焊接夹具。

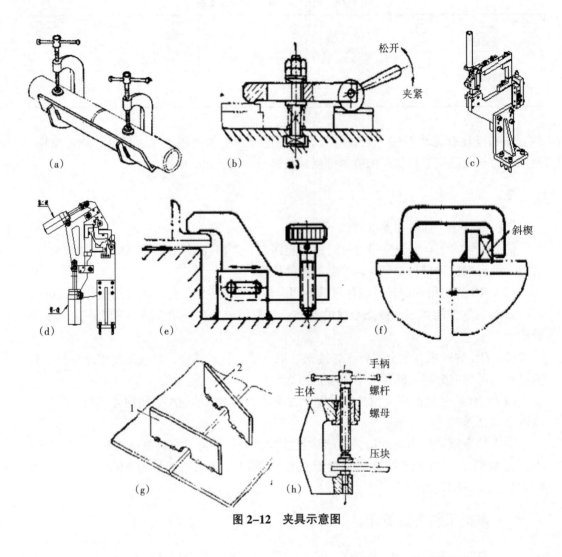

图 2-12　夹具示意图

二、焊接夹具结构组成

（1）支承件。

（2）定位器。

（3）夹紧器。

三、焊接夹具的分类

（一）按用途分

（1）装配用夹具。

（2）焊接用夹具。

（3）焊-装用夹具。

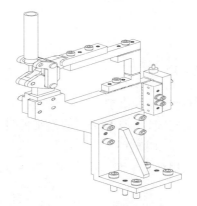

图 2-13　焊接夹具结构组成

（二）按应用范围分

（1）通用夹具（又称万能夹具）。

（2）专用夹具。

（三）按动力来源分

（1）手动夹具。

（2）气动夹具。

（3）电动夹具。

四、焊接夹具的选择与使用

（一）对焊接夹具的基本要求

（1）保证焊件焊接后能获得正确的几何形状和尺寸。

（2）使用时安全可靠。

（3）便于施工。

（4）便于操纵。

（5）容易制造便于维修。

（6）成本低、制作时投资少，使用时的能源消耗费用和管理费用低。

（二）选择焊接夹具类型的主要依据

（1）按本厂或车间产品批量大小来选择。

（2）按产品结构特点来选择。

（3）按产品制造的工艺来选择。

（4）根据车间的条件来选择。

五、焊接夹具的地位和作用

（1）提高产量方面。

（2）提高质量方面。

（3）扩大焊机的使用范围。

（4）改善劳动条件。

（5）好的经济效果。

六、使用夹具时的注意事项

（一）使用前要对夹具进行检查和维护

（1）检查与测量各定位器的安装是否精确。已磨损的定位原件要进行更换，以保证装配和焊接产品的形状和尺寸准确和稳定。

（2）检查受力构件有无伤损和发生变形的情况，如果有，就要更换，确保使用安全可靠。

（3）清除夹具上的焊条头、渣皮、对铰链和轴进行适当润滑。

（4）空车运转和操作，检查各夹紧机构运动状态是否正常。如果有冷却水和气压管路系统，检查是否有漏泄等情况。

（5）检查焊接电路的接通情况和各种电器的绝缘情况，防止触电。

（二）使用过程中的注意事项

（1）检查工件的定位基准是否与各定位元件紧密接触，如果有个别接触不良，要寻找原因进行克服。若定位器的位置准确无误，就可能是夹紧力不足，否则就是工件的形状尺寸有误差，这时就必须对工件进行矫正。

（2）除非是为了更合理地控制焊接变形，一般不允许随便调节与改变定位器的位置。

（3）不允许在夹具上锤击工件，特别是在夹紧状态下锤击，振动会降低夹紧器的自锁性能。例如，振动会引起偏心加紧器自动松脱。除斜楔的松紧可以锤击外，一般不允许用锤击加紧器进行松开或加紧工件。

（4）由于焊接过程产生的热应力和变形，在夹具上存在有较大的约束力，在松开夹紧器时，一定要避开工件反弹的方向和夹紧器退出的方向，以防止伤人。

操作说明

一、操作要点

焊件装配及定位焊、打底焊、盖面焊。钢管 V 形坡口对接水平固定焊因直径小、管壁为 5mm 故采用二层二道焊。

二、焊前准备

（1）启动焊接设备安全检查：WS-300 型钨极氩弧焊机（检查设备状态，电缆线接头是否接触良好，焊钳电缆是否松动，安全接地线是否断开），调试电流（85~90A）。采用直流正接，气冷式焊炬。

（2）氩气瓶及氩气流量调节器（AT-15 型）调节氩气流量。

（3）铈钨极 Wce-20，直径为 2.5mm。端头磨成 30°圆锥形，锥端直径 0.5 mm。

（4）气冷式焊枪　PQ–85/150–1 型。

（5）焊件加工：Q235 钢管两根，规格：ϕ60mm×100mm×5mm，每根一端开 30° V 形坡口，2 根一组，检查钢管圆度并修整。

（6）焊件的清理：用锉刀、砂轮机、钢丝刷等工具，清理坡口两面 20mm 范围内的铁锈、氧化皮等污物，直至露出金属光泽。

（7）焊丝：焊丝 H08A，直径 2.5mm。

（8）焊件装配及定位焊：将打磨好的工件（两根钢管）装配成水平对接固定焊对接接头，装配间隙 b=2.5~3mm（始端 2.5 终端 3），钝边 p=0~0.5mm，错边量≤0.5mm；采用与焊接相同的焊丝进行定位焊。由于管径较小，固定一点即可。点固焊时，用对口钳或小槽钢对口，在工件坡口内侧点固，焊点长度 10mm 左右，高度 2~3mm。并放置于焊接架上，准备进行焊接。

注意定位焊固定点位置在 6 点及 12 点位置不允许有固定点。定位焊是焊缝的一部分，必须焊牢，不允许有缺陷。定位焊缝不能太高，以免焊接到定位焊缝处接头困难，如果碰到这种情况，最好将定位焊缝磨低些，两端磨成斜坡，以便焊接时接头容易。如果定位焊缝上发现裂纹，气孔等缺陷，应将其打磨掉重焊，绝不允许用重熔的办法修补。

三、操作步骤

管对接水平固定焊焊接时管子不动，焊工沿着坡口自下而上进行焊接。管对接水平固定焊包括平焊、立焊和仰焊三种位置，焊接难度较大，利用手工钨极氩弧焊进行全位置焊接具有电弧稳定、质量优异、可控制性好、便于操作的特点，在低碳钢、低合金高强度钢、耐热钢和不锈钢管对接焊中已得到了广泛应用。焊接时焊丝、焊枪角度如图 2–14 所示。

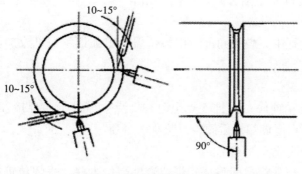

图 2–14　钨极氩弧焊管水平固定焊焊丝、焊枪角度

（一）打底焊

应保证得到良好的背面成型，要求单面焊双面成型。

焊接时管子固定在水平位置，定位焊缝放在时钟 10 点位置处，间隙较小的一端置于 6 点位置（仰焊部位），根部间隙为 2mm 左右，间隙较大的一端放在平焊部位。管子最下端离地面的距离为 800~850mm，以适合操作。焊接分为左、右两个半周进行，

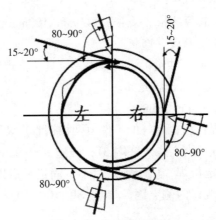

图 2-15　打底焊示意图

焊接方向由下而上施焊，从仰焊位置起焊，在平焊位置收弧。首先焊接右半周。如图2-15 所示。焊接打底层要控制钨极，喷嘴与焊缝的位置，即钨极应垂直于管子的轴线，喷嘴至两管的距离要相等。

在时钟 6 点与时钟 7 点间引弧，沿逆时针方向焊接。焊接打底层要严格控制钨极、喷嘴与焊件焊缝的位置，即钨极应垂直于管子的轴线，喷嘴至两管的距离要相等。引弧后，焊枪暂时不动，当坡口两侧开始熔化后才可填送焊丝。焊丝沿坡口的前方送到熔池后，要轻轻地将焊丝向熔池中推一下，并向管内摆动，从而提高背面焊缝的高度，避免凹坑和未焊透，在送丝的同时，焊枪按逆时针方向移动。

右半圈通过时钟 12 点位置焊至时钟 11 点位置处收弧。收弧时，应连续送进 2~3 滴填充金属，以免出现缩孔，并将焊丝抽离电弧区，但不要脱离保护区。之后切断控制开关，这时焊接电流逐渐衰减，熔池也相应减小，电弧熄灭并延时切断氩气之后，焊枪才能移开。

打底层焊接过程中，焊枪角度、电弧位置、电弧摆动宽度及加丝速度等稍有变化才能保证焊缝美观。

1. 焊枪角度的变化

仰焊部分焊枪稍前倾；时钟 5 点至时钟 2 点区域焊枪与焊接方向垂直或稍后倾；时钟 2 点至时钟 0 点区域焊枪后倾，以防背面过高。

2. 电弧位置的变化

仰焊位电弧大部分穿过间隙；立焊位较仰焊位少些；平焊位钨极端部对准熔池的前部边缘处。从仰位到平位，电弧穿过间隙量逐渐减少。

3. 电弧摆动宽度的变化

间隙大于 2.0mm 时电弧需要摆动，仰焊位时由于温度较低，摆动较明显，焊接及摆动速度较慢；立位时摆动幅度稍小稍快；平位时由于熔池温度升高，熔池易下坠，电弧摆动幅度加快加宽，同时电弧更低。

4. 加丝速度的变化

下半部分由于温度低，加丝较慢；上半部分尤其是平焊位熔池温度高，熔池金属易下坠，送丝要快，形成熔孔后立即加丝，以防熔池过热。

水平管对接焊完一侧后，操作者转到管子另一侧，焊接后半圈。后半圈的焊接起焊与前半圈不同，前半圈的起焊处已预留斜坡（只要前半圈起焊处不高，接头就不会有太大困难），在前半圈起焊处引弧，引弧位置稍向前，引燃后拉至起焊处边缘稍作摆动预热，然后钨极向间隙中间运动，钨极端部几乎与管内壁齐平，同时焊枪向焊接方向稍倾，大部分电弧穿过间隙，将接头处内表面熔化，同时稍加摆动焊枪，以便形成熔孔。形成熔孔后焊丝向里填时钨极应回撤，以防止焊丝与钨极接触。加焊丝时稍多些，且一次加够，以防内部产生内凹。加入焊丝后轻摆电弧以使其与两侧坡口熔合。以后的焊接与前半圈相同。

后半圈焊至离定位焊点还有焊丝直径大小的小孔时就不再填加焊丝了。电弧沿小孔内边缘运动，使小孔周围及背面熔化，再加入焊丝，同样稍多些，然后电弧以锯齿形向上摆动后稍停，使背面接头处熔合好。与定位点接头后，定位点处要快速焊过去，且不加焊丝，以防过高。平位接头方法与水平转动焊接头相同。

（二）盖面层的焊接

施焊盖面层时，焊枪摆动到两侧棱边处稍作停顿，将填充焊丝和棱边熔化，控制每侧增宽。焊接过程中，焊枪横向摆动幅度较大，焊接速度稍快，需保证熔池两侧与管子棱边熔合好。焊道接头要采取正确的方法，其焊接工艺参数见表 1-1。焊枪、焊丝角度、焊接步骤及操作方法等均与焊接打底层时相同。

四、焊缝清理

焊接结束后，清渣处理。主要清理焊件表面的焊渣、焊接飞溅物，氧化物等。在焊接检验前，不得对焊接缺陷进行修改。焊缝应处于原始状态。清理焊件表面的焊渣、焊接飞溅物，一定要戴好护目镜。

五、焊缝质量检验

（一）外观检查

1. 检查方法

（1）采用宏观（目视或者 5 倍放大镜等）方法进行。

（2）焊缝的余高和宽度可用焊缝检验尺测量最大值和最小值，不取平均值。

（3）背面焊缝宽度可不测定。

2. 检查基本要求

（1）焊缝表面应当是焊后原始状态，焊缝表面没有加工修磨或者返修焊。

（2）3 个试件外观检查的结果均符合各项要求，该项试件的外观检查为合格，否则为不合格。

3. 检查内容与评定指标

（1）焊缝余高 0~4mm。

（2）焊缝余高差 ≤3mm。

（3）焊缝宽度：比坡口每侧增宽 0.5~2.5mm；宽度差 ≤3。

（4）焊缝表面不得有裂纹、未熔合、夹钨、气孔、焊瘤和未焊透。

（5）咬边深度小于或者等于 0.5mm，焊缝两侧咬边总长度不得超过 18mm。

（6）背面凹坑深度不大于 1.2mm，总长度不超过 18mm。

（7）焊缝边缘直线度 ≤2mm。

（二）无损检测

试件的射线透照按照 JB/T 4730《承压设备无损检测》标准进行检测，射线透照质量不低于 AB 级，焊缝缺陷等级不低于 Ⅱ 级为合格。

（三）弯曲试验

弯曲试验按照 TSG Z6002—2010 要求和 GB/T 2653《焊接接头弯曲试验方法》进行。

焊接结束，关闭焊接电源、气源，工具复位，清理、清扫现场，检查安全隐患。

【检查】

（1）钢管 V 形坡口对接手工钨极氩弧焊水平固定焊完成情况检查。

（2）记录资料。

（3）文明实训。

（4）实施过程检查。

【评价】

过程性考核评价如表 2-17 所示；实训作品评价如表 2-18 所示，实训作品评分细则按表 2-19 执行；最后综合评价按表 2-20 执行。

表 2-17　平敷焊过程评价标准

考核项目		考核内容	配分
职业素养	安全意识	执行安全操作规程，安全操作技能，安全意识。如有违反，由考评员扣 1 分/项	10
	文明生产	做到对现场或岗位进行整理、整顿、清扫、清洁，文明生产。如不符合要求，由考评员扣 1 分/项	10
	责任心	有主人翁意识，工作认真负责，能为工作结果承担责任。如不符合要求，由考评员扣 1 分/项	10
	团队精神	有良好的合作意识，服从安排。如不符合要求，由监考员扣 1 分/项	10
	职业行为习惯	成本意识，操作细节。如不符合要求，由考评员扣 1 分/项	10
职业规范	工作前的检查	安全用电及安全防护、焊前设备检查。如不符合要求，由考评员扣 1 分/项	10
	工作前准备	场地检查、工量具齐全、摆放整齐、试件清理。如不符合要求，扣 1 分/项	10
	设备与参数的调节	参数符合要求、设备调节熟练、方法正确。如不符合要求，扣 2 分/项	10

续表

考核项目		考核内容	配分
职业规范	焊接操作	定位焊位置正确，引弧、收弧正确、操作规范；试件固定的空间位置符合要求。如不符合要求，扣 2 分/项	10
	焊后清理	关闭电源，设备维护、场地清理，符合 6S 标准。如不符合要求，由考评员扣 1 分/项	10

表 2-18 钢管 V 形坡口对接钨极氩弧焊实训作品评价标准

姓名			学号		得分	
检查项目		配分	标准	实际测定结果	检测人	
焊前准备	劳动保护准备	4	完好			
	试板外表清理	3	干净			
	试件定位焊尺寸、位置	3	≤10mm、一处或二处			
外观检查	气孔	3	无			
	夹杂与夹钨	3	无			
	咬边	4	深≤0.5mm、长≤10mm			
	弧坑	4	填满			
	焊瘤	3	无			
	未焊透	3	无			
	裂纹	3	无			
	内凹	3	无			
	未熔合	3	无			
	非焊接区域碰弧	3	无			
	焊缝正面高度	3	≤2mm			
	焊缝正面高度差	4	≤1mm			
	焊缝正面宽度 C	3	≤10mm			
	焊缝正面宽度差	4	≤1mm			
	焊后试件错边量	4	无			
	内径通球	10	过			
内部检查	断口试验	20	无缺陷			
焊后自查	合理节约焊材	3	焊丝>150mm 允许一根			
	安全、文明操作	4	好			
	不损伤焊缝	3	未伤			

表 2-19 钢管 V 形坡口对接钨极氩弧焊实训作品评分细则

序号	检查项目	配分	A		B		C		D	
			标准	得分	标准	得分	标准	得分	标准	得分
1	劳动保护准备	4	完好	4	较好	3.2	一般	2.4	差	0
2	试板外表清理	3	干净	3	较干净	2.4	一般	1.8	差	0
3	试件定位焊尺寸、位置	3	≤10mm	3	≤12mm	2.4	≤15m	1.8	>15mm	0
4	气孔	3	无	3	≤φ 1mm，1 个	2.4	≤φ 1.5mm，1 个	1.8	>φ 1.5mm 或>2 个	0

续表

序号	检查项目	配分	A 标准	得分	B 标准	得分	C 标准	得分	D 标准	得分
5	夹杂与夹钨	3	无	3					有	0
6	咬边	4	深≤0.5mm 长≤10mm	4	深≤0.5mm 长10~20mm	3.2	深≤0.5mm 长20~30mm	2.4	深>0.5mm 长>30mm	0
7	弧坑	4	填满	4					未填满	0
8	焊瘤	3	无	3					有	0
9	未焊透	3	无	3					有	0
10	裂纹	3	无	3					有	0
11	内凹	3	无	3	深≤1mm 长≤10mm	2.4	深≤1mm 长≤12mm	1.8	深>1mm 或 长>12mm	0
12	未熔合	3	无							
13	非焊接区域碰弧	3	无	3	有一处	2.4	有二处	1.8	有三处	0
14	焊缝正面高度	3	≤2mm	3	≤3mm	2.4	≤4mm	1.8	>4mm	0
15	焊缝正面高度差	4	≤1mm	4	≤2mm	3.2	≤3mm	2.4	>3mm	0
16	焊缝正面宽度 C	3	≤10mm	3	10mm<C≤11mm	2.4	11mm<C≤12mm	1.8	>13mm	0
17	焊缝正面宽度差	4	≤1mm	4	≤2mm	3.2	≤3mm	2.4	>3mm	0
18	焊后试件错边量	4	无	4	≤0.5mm	3.2	≤1mm	2.4	>1mm	0
19	内径通球	10	过	10					不过	0
20	断口试验	20	无缺陷	20	合格	16			不合格	0
21	合理节约焊材	3	>150mm 一根	3	>150mm 二根	2.4	>150mm 三根	1.8	>150mm 四根	0
22	安全、文明操作	4	好	4	较好	3.2	一般	2.4	差	0
23	不损伤焊缝	3	未伤	3					伤	0

注意事项：

（1）通球直径为管子内径的 85%。

（2）焊缝表面有裂纹、焊瘤、未熔合及焊缝低于母材等缺陷之一，按不及格论。

表2-20　综合评价表

学生姓名＿＿＿＿＿＿＿＿　　　　　　　　　　　　　　　　　　　　　学号＿＿＿＿＿＿＿＿

评价内容		权重（%）	自我评价 占总评分（10%）	小组评价 占总评分（30%）	教师评价 占总评分（60%）
应知	笔试	10			
	出勤	10			
	作业	10			
应会	职业素养与职业规范	21			
	实训作品	49			
小计分					
总评分					

240

综合评价细则：综合评价表中应知部分的笔试、出勤、作业评价项及应会部分的职业素养与职业规范、实训作品评价项的各项分数按三方评价得出的分数乘以对应的权重值最后累加得出总评分。

为突出技能，分值比例为应知：应会=3：7；职业素养与职业规范：实训作品=3：7。

任务思考

1. 手工钨极氩弧焊管对接水平固定焊装配及定位焊有哪些要求？

2. 手工钨极氩弧焊管对接水平固定焊操作要点是什么？

3. 手工钨极氩弧焊管对接水平固定焊常见缺陷有哪些？

项目三 管板焊接

【项目引入】

本项目包含了插入式管板水平固定焊、骑坐式管板水平固定焊两个学习任务,其中任务二的骑坐式管板水平固定焊又设置了焊条电弧焊、熔化极气体保护焊(CO_2气体保护焊)两个学习情境。在设置的学习情境下,以"工作任务"为主线,引导学生为完成既定的学习任务,积极探索学习新知识、新技能。

【项目目标】

知识目标

(1)掌握管板焊接工艺基础知识,了解插入式管板水平固定焊、骑坐式管板水平固定焊单面焊双面成型操作的基本知识。

(2)了解插入式管板水平固定焊、骑坐式管板水平固定焊单面焊双面成型焊条电弧焊及CO_2气体保护焊的焊接工艺参数选择方法。

(3)掌握不同焊接方法的安全知识,做到安全文明生产。

技能目标

(1)掌握插入式管板水平固定焊、骑坐式管板水平固定焊焊条电弧焊和CO_2气体保护焊两种焊接方法的操作技术。

(2)培养学生自我分析焊接质量的能力,使学生通过学习能预防和解决焊接过程出现的质量问题。

素质目标

(1)养成遵纪、守法、依规、文明的行为习惯。

(2)具有良好的道德品质、职业素养、竞争和创新意识。

(3)具有爱岗敬业、能吃苦耐劳、高度责任心和良好的团队合作精神。

(4)严格执行焊接各项安全操作规程和实施防护措施,保证安全生产,避免发生事故。

任务1 插入式水平固定焊

【任务描述】

本任务包含了插入式水平固定焊之焊条电弧焊一个学习情境。通过学习和实训，熟练掌握并巩固管板焊接插入式水平固定焊焊条电弧焊的施焊方法。水平固定管板焊包括仰焊、立焊、平焊三种焊接位置，所以又称全位置焊。管件的空间焊接位置沿环形接缝连续不断地发生变化。焊接过程中，焊条角度、给送液态金属的速度、间断灭弧的节奏、熔池倾斜的状态，都将随焊接位置的改变而改变。

情境一 插入式水平固定焊之焊条电弧焊

【资讯】

1. 本课程学习任务

（1）了解焊条电弧焊管板焊接插入式水平固定焊常见的焊接缺陷。

（2）掌握焊条电弧焊管板焊接插入式水平固定焊焊接工艺参数的选用和使用原则。

（3）通过实训任务，掌握管板焊接插入式水平固定焊的施焊方法、操作要领。

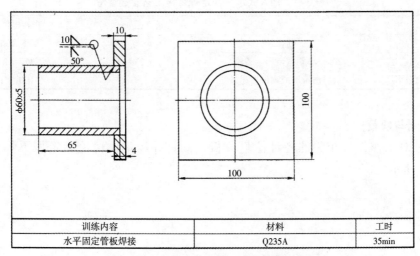

训练内容	材料	工时
水平固定管板焊接	Q235A	35min

图 3-1 插入式水平固定焊技能训练工作图

注：技术要求：焊缝均匀且焊透，焊缝接头平整、波纹细腻。

（4）了解焊接质量评分标准基本知识。

（5）能够对焊缝进行外观检测。

2. 任务步骤

（1）焊机、工件、焊接材料准备。

（2）焊前装配：将管子插入孔板内，管子端面与孔板底面留出 4mm 的距离，并调整孔板与管子之间的根部间隙为 2.5~3mm，进行定位焊，要保证孔板与管子相互垂直。清理焊件，使焊件保持在 800~900mm 的高度，将其固定在工位的支架上。

（3）定位焊：采用与焊接相同的 E4303 焊条进行定位焊。定位焊点固位置：坡口内圆周平分三点，点固焊长度：10mm。

（4）插入式水平固定焊示范、操作。

（5）焊后清理。

（6）焊缝检查。

3. 工具、设备、材料准备

（1）焊件清理：孔板材料为 Q235A 钢板，尺寸 100mm×100mm×10mm 在中心加工出比管的外径大 5~6 mm 的圆孔，并在中心孔的一侧加工成 50°的坡口。钢管材料为 Q235A；尺寸 ϕ60mm×70mm×5mm。

（2）焊接设备：BX3–300 型或 ZX5–500 型手弧焊机。

（3）焊条：E4303 型，直径为 3.2mm。焊条烘干 150~350℃，并恒温 2h，随用随取。

（4）劳动保护用品：面罩、手套、工作服、工作帽、绝缘鞋、白光眼镜。

（5）辅助工具：锉刀、锤子、扁铲、钢丝刷、角磨机、焊条保温筒、焊缝检验尺。

（6）确定焊接工艺参数，如表 3–1 所示。

表 3–1　插入式水平固定焊焊接工艺参数参考

焊接层次	运条方法	焊条直径/mm	焊接电流/A
打底层	断弧焊法		95~105
填充层	小斜锯齿形运条法	3.2	110~120
盖面层	斜锯齿形或锯齿形运条法		100~110

【计划与决策】

经过对工作任务相关的各种信息分析，制订并经集体讨论确定如下焊接方案，如表3–2所示。

表 3-2 插入式水平固定焊焊接方案

序号	实施步骤		工具设备材料	工时
1	焊前准备	工件开坡口、清理	半自动火焰切割机、钢丝刷、角磨机	2.5
		焊条检查、准备	E4303（J422）Φ3.2mm 焊条	
		焊机检查	BX3-300 型或 ZX5-500 型手弧焊机	
		焊前装配	角磨机、钢角尺、钢尺	
		定位焊接	焊接设备、焊条	
2	示范与操作	示范讲解	焊帽、手套、工作服、工作帽、绝缘鞋、刨锤、钢丝刷等	11
		调节工艺参数		
		打底焊		
		填充焊		
		盖面焊		
3	焊缝清理	清理焊渣、飞溅	锉刀、钢丝刷	0.5
4	焊缝检查过程评价	焊缝外观检查	焊缝万能量规	1
		焊缝检测尺检测		

【实施】

一、管板接头分类

（1）管板角接可分为插入式管板和骑坐式管板两类。

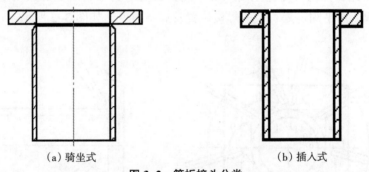

（a）骑坐式　　　　　　　　（b）插入式

图 3-2 管板接头分类

（2）根据空间位置不同，每类管板又可以分为垂直固定俯焊、垂直固定仰焊和水平固定焊三种。

二、单面焊双面成型技术

（1）单面焊双面成型技术是采用普通焊条，以特殊的操作方法，在坡口背面没有任何辅助措施的条件下，在坡口面进行焊接，焊后保证坡口的正、背面都能得到均匀整齐，成型良好，符合质量要求的焊缝。

（2）适用于无法从背面清除焊根并进行封底焊的重要焊件。

✍ 插入式水平固定焊任务分析

一、工艺分析

本任务要完成图 3-1 所示插入式水平固定管板的焊接。焊接水平固定管板时，应使熔池尽可能趋于水平状，电弧偏于孔板，并且孔板侧电弧停留时间要稍长一些，以避免在管侧出现堆积，孔板侧出现咬边等缺陷。

操作中，若焊接电流偏小，熔池与熔渣在 T 型接头的夹角处混在一起，熔渣不易浮出，很容易产生夹渣和未熔合等缺陷。若焊接电流过大，运条速度过慢，则容易产生焊瘤。

二、水平固定管板焊焊接操作特点

水平固定管板焊包括仰焊、立焊、平焊三种焊接位置，所以又称全位置焊。通常以时钟位置的 6 点和 12 点为界，将水平固定管的环形接缝分成对称的两个半圆形（两个半圈）接缝，施焊时，分前、后半部，按照仰焊、立焊、平焊的顺序进行焊接。焊接操作特点如下。

（1）管件的空间焊接位置沿环形接缝连续不断地发生变化。焊接过程中，焊条角度、给送液态金属的速度、间断灭弧的节奏、熔池倾斜的状态，都将随焊接位置的改变而改变。因此，控制好熔池温度和熔池倾斜程度以及不断改变焊条角度是管板水平固定焊的关键。水平固定焊管板的焊接位置及焊条角度，如图 3-3 所示。

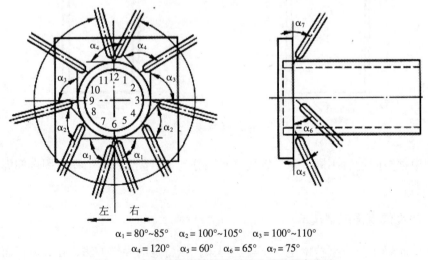

$\alpha_1 = 80° \sim 85°$　　$\alpha_2 = 100° \sim 105°$　　$\alpha_3 = 100° \sim 110°$
$\alpha_4 = 120°$　　$\alpha_5 = 60°$　　$\alpha_6 = 65°$　　$\alpha_7 = 75°$

图 3-3　水平固定焊管板的焊接位置及焊条角度

（2）由于焊工不易控制熔池形状，在焊接过程中，常出现打底层根部焊透程度不均匀、焊道表面凹凸不平的情况。

（3）因为焊接操作难度较大（管径越小，操作难度越大），焊成的焊缝中经常出现各种缺陷。如在仰焊位置易出现夹渣，斜仰焊位置易出现焊瘤，斜平焊位置焊透程度易过大，出现焊瘤或熔透不均匀；立焊位置的液态金属与熔渣易分离，所以焊透程度良好。

📝 焊接质量评分标准

一、保证项目

（1）焊接材料应符合设计要求和有关标准的规定，应检查质量证明书及烘焙记录。

（2）焊工必须经考试合格，检查焊工相应施焊条件的合格证及考核日期。

（3）Ⅰ、Ⅱ级焊缝必须经探伤检验，并应符合设计要求和施工及验收规范的规定检查焊缝探伤报告。

（4）焊缝表面Ⅰ、Ⅱ级焊缝不得有裂纹、焊瘤、烧穿、弧坑等缺陷。Ⅱ级焊缝不得有表面气孔、夹渣、弧坑、裂纹、电弧擦伤等缺陷，且Ⅰ级焊缝不得有咬边、未焊满等缺陷。

二、基本项目

（1）焊缝外观：焊缝外形均匀，焊道与焊道、焊道与基本金属之间过渡平滑，焊渣和飞溅物清除干净。

（2）表面气孔：Ⅰ、Ⅱ级焊缝不允许，Ⅲ级焊缝每 50mm 长度焊缝内允许直径 $\leqslant$ 0.4t 且 $\leqslant$ 3mm。气孔 2 个，气孔间距 $\leqslant$ 6 倍孔径。

（3）咬边：Ⅰ级焊缝不允许。Ⅱ级焊缝：咬边深度 $\leqslant$ 0.05t，且 $\leqslant$ 0.5mm 连续长度 $\leqslant$ 100mm，且两侧咬边总长 $\leqslant$ 10% 焊缝长度。Ⅲ级焊缝：咬边深度 $\leqslant$ 0.1t，且 $\leqslant$ 1mm。注：t 为连接处较薄的板厚。

三、成品保护

（1）焊后不准撞砸接头，不准往刚焊完的钢材上浇水。低温下应采取缓冷措施。

（2）不准随意在焊缝外母材上引弧。

（3）各种构件校正好之后方可施焊，并不得随意移动垫铁和卡具，以防造成构件尺寸偏差。隐蔽部位的焊缝必须办理完隐蔽验收手续后方可进行下道隐蔽工序。

（4）低温焊接不准立即清渣，应等焊缝降温后进行。

四、应注意的质量问题

（1）尺寸超出允许偏差：对焊缝长宽、宽度、厚度不足，中心线偏移，弯折等偏差，应严格控制焊接部位的相对位置尺寸，合格后方准焊接，焊接时精心操作。

（2）焊缝裂纹：为防止裂纹产生，应选择适合的焊接工艺参数和施焊程序，避免用大电流，不要突然熄火，焊缝接头应搭 10~15mm，焊接中不允许搬动、敲击焊件。

（3）表面气孔：焊条按规定的温度和时间进行烘焙，焊接区域必须清理干净，焊接过程中选择适当的焊接电流，降低焊接速度，使熔池中的气体完全逸出。

（4）焊缝夹渣：多层施焊应层层将焊渣清除干净，操作中应运条正确，弧长适当。

五、质量记录

本工艺标准应具备以下质量记录：

（1）焊接材料质量证明书。

（2）焊工合格证及编号。

（3）焊接工艺试验报告。

（4）焊接质量检验报告、探伤报告。

（5）变更、洽商记录。

（6）隐蔽工程验收记录。

（7）其他技术文件。

表 3-3 质量记录

项次	项目			允许偏差/mm			检验方法
				Ⅰ级	Ⅱ级	Ⅲ级	
1	对接焊缝	焊缝余高/mm	B<20	0.5~2	0.5~2.5	0.5~3.5	用焊缝量规检查
			b≥20	0.5~3	0.5~3.5	0~3.5	
		焊缝错边		<0.1t 且不大于 2.0	<0.1t 且不大于 2.0	<0.15t 且不大于 3.0	
2	角焊缝	焊角尺寸/mm	hf≤6	0~+1.5			
			hf>6	0~+3			
		焊缝余高/mm	hf≤6	0~+1.5			
			hf>6	0~+3			
3	组合焊缝焊角尺寸	T 型接头，十字接头、角接头		>t/4			
		超重量≥50t，中级工作制吊车梁 T 型接头		t/2 且 ≥10			

注：b 为焊缝宽度，t 为连接处较薄的板厚，hf 为焊角尺寸。

六、焊缝等级分类及无损检测要求

焊缝应根据结构的重要性、荷载特性、焊缝形式、工作环境以及应力状态等情况。按下述原则分别选用不同的质量等级。

（1）需要进行疲劳计算的构件中，凡对接焊缝均应焊透，其质量等级为：

1）作用力垂直于焊缝长度方向的横向对接焊缝或 T 型对接与角接组合焊缝，受拉时应为一级，受压时应为二级。

2）作用力平行于焊缝长度方向的纵向对接焊缝应为二级。

（2）需要计算疲劳的构件中，凡要求与母材等强的对接焊缝应予焊透，其质量等级当受拉时应不低于二级，受压时宜为二级。

（3）一级工作制和起重量 Q≥50t 吊车梁的腹板与 L 翼缘之间以及吊车桁架上弦杆与节点板之间的 T 型接头焊缝均要求焊透，焊缝形式一般为对接与角接的组合焊缝，其质量等级不应低于二级。

（4）要求焊透的 T 型接头采用的角焊缝或部分焊透的对接与角接组合焊缝，以及搭接连接采用的角焊缝，其质量等级为：

1）对直接承受动力荷载且需要验算疲劳的结构和吊车起重量等于或大于 50t 的中级工作制吊车梁，焊缝的外观质量标准应符合二级。

2）对其他结构焊缝的外观质量标准可为二级。外观检查一般用目测，裂纹的检查应辅以 5 倍放大镜并在合适的光照条件下进行，必要时可采用磁粉探伤或渗透探伤，尺寸的测量应用量具、卡规。

七、焊缝外观质量应符合下列规定

（1）一级焊缝不得存在未焊满、根部收缩、咬边和接头不良等缺陷，一级焊缝和二级焊缝不得存在表面气孔、夹渣、裂纹和电弧擦伤等缺陷。

（2）二级焊缝的外观质量除应符合本条第一款的要求外，应满足表 3-4 的有关规定。

（3）三级焊缝的外观质量应符合表 3-4 的有关规定。

表 3-4　规定一

焊缝质量等级 检测项目	二级	三级
未焊满	≤0.2+0.02t 且≤1mm，每 100mm 长度焊缝内未焊满累积长度≤25mm	≤0.2+0.04t 且≤2mm，每 100mm 长度焊缝内未焊满累积长度≤25mm
根部收缩	≤0.2+0.02t 且≤1mm，长度不限	≤0.2+0.04t 且≤2mm，长度不限
咬边	≤0.05t 且≤0.5mm，连续长度≤100mm，且焊缝两侧咬边总长≤10%焊缝全长	≤0.1t 且≤1mm，长度不限
裂纹	不允许	允许存在长度≤5mm 的弧坑裂纹
电弧擦伤	不允许	允许存在个别电弧擦伤
接头不良	缺口深度≤0.05t 且≤0.5mm，每 1000mm 长度焊缝内不得超过 1 处	缺口深度≤0.1t 且≤1mm，每 1000mm 长度焊缝内不得超过 1 处
表面气孔	不允许	每 50mm 长度焊缝内允许存在直径≤0.4t 且≤3mm 的气孔 2 个；孔距应≥6 倍孔径
表面夹渣	不允许	深≤0.2t，长≤0.5t 且≤20mm

八、设计要求全焊透的焊缝，其内部缺陷的检验应符合下列要求

（1）一级焊缝应进行 100%的检验，其合格等级应为现行国家标准《钢焊缝手工超声波探伤方法及质量分级法》（GB11345）B 级检验的 Ⅱ 级及 Ⅱ 级以上。

（2）二级焊缝应进行抽检，抽检比例应不小于 20%，其合格等级应为现行国家

标准《钢焊缝手工超声波探伤方法及质量分级法》（GB11345）B级检验的Ⅲ级及Ⅲ级以上。

（3）全焊透的三级焊缝可不进行无损检测。

（4）焊接球节点网架焊缝的超声波探伤方法及缺陷分级应符合国家现行标准JG/T203—2007《钢结构超声波探伤及质量分级法》的规定。

（5）螺栓球节点网架焊缝的超声波探伤方法及缺陷分级应符合国家现行标准JG/T203—2007《钢结构超声波探伤及质量分级法》的规定。

（6）箱形构件隔板电渣焊焊缝无损检测结果除应符合GB50205—2001标准有关规定外，还应按附录C进行焊缝熔透宽度、焊缝偏移检测。

（7）圆管T、K、Y节点焊缝的超声波探伤方法及缺陷分级应符合GB50205—2001标准附录D的规定。

（8）设计文件指定进行射线探伤或超声波探伤不能对缺陷性质作出判断时，可采用射线探伤进行检测、验证。

（9）射线探伤应符合现行国家标准《钢熔化焊对接接头射线照相和质量分级》（GB3323）的规定，射线照相的质量等级应符合AB级的要求。一级焊缝评定合格等级应为《钢熔化焊对接接头射线照相和质量分级》（GB3323）的Ⅱ级及Ⅱ级以上，二级焊缝评定合格等级应为《钢熔化焊对接接头射线照相和质量分级》（GB3323）的Ⅲ级及Ⅲ级以上。

（10）以下情况之一应进行表面检测：

1）外观检查发现裂纹时应对该批中同类焊缝进行100%的表面检测。

2）外观检查怀疑有裂纹时应对怀疑的部位进行表面探伤。

3）设计图纸规定进行表面探伤时。

4）检查员认为有必要时。

铁磁性材料应采用磁粉探伤进行表面缺陷检测。确因结构原因或材料原因不能使用磁粉探伤时，方可采用渗透探伤。磁粉探伤应符合国家现行标准《焊缝磁粉检验方法和缺陷磁痕的分级》（JB/T6061）的规定，渗透探伤应符合国家现行标准《焊缝渗透检验方法和缺陷迹痕的分级》（JB/T6062）的规定。磁粉探伤和渗透探伤的合格标准应符合外观检验的有关规定。设计要求全焊透的一、二级焊缝应采用超声波探伤进行内部缺陷的检验，超声波探伤不能对缺陷作出判断时，应采用射线探伤其内部缺陷分级及探伤方法应符合现行国家标准《钢焊缝手工超声波探伤方法和探伤结果分级》（GB11345）或《钢熔化焊对接接头射结照相和质量分级》（GB3323）的规定。焊接球节点网架焊缝、螺栓球节点网架焊缝及圆管T、K、Y型点相贯线焊缝，其内部缺陷分级及探伤方法应分别符合国家现行标准《钢结构超声波探伤及质量分级法》（JG/T203—2007）、《建筑钢结构焊接技术规程》（JGJ81）的规定。一级、二级焊缝的质量等级及缺陷分级应符合表3-5的规定。

表 3-5　一、二级焊缝质量等级及缺陷分级

焊缝质量等级		一级	二级
内部缺陷 超声波探伤	评定等级	Ⅱ	Ⅲ
	检验等级	B 级	B 级
	探伤比例	100%	20%
内部缺陷 射线探伤	评定等级	Ⅱ	Ⅲ
	检验等级	AB 级	AB 级
	探伤比例	100%	20%
探伤比例的计数方法应按以下原则确定：对工厂制作焊缝，应按每条焊缝计算百分比。			

说明：根据结构的承载情况不同，现行国家标准《钢结构设计规范》（GBJ17）中将焊缝的质量分为三个质量等级。内部缺陷的检测一般可用超声波探伤和射线探伤。射线探伤具有直观性、一致性好的优点，过去人们觉得射线探伤可靠、客观。但是射线探伤成本高、操作程序复杂、检测周期长，尤其是钢结构中大多为 T 型接头和角接头，射线检测的效果差，且射线探伤对裂纹、未熔合等危害性缺陷的检出率低。超声波探伤则正好相反，操作程序简单、快速，对各种接头形式的适应性好，对裂纹、未熔合的检测灵敏度高，因此世界上很多国家对钢结构内部质量的控制采用超声波探伤，一般已不采用射线探伤。随着大型空间结构应用的不断增加，对于薄壁大曲率 T、K、Y 型相贯接头焊缝探伤，国家现行行业标准《建筑钢结构焊接技术规程》（JGJ81）中给出了相应的超声波探伤方法和缺陷分级。网架结构焊缝探伤应按现行国家标准《钢结构超声波探伤及质量分级法》（JG/T203—2007）的规定执行。

本规范规定要求全焊透的一级焊缝 100%，检验二级焊缝的局部检验定为抽样检验。钢结构制作一般较长，对每条焊缝按规定的百分比进行探伤，且每处不小于 200mm 的规定，对保证每条焊缝质量是有利的。但钢结构安装焊缝一般都不长，大部分焊缝为梁—柱连接焊缝，每条焊缝的长度大多在 250~300mm，采用焊缝条数计数抽样检测是可行的。

（1）T 型接头、十字接头、角接接头等要求熔透的对接和角对接组合焊缝，其焊脚尺寸不应小于 $t/4$；设计有疲劳验算要求的吊车梁或类似构件的腹板与上翼缘连接焊缝的焊脚尺寸为 $t/2$，且不应小于 10mm。焊脚尺寸的允许偏差为 0~4mm。检查数量、资料全数检查同类焊缝抽查 10%，且不应少于 3 条。

检验方法：观察检查，用焊缝量规抽查测量。

说明：以上（1）对 T 型、十字型、角接接头等要求焊透的对接与角接组合焊缝，为减少应力集中，同时避免过大的焊脚尺寸，参照国内外相关规范的规定，确定了对静载结构和动载结构的不同焊脚尺寸的要求。

（2）焊缝表面不得有裂纹、焊瘤等缺陷。一级、二级焊缝不得有表面气孔、夹渣、弧坑裂纹、电弧擦伤等缺陷。且一级焊缝不许有咬边、未焊满、根部收缩等缺陷。

检查数量，每批同类构件抽查 10%，且不应少于 3 件，被抽查构件中，每一类型焊缝按条数抽查 5%，且不应少于 1 条，每条检查 1 条，总抽查数不应少于 10 处。

检验方法：观察检查或使用放大镜、焊缝量规定和钢尺检查，当存在疑义时采用渗透或磁粉探伤检查。

说明：以上考虑不同质量等级的焊缝承载要求不同，凡是严重影响焊缝承载能力的缺陷都是严禁的。本条对严重影响焊缝承载能力外观质量要求列入主控项目，并给出了外观合格质量要求。由于一、二级焊缝的重要性，对表面气孔、夹渣、弧坑裂纹、电弧擦伤应有特定不允许存在的要求，咬边、未焊满、根部收缩等缺陷对动载影响很大，故一级焊缝不得存在该类缺陷。

☞ 焊接项目代码的解释说明

目前使用的锅炉压力容器压力管道焊工合格证，填写的内容都是以焊接项目代码表示，其代码与国际上所通用的焊接代码接轨，非专业人员一般很难理顺，现将常用的焊接项目符号作如下解释：

手工焊焊工考试项目表示方法为：

焊接方法+母材类别+焊接位置+母材规格及一种焊接方法的融覆厚度+焊材的要素

1. 焊接方法

GTAW——氩弧焊。

SMAW——焊条电弧焊。

GMAW——气体保护焊。

SAW——埋弧焊；如是耐蚀层堆焊加：N 及试件母材厚度。

2. 母材类别

国家规定将母材分成 4 类：

Ⅰ——碳素钢。

Ⅱ——低合金钢（该材料考试合格后可以免去Ⅰ类钢的考试）。

Ⅲ——马氏体钢、铁素体不锈钢。

Ⅳ——奥氏体、双向不锈钢（除了Ⅱ类材料可以代替Ⅰ类材料外，其他间不能互相代替）。

3. 焊接位置

1G——板平焊、管转动焊。

2G——板横焊、管垂直固定。

3G——板立焊。

4G——板仰焊。

5G——管水平固定（向上）。

5GX——管水平固定（下降焊）。

6G——管 45 度固定（向上）。

6GX——管 45 度固定（下降焊）。

2FG——管板垂直固定。

4FG——管板垂直固定仰焊。

5FG——管板水平固定。

6FG——管板 45 度固定。

4. 试件焊缝金属厚度

5. 焊接材料要素

（1）02——实芯焊丝。

（2）03——药芯焊丝。

（3）FI——钛钙型（酸性）焊条。

（4）F3J——低氢型（碱性）焊条。

（5）F4——不锈钢（酸性）焊条。

（6）F4J——不锈钢低氢型（碱性）焊条。

在上述焊材中，除了碱性焊条考试焊工后可以代替酸性焊条的考试，其他之间不能相互代替。

操作说明

一、操作要点

焊件装配及定位焊、打底焊、填充焊、盖面焊。插入式水平固定焊因采用三层三道焊，故层间清渣一定要仔细，防止焊缝夹渣。

二、焊前准备

（1）启动焊机安全检查：BX3-300 型或 ZX5-500 型手弧焊机，调试电流。

（2）焊件加工：孔板材料为 Q235A 钢板，在中心加工出比管的外径大 5~6 mm 的圆孔，并在中心孔的一侧加工成 50°的坡口。钢管材料为 Q235A。焊件平整无变形。

（3）焊件的清理：将试件坡口进行修磨，确保在坡口两侧 20mm 处无水、油、锈等杂质，露出金属光泽。

（4）焊条：E4303 型，直径为 3.2mm。焊条烘焙 150~350℃，恒温 2h，然后放入焊条保温桶中备用，焊前要检查焊条质量。

（5）焊件装配及定位焊：将管子插入孔板内，管子端面与孔板底面留出 4mm 的距离，并调整孔板与管子之间的根部间隙为 2.5~3 mm，板正面中心孔的一侧加工成 V 形坡口 50°±5°板钝边：0mm，装配间隙：2.5~3.2mm，定位焊点固位置：坡口内圆周平分三点，点固焊长度：10mm。

三、操作步骤

（一）断弧打底层焊接

调试焊接电流并进行试焊，确认合适后再进行打底层焊接。

焊接时，采用断弧焊法分左右两部分焊接。前半部分的焊接（取右侧）：从 7 点处引弧，长弧预热后，在过管板垂直中心 5~10 mm 位置向坡口根部顶送焊条，待坡口根部熔化形成熔孔后熄弧，待熔池颜色稍变暗，立即燃弧，由孔板侧移到管子侧，当形成熔孔后熄弧，如此反复地燃弧—熄弧，直至焊到管顶部超过 12 点 5~10 mm 处熄弧。

1. 仰焊位置

在仰焊位置焊接时，焊条向坡口根部顶送深些，横向摆动幅度小些，在形成熔池之后，运条节奏快些，否则易使背面焊缝产生咬边和下坠。

2. 立焊位置

在立焊位置焊接时，焊条向坡口根部顶送的深度要比仰焊位置浅些。平焊位置比立焊位置还要浅些，防止熔化金属在重力作用下造成背面焊缝过高或产生焊瘤。

焊接过程中经过定位焊缝时，要把电弧稍向根部间隙里压送片刻，然后以较快的焊接速度焊过定位焊缝，再恢复正常焊接。

3. 接头

更换焊条要迅速，当熔池还处于红热状态时，在熔池前方 10mm 处引燃电弧，焊条稍加摆动，填满弧坑焊至熔孔处，焊条向内压，并稍加停顿，待听到击穿声并形成新熔孔时，继续向上施焊。

仰位接头时，首先清理接头处的熔渣并修成缓坡形，在接头后面 10mm 处引弧，稍长弧焊至接头处向内压弧片刻，然后转入正常焊接。平焊接头前也要修整接头处，操作方法同焊至定位焊缝时的操作一样。

4. 后半部的焊接

后半部分的焊接（左侧）与前半部分的操作基本相同，只是要进行仰位及平位的接头。

操作提示：由于管子与孔板的厚度不同，所需热量也不一样，为防止板件一侧产生未熔合缺陷，运条时，应使电弧的热量偏向孔板，焊条在孔板一侧多停留一会儿，以保证孔板的边缘熔化良好，并且适时地调整熔池形状，在 6 点至 4 点及 2 点至 12 点区段，要保持熔池液面趋于水平，不使熔池金属下淌。

（二）小斜锯齿形运条填充焊

填充层的焊接顺序、焊条角度、运条方法与打底焊接基本相似，但斜锯齿形运条的摆动幅度比打底层焊宽些，因焊道外侧圆周较长，故在保持熔池液面趋于水平的前提下，加大孔板侧的向前移动间距，并相应增加焊接停留时间。

操作提示：运条时，采用较小的摆动幅度和较快些的节奏，控制填充层的每层焊道要薄些，可以克服液态金属下坠。另外，填充坡口时，为保证盖面焊缝焊脚对称，尽可能在孔板侧多焊些填充焊道形成一个斜度。

（三）斜锯齿形运条盖面焊

盖面层与填充层焊接相似，运条过程中既要考虑焊脚尺寸与对称性，又要使焊缝波纹均匀，无表面缺陷。为防止出现盖面焊缝的仰位超高、平位偏低，以及孔板侧产生咬边等缺陷，盖面层的焊接要采取一定的措施。

1. 前半部分的焊接

前半部分的起焊处 7 点至 6 点的焊接，以直线形运条法施焊，焊道要尽可能地细且薄，为后半部分获得平整的接头做准备。

2. 后半部分的仰位接头

后半部分始焊端仰位接头时，在 8 点处引弧，将电弧拉到接头处（6 点附近），长弧预热，当出现熔化状态时，将焊条缓缓地送到较细焊道的接头点，借助电弧的喷射，熔滴均匀地落在始焊端，然后，采用直线运条与前半部分留出的接头平整熔合，再转入斜锯齿形运条的正常盖面焊。

3. 斜平位至平位处焊接

盖面层斜平位至平位处（2 点至 12 点）的焊接，熔敷金属易于向管壁侧堆聚而使孔板侧形成咬边缺陷。为此，在焊接过程中由立位采用锯齿形运条过渡到斜平位 2 点处采用斜锯齿形运条，要控制熔池温度，保持熔池成水平状。在孔板侧停留时间稍长些，以短弧填满熔池，必要时可以间断熄弧，使孔板侧焊缝饱满，管子侧不堆积。当焊至 12 点处时，将焊条端部靠在填充焊的管壁夹角处，以直线运条至 12 点与 11 点之间处收弧，为后半部分末端接头打基础。

4. 后半部分末端平位收尾

当后半部分末端平位接头时，从 10 点至 12 点采用斜锯齿形运条法，施焊到 12 点处采用小锯齿形运条法，与前半部分留出的斜坡接头熔合，做几次挑弧动作，将熔池填满即可收弧。

四、焊缝清理

焊接结束后，清渣处理。主要清理焊件表面的焊渣、焊接飞溅物、氧化物等。在焊接检验前，不得对焊接缺陷进行修改。焊缝应处于原始状态。清理焊件表面的焊渣、焊接飞溅物，一定要戴好护目镜。

五、焊缝质量检验

（1）焊缝表面无加工、补焊、返修现象，保持原始状态。

（2）焊缝表面不得有裂纹、夹渣、气孔、未熔合和焊瘤等缺陷。

（3）咬边允许深度≤10% 的 S，长度不超过焊缝长度总长的 20%，未焊透深度≤15% 的 S，总长不超过焊缝有效长度的 10%；背面凹坑深度≤1mm，总长不超过焊缝总长的 10%（S 为管壁厚度）。

（4）焊脚允许凹凸度≤±1.5 mm，试件的焊脚尺寸为 S+（3~6）mm。

（5）进行通球检验，通球直径为管内径的 85%。

焊接结束，关闭焊接电源，工具复位，清理、清扫现场，检查安全隐患。

【检查】

（1）插入式水平固定焊完成情况检查。

（2）记录资料。

（3）文明实训。

（4）实施过程检查。

【评价】

过程性考核评价如表 3-6 所示；实训作品评价如表 3-7 所示；最后综合评价按表3-8 执行。

表 3-6　插入式水平固定焊过程评价标准

考核项目		考核内容	配分
职业素养	安全意识	执行安全操作规程，安全操作技能，安全意识。如有违反，由考评员扣 1 分/项	10
	文明生产	做到对现场或岗位进行整理、整顿、清扫、清洁，文明生产。如不符合要求，由考评员扣 1 分/项	10
	责任心	有主人翁意识，工作认真负责，能为工作结果承担责任。如不符合要求，由考评员扣 1 分/项	10
	团队精神	有良好的合作意识，服从安排。如不符合要求，由监考员扣 1 分/项	10
	职业行为习惯	成本意识，操作细节。如不符合要求，由考评员扣 1 分/项	10
职业规范	工作前的检查	安全用电及安全防护、焊前设备检查。如不符合要求，由考评员扣 1 分/项	10
	工作前准备	场地检查、工量具齐全、摆放整齐、试件清理。如不符合要求，扣 1 分/项	10
	设备与参数的调节	参数符合要求、设备调节熟练、方法正确。如不符合要求，扣 2 分/项	10
	焊接操作	定位焊位置正确，引弧、收弧正确、操作规范；试件固定的空间位置符合要求。如不符合要求，扣 2 分/项	10
	焊后清理	关闭电源，设备维护、场地清理，符合 6S 标准。如不符合要求，由考评员扣 1 分/项	10

表 3-7　实训作品评价标准

姓名		学号		作品总得分	
项目	考核要求	分值	扣分标准	检验结果	各项得分
焊缝宽度	8~10mm	10	超差不得分		
焊缝凸度	0~3mm	10	超差不得分		
焊缝表面咬边	深度≤0.5mm	10	超差不得分		
未焊透	深度≤15%壁厚	5	超差不得分		
管板垂直度	90°±1°	5	出现缺陷不得分		
未熔合	无	8	出现缺陷不得分		
气孔	无	8	出现缺陷不得分		
夹渣	无	8	出现缺陷不得分		
焊瘤	无	8	出现缺陷不得分		

续表

项目	考核要求	分值	扣分标准	检验结果	各项得分
背面凹坑	≤1mm	8	超差不得分		
通球试验	球径为管内径的85%	10	球通不过不得分		
焊缝表面成型	波纹均匀，成型美观	10	根据成型酌情扣分		

表 3-8　综合评价表

学生姓名＿＿＿＿＿＿＿＿＿　　　　　　　　　　　　　　　　　　学号＿＿＿＿＿＿＿＿

评价内容		权重（%）	自我评价	小组评价	教师评价
			占总评分（10%）	占总评分（30%）	占总评分（60%）
应知	笔试	10			
	出勤	10			
	作业	10			
应会	职业素养与职业规范	21			
	实训作品	49			
小计分					
总评分					

　　评价细则：综合评价表中应知部分的笔试、出勤、作业评价项及应会部分的职业素养与职业规范、实训作品评价项的各项分数按三方评价得出的分数乘以对应的权重值最后累加得出总评分。

　　为突出技能，分值比例为应知：应会=3：7；职业素养与职业规范：实训作品=3：7。

任务思考

　　1. 在实践操作过程中焊条电弧焊管—板焊接插入式水平固定焊最易出现的焊接缺陷有哪些？如何避免？

　　2. 通过实践操作，谈谈焊条电弧焊管—板焊接插入式水平固定焊的施焊方法、操作要领。

任务 2　管板骑坐式水平固定焊

【任务描述】

本任务包含了管板骑坐式水平固定焊之焊条电弧焊、管板骑坐式水平固定焊之熔化极气体保护焊两个学习情境。通过学习和实训，熟练掌握并巩固管板对接骑坐式水平固定焊的施焊方法。骑坐式管板水平固定焊接时，焊条沿坡口周向运行，分别经过仰、立、平几种焊接位置的变换，焊接过程中对焊条角度、焊接参数、操作技能水平的要求都较为严格。此外，管与板的厚度相差很大，焊接过程中两者之间受热情况不同，必须采取合理的焊接工艺加以弥补，否则很难获得满意的焊缝质量。

情境一　骑坐式水平固定焊之焊条电弧焊

【资讯】

1. 本课程学习任务

（1）了解焊条电弧焊管板骑坐式水平固定焊常见的焊接缺陷。

（2）掌握焊条电弧焊管板骑坐式水平固定焊焊接工艺参数的选用和使用原则。

（3）通过实训任务，掌握管板骑坐式水平固定焊的施焊方法及操作要领。

（4）了解焊条电弧焊管板骑坐式水平固定焊的焊接特点及相关焊接知识。

（5）能够对焊缝进行外观检测。

2. 任务步骤

（1）焊机、工件、焊接材料准备。

（2）焊前装配：将管子锉钝边 0.5~1mm，管子及孔板装配间隙为 3mm。

（3）定位焊：采用与焊接相同的 E4303 焊条进行定位焊。定位焊的位置以 120°夹角定两处，点固焊长度：10~15mm。

（4）管板骑坐式水平固定焊示范、操作。

（5）焊后清理。

（6）焊缝检查。

3. 工具、设备、材料准备

（1）焊件清理：孔板材料为 Q235A 钢板，尺寸 120mm×120mm×12mm 在中心加工出与管的内径相同的圆孔ϕ68。钢管材料为 20 号钢，尺寸ϕ76mm×100mm×4mm，单边坡口

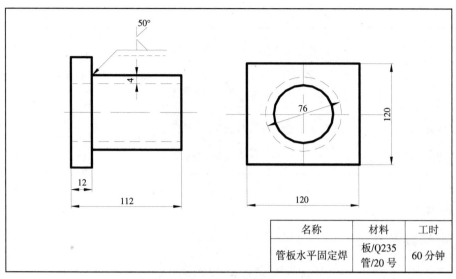

图3-4 管板骑坐式水平固定焊技能训练工作图

注：技术要求：①采用手工电弧焊单面焊双面成型，焊条牌号为E4303，直径自定；②装配间隙、钝边自定，焊后金相检查；③焊接完毕只允许清渣，不允许补焊和修磨。

角度50°左右。

（2）焊接设备：BX3-300型或ZX5-500型手弧焊机。

（3）焊条：E4303型，直径为3.2mm、2.5mm。焊条烘干150~200℃，并恒温2h，随用随取。

（4）劳动保护用品：面罩、手套、工作服、工作帽、绝缘鞋、白光眼镜。

（5）辅助工具：锉刀、敲渣锤、钢丝刷、角磨机、焊条保温筒、焊缝检验尺。

（6）两层两道焊，确定焊接工艺参数，如表3-9所示。

表3-9 管板骑坐式水平固定焊焊接工艺参数参考

焊接层次	焊条型号	焊条直径/mm	焊接电流/A	电弧电压/V
打底层	E4303	2.5	70~80	22~24
盖面层	E4303	3.2	100~120	22~24

【计划与决策】

经过对工作任务相关的各种信息分析，制订并经集体讨论确定如下焊接方案，如表3-10所示。

表3-10 管板骑坐式水平固定焊焊接方案

序号	实施步骤		工具设备材料	工时
1	焊前准备	工件开坡口、清理	半自动火焰切割机、钢丝刷、角磨机	2.5
		焊条检查、准备	E4303（J422）Φ2.5mm、Φ3.2mm焊条	
		焊机检查	BX3-300型或ZX5-500型手弧焊机	
		焊前装配	角磨机、钢角尺、钢尺	
		定位焊接	焊接设备、焊条	

续表

序号	实施步骤		工具设备材料	工时
2	示范与操作	示范讲解	面罩、手套、工作服、工作帽、绝缘鞋、敲渣锤、钢丝刷等	11
		调节工艺参数		
		打底焊		
		盖面焊		
3	焊缝清理	清理焊渣、飞溅	锉刀、钢丝刷	0.5
4	焊缝检查过程评价	焊缝外观检查	焊缝万能量规	1
		焊缝检测尺检测		

【实施】

 ## 焊接术语

一、常用焊接术语

在实际应用过程中，经常会碰到一些与焊接相关的常用术语，行话。先总结如下。

正极性，指直流焊接时，被焊物接（+）极，焊条、焊丝接（−）极。

反极性与正极性。直流电弧焊或电弧切割时，焊件与焊接电源输出端正、负极的接法称为极性。极性分正极性和反极性两种。焊件接电源输出端的正极，电极接电源输出端的负极的接法为正极性（常表示为 DCSP）。反之，焊件接电源输出端的负极，电极接电源输出端的正极的接法为反极性（常表示为 DCRP）。欧美常常用另外一种表示方法，将 DCSP 称为 DCEN，而将 DCRP 称为 DCEP。

焊接电流，为向焊接提供足够的热量而流过的电流。

电弧电压，指电弧部的电压，与电弧长大致成比例地增加，一般电压表所示电压值包括电弧电压及焊丝伸出部，焊接电缆部的电压下降值。

弧长，弧部长度。

弧坑，在焊缝终点产生的凹坑。

气孔，熔敷金属里有气产生空洞。

飞溅，焊接时未形成熔融金属而飞出来的金属小颗粒。

焊渣，焊后覆盖在焊缝表面上的固态熔渣。

熔渣，包覆在熔融金属表面的玻璃质非金属物。

咬边，由于焊缝两端的母材过烧，致使熔融金属未能填满，形成槽状凹坑。

熔深，母材熔化部的最深位与母材表面之间的距离。

熔池，因焊弧热而熔化成池状的母材部分。

熔化速度，单位时间里熔敷金属的重量。

熔敷率，有效附着在焊接部的金属重量占熔融焊条、焊丝重量的比例。

未熔合，对焊底部的熔深不良部，或第一层等里面未融合部。

余高，鼓出母材表面的部分或角焊末端连接线以上部分的熔敷金属。

坡口角度，母材边缘加工面的角度。

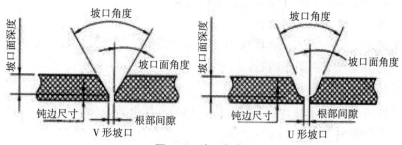

图 3-5　坡口角度

预热，为防止急热，焊接前先对母材预热（如火焰加热）。

后热，为防止急冷进行焊后加热（如火焰加热）。

平焊，从接头上面焊接。

横焊，从接头一侧开始焊接。

立焊，沿接头由上而下或由下而上焊接。

仰焊，从接头下面焊接。

垫板，为防止熔融金属落下，在焊接接头下面放上金属、石棉等支撑物。

夹渣，夹渣是非金属固体物质残留于焊缝金属中的现象，夹杂物出现在熔焊过程中。

焊剂，焊接时，能够熔化形成熔渣和气体，对熔化金属起保护和冶金处理作用的一种物质。

碳弧气刨，使用石磨棒或炭棒与工件间产生的电弧将金属熔化，并用压缩空气将其吹掉，实现在金属表面上加工沟槽的方法。

保护气体，焊接过程中用于保护金属熔滴、熔池及焊缝区的气体，它使高温金属免受外界气体的侵害。

焊接夹具，为保证焊件尺寸，提高装配精度和效率，防止焊接变形所采用的夹具。

焊接工作台，为焊接小型焊件而设置的工作台。

焊接操作机，将焊接机头或焊枪送到并保持在待焊位置，或以选定的焊接速度沿规定的轨迹移动焊剂的装置。

焊接变位机，将焊件回转或倾斜，使接头处于水平或船行位置的装置。

焊接滚轮架，借助焊件与主动滚轮间的摩擦力来带动圆筒形（或圆锥形）焊件旋转的装置。

二、焊接名词解释

1. 焊接

通过加热或加压，或两者并用，并且用或不用填充材料，使工件达到结合的一种方法。

2. 焊接技能

手焊工或焊接操作工执行焊接工艺细则的能力。

3. 焊接方法

这里指特定的焊接方法，如埋弧焊、气保护焊等，其含义包括该方法涉及的冶金、电、物理、化学及力学原则等内容。

4. 焊接工艺

制造焊件所有的加工方法和实施要求，包括焊接准备、材料选用、焊接方法选定、焊接参数、操作要求等。

5. 焊接工艺规范（规程）

制造焊件有关的加工和实践要求的细则文件，可保证由熟练焊工或操作工操作时质量的再现性。

6. 焊接操作

按照给定的焊接工艺完成焊接过程的各种动作的统称。

7. 焊接顺序

工件上各焊接接头和焊缝的焊接次序。

8. 焊接方向

焊接热源沿焊缝长度增长的移动方向。

9. 焊接回路

焊接电源输出的焊接电流流经工件的导电回路。

10. 坡口

根据设计或工艺需要，在焊件的待焊部位加工并装配成的一定几何形状的沟槽。

11. 开坡口

用机械、火焰或电弧等加工坡口的过程。

12. 单面坡口

只构成单面焊缝（包括封底焊）的坡口。

13. 双面坡口

形成双面焊缝的坡口。

14. 坡口面

待焊件上的坡口表面。

15. 坡口角度

两坡口面之间的夹角。

16. 坡口面角度

待加工坡口的端面与坡口面之间的夹角。

17. 接头根部

组成接头两零件最接近的那一部位。

18. 根部间隙

焊前在接头根部之间预留的空隙。

19. 根部半径

在 J 形、U 形坡口底部的圆角半径。

20. 钝边

焊件开坡口时，沿焊件接头坡口根部的端面直边部分。

21. 接头

由两个或两个以上零件要用焊接组合或已经焊合的接点。检验接头性能应考虑焊缝、熔合区、热影响区甚至母材等不同部位的相互影响。

22. 接头设计

根据工作条件所确定的接头形式、坡口形式和尺寸以及焊缝尺寸等。

23. 对接接头

两件表面构成大于或等于 135 度。

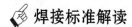 焊接标准解读

一、焊接基础通用标准

GB/T3375—94 焊接术语。

GB324—88 焊缝符号表示法。

GB5185—85 金属焊接及钎焊方法在图样上的表示代号。

GB12212—90 技术制图焊缝符号的尺寸、比例及简化表示法。

GB4656—84 技术制图金属结构件表示法。

GB985—88 气焊、手工电弧焊及气体保护焊焊缝坡口的基本形式和尺寸。

GB986—88 埋弧焊焊缝坡口的基本形式与尺寸。

GB/T12467.1—1998 焊接质量要求金属材料的熔化焊第 1 部分：选择及使用指南。

GB/T12468.2—1998 焊接质量保证金属材料的熔化焊第 2 部分：完整质量要求。

GB/T12468.3—1998 焊接质量保证金属材料的熔化焊第 3 部分：一般质量要求。

GB/T12468.4—1998 焊接质量保证金属材料的熔化焊第 4 部分：基本质量要求。

GB/T12469—90 焊接质量保证钢熔化焊接头的要求和缺陷分级。

GB10854—90 钢结构焊缝外形尺寸。

GB/T16672—1996 焊缝——工作位置——倾角和转角的定义。

二、焊接材料标准

1. 焊条

GB/T5117—1995 碳钢焊条。

GB/T5118—1995 低合金钢焊条。

GB/T983—1995 不锈钢焊条。

GB984—85 堆焊焊条。

GB/T3670—1995 铜及铜合金焊条。

GB3669—83 铝及铝合金焊条。

GB10044—88 铸铁焊条及焊丝。

GB/T13814—92 镍及镍合金焊条。

GB895—86 船用 395 焊条技术条件。

JB/T6964—93 特细碳钢焊条。

JB/T8423—96 电焊条焊接工艺性能评定方法。

GB3429—82 碳素焊条钢盘条。

JB/DQ7388—88 堆焊焊条产品质量分等。

JB/DQ7389—88 铸铁焊条产品质量分等。

JB/DQ7390—88 碳钢、低合金钢、不锈钢焊条产品质量分等。

JB/T3223—96 焊接材料质量管理规程。

2. 焊丝

GB/T14957—94 熔化焊用钢丝。

GB/T14958—94 气体保护焊用钢丝。

GB/T8110—95 气体保护电弧焊用碳钢、低合金钢焊丝。

GB10045—88 碳钢药芯焊丝。

GB9460—83 铜及铜合金焊丝。

GB10858—89 铝及铝合金焊丝。

GB4242—84 焊接用不锈钢丝。

GB/T15620—1995 镍及镍合金焊丝。

JB/DQ7387—88 铜及铜合金焊丝产品质量分等。

3. 焊剂

GB5293—85 碳素钢埋弧焊用焊剂。

GB12470—90 低合金钢埋弧焊焊剂。

4. 钎料、钎剂

GB/T6208—1995 钎料型号表示方法。

GB10859—89 镍基钎料。

GB10046—88 银基钎料。

GB/T6418—93 铜基钎料。

GB/T13815—92 铝基钎料。

GB/T13679—92 锰基钎料。

JB/T6045—92 硬钎焊用钎剂。

GB4906—85 电子器件用金、银及其合金钎焊料。

GB3131—88 锡铅焊料。

GB8012—87 铸造锡铅焊料。

5. 焊接用气体

GB6052—85 工业液体二氧化碳。

GB4842—84 氩气。

GB4844—84 氮气。

GB7445—87 氢气。

GB3863—83 工业用气态氧。

GB3864—83 工业用气态氮。

GB6819—86 溶解乙炔。

GB11174—89 液化石油气。

GB10624—89 高纯氩。

GB10665—89 电石。

6. 其他

GB12174—90 碳弧气刨用碳棒。

三、焊接质量试验及检验标准

1. 钢材试验

GB1954—80 镍铬奥氏体不锈钢铁素体含量测定方法。

GB6803—86 铁素体钢的无塑性转变温度落锤试验方法。

G132971—82 碳素钢和低合金钢断口试验方法。

2. 焊接性试验

GB4675.1—84 焊接性试验斜 Y 型坡口焊接裂纹试验方法。

GB4675.2—84 焊接性试验搭接接头（CTS）焊接裂纹试验方法。

GB4675.3—84 焊接性试验 T 型接头焊接裂纹试验方法。

GB4675.4—84 焊接性试验压板对接（FISCO）焊接裂纹试验方法。

GB4675.5—84 焊接热影响区最高硬度试验方法。

GB9447—88 焊接接头疲劳裂纹扩展速率试验方法。

GB/T13817—92 对接接头刚性拘束焊接裂纹试验方法。

GB2358—80 裂纹张开位移（COD）试验方法。

GB7032—86T 型角焊接头弯曲试验方法。

GB9446—88 焊接用插销冷裂纹试验方法。

GB4909.12—85 裸电线试验方法镀层可焊性试验焊球法。

GB2424.17—82 电工电子产品基本环境试验规程锡焊导则。

GB4074.26—83 漆包线试验方法焊锡试验。

JB/ZQ3690 钢板可焊性试验方法。

SJ1798—81 印制板可焊性测试方法。

3. 力学性能试验

GB2649—89 焊接接头机械性能试验取样方法。

GB2650—89 焊接接头冲击试验方法。

GB2651—89 焊接接头拉伸试验方法。

GB2652—89 焊缝及熔敷金属拉伸试验方法。

GB2653—89 焊接接头弯曲及压扁试验方法。

GB2654—89 焊接接头及堆焊金属硬度试验方法。

GB2655—89 焊接接头应变时敏感性试验方法。

GB2656—81 焊接接头和焊缝金属的疲劳试验方法。

4. 焊接材料试验

GB3731—83 涂料焊条效率、金属回收率和熔敷系数的测定。

GB/T3965—1995 熔敷金属中扩散氢测定方法。

5. 焊接检验

GB/T12604.1—90 无损检测术语超声检测。

GB/T12604.2—90 无损检测术语射线检测。

GB/T12604.3—90 无损检测术语渗透检测。

GB/T12604.4—90 无损检测术语声发射检测。

GB/T12604.5—90 无损检测术语磁粉检测。

GB/T12604.6—90 无损检测术语涡流检测。

GB5618—85 线型像质计。

GB3323—87 钢熔化焊对接接头射线照相和质量分级。

GB/T12605—90 钢管环缝熔化焊对接接头射线透照工艺和质量分级。

GB/T14693—93 焊缝无损检测符号。

GB11343—89 接触式超声斜射探伤方法。

GB11345—89 钢焊缝手工超声波探伤方法和探伤结果的分级。

GB11344—89 接触式超声波脉冲回波法测厚。

GB2970—82 中厚钢板超声波探伤方法。

JB1152—81 锅炉和钢制压力容器对接焊缝超声波探伤。

GB/T15830—1995 钢制管道对接环缝超声波探伤方法和检验结果的分级。

GB827—80 船体焊缝超声波探伤。

GB10866—89 锅炉受压元件焊接接头金相和断口检验方法。

GB11809—89 核燃料棒焊缝金相检验。

JB/T9215—1999 控制射线照相图像质量的方法。

JB/T9216—1999 控制渗透探伤材料质量的方法。

JB/T9217—1999 射线照相探伤方法。

JB/T9218—1999 渗透探伤方法。

JB3965—85 钢制压力容器磁粉探伤。

EJ187—80 磁粉探伤标准。

JB/T6061—92 焊缝磁粉检验方法和缺陷磁痕的分级。

JB/T6062—92 焊缝渗透检验方法和缺陷磁痕的分级。

EJl86—80 着色探伤标准。

JB/ZQ3692 焊接熔透量的钻孔检验方法。

JB/ZQ3693 钢焊缝内部缺陷的破断试验方法。

GB11373—89 热喷涂涂层厚度的无损检测方法。

EJ188—80 焊缝真空盒检漏操作规程。

JB1612—82 锅炉水压试验技术条件。

GB9251—88 气瓶水压试验方法。

GB9252—88 气瓶疲劳试验方法。

GB12135—89 气瓶定期检查站技术条件。

GB12137—89 气瓶密封性试验方法。

GB11639—89 溶解乙炔气瓶多孔填料技术指标测定方法。

GB7446—87 氢气检验方法。

GB4843—84 氩气检验方法。

GB4845—84 氮气检验方法。

JB4730—94 压力容器无损检测。

DL/T820—2002 管道焊接接头超声波检验技术规程。

DL/T821—2002 钢制承压管道对接焊接接头射线检验技术规程。

DL/T541—94 钢熔化焊角焊缝射线照相方法和质量分级。

JB4744—2000 钢制压力容器产品焊接试板的力学性能检验。

6. 焊接质量

GB6416—86 影响钢熔化焊接头质量的技术因素。

GB6417—86 金属熔化焊焊缝缺陷分类及说明。

TJ12.1—81 建筑机械焊接质量规定。

JB/T6043—92 金属电阻焊接接头缺陷分类。

JB/ZQ3679 焊接部位的质量。

JB/ZQ3680 焊缝外观质量。

JB/TQ330—83 通风机焊接质量检验。

GB999—82 船体焊缝表面质量检验方法。

四、焊接方法及工艺标准

GB12219—90 钢筋气压焊。

GB11373—89 热喷涂金属件表面预处理通则。

JB/Z261—86 钨极惰性气体保护焊工艺方法。

JB/Z286—87 二氧化碳气体保护焊工艺规程。

JB/ZQ3687 手工电弧焊的焊接规范。

SDZ019—85 焊接通用技术条件。

J134251—86 摩擦焊通用技术条件。

ZBJ59002.1—88 热切割方法和分类。

ZBJ59002.2—88 热切割术语和定义。

ZBJ59002.3—88 热切割气割质量和尺寸偏差。

ZBJ59002.4—88 热切割等离子弧切割质量和尺寸偏差。

ZBJ59002.5—88 热切割气割表面质量样板。

JB/ZQ3688 钢板的自动切割。

ZBK540339—90 汽轮机铸钢件补焊技术条件。

NJ431—86 灰铸铁件缺陷焊补技术条件。

GB11630—89 三级铸钢锚链补焊技术条件。

GB/Z66—87 铜极金属极电弧焊。

JB/TQ368—84 泵用铸钢件焊补。

JB/TQ369—84 泵用铸铁件焊补。

HB/Z5134—79 结构钢和不锈钢熔焊工艺。

JB/T6963—93 钢制件熔化焊工艺评定。

JB4708—2000 钢制压力容器焊接工艺评定。

JB4709—2000 钢制压力容器焊接规程。

DL/T752—2001 火力发电厂异种钢焊接技术规程。

DL/T819—2002 火力发电厂焊接热处理技术规程。

DL/T868—2004 焊接工艺评定规程。

DL/T869—2004 火力发电厂焊接技术规程。

五、焊接设备标准

GB2900-22—85 电工名词术语电焊机。

GB8118—87 电弧焊机通用技术条件。

GB8366—87 电阻焊机通用技术条件。

GB10249—88 电焊机型号编制方法。

GB10977—89 摩擦焊机。

GB/T13164—91 埋弧焊机。

ZBJ64001—87TIG 焊焊炬技术条件。

ZBJ64003—87 弧焊整流器。

ZBJ64004188MIG/MAG 弧焊机。

ZBJ64005—88 电阻焊机控制器通用技术条件。

ZBJ64006—88 弧焊变压器。

ZBJ64008—88 电阻焊机变压器通用技术条件。

ZBJ64009—88 钨极惰性气体保护弧焊机（TIG 焊机）技术条件。

ZBJ64016—89MIG/MAG 焊枪技术条件。

ZBJ64021—89 送丝装置技术条件。

ZBJ64022—89 引弧装置技术条件。

ZBJ64023—89 固定式点凸焊机。

JB5249—91 移动式点焊机。

JB5250—91 缝焊机。

ZBJ33002—90 焊接变位机。

ZBJ33003—90 焊接滚轮架。

JB5251—91 固定式对焊机。

JB685—92 直流弧焊发电机。

JB/DQ5593.1—90 电焊机产品质量分等总则。

JB/DQ5593.2—90 电焊机产品质量分等弧焊变压器。

JB/DQ5593.3—90 电焊机产品质量分等便携式弧焊变压器。

JB/DQ5593.4—90 电焊机产品质量分等弧焊整流器。

JB/DQ5593.5—90 电焊机产品质量分等 MIG/MAG 弧焊机。

JB/DQ5593.6—90 电焊机产品质量分等 TIG 焊机。

JB/DQ5593.7—90 电焊机产品质量分等原动机弧焊发电机组。

JB/DQ5593.8—90 电焊机产品质量分等 TIG 焊焊炬。

JB/DQ5593.9—90 电焊机产品质量分等电焊机冷却用风机。

JB/DQ5593.10—90 电焊机产品质量分等 MIG/MAG 焊焊枪。

JB/DQ5593.11—90 电焊机产品质量分等电阻焊机控制器。

JB/DQ5593.12—90 电焊机产品质量分等摩擦焊机。

JB/Z152—81 电焊机系列型谱。

JB2751—80 等离子弧切割机。

JBJ33001—87 小车式火焰切割机。

JBl0860—89 快速割嘴。

GB5110—85 射吸式割炬。

JB/T5102—91 坐标式气割机。

JB5101—91 气割机用割炬。

JB6104—92 摇臂仿形气割机。

GB5107—85 焊接和气割用软管接头。

六、焊接安全与卫生标准

GB9448—88 焊接与切割安全。

GB10235—88 弧焊变压器防触电装置。

GB8197—87 防护屏安全要求。

GB12011—89 绝缘皮鞋。

七、焊工培训与考试标准

GB6419—86 潜水焊工考试规则。

JJ12.2—87 焊工技术考试规程。

EJ/Z3—78 焊工培训及考试规程。

DL/T679—1999 焊工技术考核规程。

JB/TQ338—84 通风机电焊工考核标准。

GB/T15169—94 钢熔化焊手焊工资格考试方法。

SDZ009—84 手工电弧焊及埋弧焊焊工考试规则。

JB1152—88 机械部焊工技术等级标准。

国家质量监督检验检疫总局锅炉压力容器压力管道焊工考试与管理规则。

（船舶）焊工考试规则。

冶金建设工程焊工考试规则。

 操作说明

一、操作要点

焊件装配及定位焊、打底焊、填充焊、盖面焊。管板骑坐式水平固定焊因采用二层二道焊，故层间清渣一定要仔细，防止焊缝夹渣。

二、焊前准备

（1）启动焊机安全检查：BX3-300 型或 ZX5-500 型手弧焊机，调试电流。

（2）焊件加工：孔板材料为 Q235A 钢板，尺寸 120mm×120mm×12mm 在中心加工出与管的内径相同的 $\phi68$ 圆孔。钢管材料为 20 号钢，尺寸 $\phi76$mm×100mm×4mm，单边坡口角度 50°左右，钝边为 1mm，焊件平整无变形。

（3）焊件的清理：用锉刀、砂轮机、钢丝刷等工具，清理坡口两面 20mm 范围内的铁锈、氧化皮等污物，直至露出金属光泽。

（4）焊条：E4303 型，直径为 3.2mm、2.5mm。焊条烘焙 50~200℃，恒温 2h，然后放入焊条保温桶中备用，焊前要检查焊条质量。

（5）焊件装配及定位焊：装配间隙为 3mm，钝边 1mm，定位焊采用与焊接相同的 E4303 焊条进行定位焊，两点定位，定位焊的位置以 120°夹角定两处，点固焊长度：10~15mm。管的内径要与板孔内径中心在一条轴线上，不得有错边现象。试件组对形式如图 3-6 所示，定位焊时采用击穿定位焊法。并放置于焊接架上，准备进行焊接。

三、操作步骤

管板水平固定焊，施焊时分两个半圈，各两层每半圈都存在仰、立、平三种不同位置的焊接。焊条角度也随之不断发生变化，在不同焊接位置时，液态金属受重力影响程度不同，下坠程度也不相同，并且管与孔板之间存在较大的承热温差，均给焊接操作带来困难。为保证获得良好的正、背两面焊缝成型，须采用短弧焊接、控制熔池温度并使管和孔板受热趋于均匀。焊条角度视焊接位置不断改变，电弧重心要放在孔

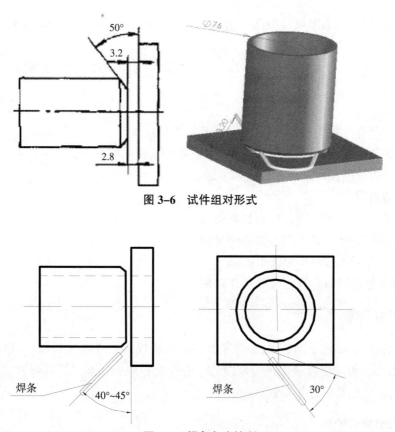

图 3-6　试件组对形式

图 3-7　焊条角度控制

板一侧，在孔板根部结合良好的情况下将电弧快迁移至管坡口一侧。

焊条角度控制如图 3-7 所示。

（一）打底焊（采用断弧焊）

（1）在仰焊 6 点位置前 5~8mm 处的坡口处内引弧，焊条在根部与板之间作微小的横向摆动，当母材熔化的铁水与焊条的熔滴连在一起后，用正常手法进行。

（2）灭弧动作要快，不要拉长电弧，同时灭弧与接弧时间要短，灭弧的频率为每分钟 50~60 次。每次重新引燃电弧时，焊条中心要对准熔池前沿焊接方向 2/3 处，每接弧一次焊缝增长 2mm 左右。

（3）焊接时电弧在管和板上要稍作停留，并在板侧的停留时间要长一些。

（4）焊接过程中要使熔池大小的形状保持一致，使熔池中的铁水清晰明亮。溶孔始终深入每侧母材 0.5~1mm。

（5）更换焊条时的连接，当熔池冷却后，必须将收弧处打磨出斜坡方向接头。

（6）收弧时，将焊条逐渐引向坡口斜前方，或将电弧往回拉一小段，再慢慢提高电弧，使熔池逐渐变小填满弧坑后熄弧。

（7）焊接技巧：一看、二听、三准。

看：观察熔池形状和大小，并基本保持一致，熔池应为椭圆形。

听：注意听电弧击穿坡口根部发出的"噗噗"声，如果没有这种声音就是没焊透。

准：溶孔端点位置要准确。

（8）接头方法：冷接法：敲渣、预热（在熔池下方10~20mm处起弧）；热接法：不敲渣、更换焊条速度要快。

注意事项：

1）每半部分焊接应过6点和12点位置，方便接头。

2）因管与孔板的厚度相差较大，电弧重心要放在孔板一侧。

3）整个焊缝的操作难点在打底焊，最容易出现夹渣现象。

（二）盖面焊

（1）清除打底焊道熔渣，特别是死角。

（2）盖面层焊接，可采用连弧或断弧焊。

（3）采用月牙形或横向锯齿形摆动。

（4）焊条摆动坡口边缘时，要稍作停留。

四、焊缝清理

焊接结束后，清渣处理。主要清理焊件表面的焊渣、焊接飞溅物、氧化物等。在焊接检验前，不得对焊接缺陷进行修改。焊缝应处于原始状态。清理焊件表面的焊渣、焊接飞溅物，一定要戴好护目镜。

五、焊缝质量检验

外观检查一般以肉眼观察为主，有时用5~20倍的放大镜进行观察。

（1）焊缝表面无加工、补焊、返修现象，保持原始状态。

（2）焊缝表面不得有裂纹、夹渣、气孔、未熔合和焊瘤等缺陷。

（3）咬边允许深度≤10%的S，长度不超过焊缝长度总长的20%；未焊透深度≤15%的S，总长不超过焊缝有效长度的10%；背面凹坑深度≤1mm，总长不超过焊缝总长的10%（S为管壁厚度）。

（4）焊脚允许凹凸度≤±1.5mm，试件的焊脚尺寸为S+（3~6）mm。

（5）进行通球检验，通球直径为管内径的85%。

焊接结束，关闭焊接电源，工具复位，清理、清扫现场，检查安全隐患。

【检查】

（1）管板骑坐式水平固定焊完成情况检查。

（2）记录资料。

（3）文明实训。

（4）实施过程检查。

【评价】

过程性考核评价如表 3-11 所示；实训作品评价如表 3-12 所示；最后综合评价按表 3-13 执行。

表 3-11 管板骑坐式水平固定焊过程评价标准

考核项目		考核内容	配分
职业素养	安全意识	执行安全操作规程，安全操作技能，安全意识。如有违反，由考评员扣 1 分/项	10
	文明生产	做到对现场或岗位进行整理、整顿、清扫、清洁，文明生产。如不符合要求，由考评员扣 1 分/项	10
	责任心	有主人翁意识，工作认真负责，能为工作结果承担责任。如不符合要求，由考评员扣 1 分/项	10
	团队精神	有良好的合作意识，服从安排。如不符合要求，由监考员扣 1 分/项	10
	职业行为习惯	成本意识，操作细节。如不符合要求，由考评员扣 1 分/项	10
职业规范	工作前的检查	安全用电及安全防护、焊前设备检查。如不符合要求，由考评员扣 1 分/项	10
	工作前准备	场地检查、工量具齐全、摆放整齐、试件清理。如不符合要求，扣 1 分/项	10
	设备与参数的调节	参数符合要求、设备调节熟练、方法正确。如不符合要求，扣 2 分/项	10
	焊接操作	定位焊位置正确，引弧、收弧正确、操作规范；试件固定的空间位置符合要求。如不符合要求，扣 2 分/项	10
	焊后清理	关闭电源，设备维护、场地清理，符合 6S 标准。如不符合要求，由考评员扣 1 分/项	10

表 3-12 实训作品评价标准

姓名		学号		作品总得分	
项目	考核要求	分值	扣分标准	检验结果	各项得分
焊缝宽度	8~10mm	10	超差不得分		
焊缝凸度	0~3mm	10	超差不得分		
焊缝表面咬边	深度≤0.5mm	10	超差不得分		
未焊透	深度≤15%壁厚	5	超差不得分		
管板垂直度	90°±1°	5	出现缺陷不得分		
未熔合	无	8	出现缺陷不得分		
气孔	无	8	出现缺陷不得分		
夹渣	无	8	出现缺陷不得分		
焊瘤	无	8	出现缺陷不得分		
背面凹坑	≤1mm	8	超差不得分		
通球试验	球径为管内径的85%	10	球通不过不得分		
焊缝表面成型	波纹均匀，成型美观	10	根据成型酌情扣分		

表 3-13　综合评价表

学生姓名_____　　　　　　　　　　　　　　　　　　学号_____

评价内容		权重（%）	自我评价	小组评价	教师评价
			占总评分（10%）	占总评分（30%）	占总评分（60%）
应知	笔试	10			
	出勤	10			
	作业	10			
应会	职业素养与职业规范	21			
	实训作品	49			
小计分					
总评分					

　　评价细则：综合评价表中应知部分的笔试、出勤、作业评价项及应会部分的职业素养与职业规范、实训作品评价项的各项分数按三方评价得出的分数乘以对应的权重值最后累加得出总评分。

　　为突出技能，分值比例为应知：应会=3：7；职业素养与职业规范：实训作品=3：7。

任务思考

　　1. 根据实践操作谈谈焊条电弧焊骑坐式管板水平固定焊焊接特点，以及最易出现的焊接缺陷是什么。

　　2. 焊条电弧焊骑坐式管板水平固定焊焊件装配及定位焊要注意哪些问题？

　　3. 根据实践操作谈谈焊条电弧焊管板骑坐式水平固定焊的施焊方法及操作要领。

情境二　骑坐式水平固定焊之 CO_2 气体保护焊

【资讯】

1. 本课程学习任务

（1）了解 CO_2 气体保护焊骑坐式水平固定焊常见的焊接缺陷。

（2）掌握 CO_2 气体保护焊骑坐式水平固定焊焊接工艺参数的选用和使用原则。

（3）通过实训操作，掌握骑坐式水平固定焊的施焊方法及操作要领。

（4）了解 CO_2 气体保护焊焊接设备的维护和保养知识及安全用电常识。

（5）能够对焊缝进行外观检测。

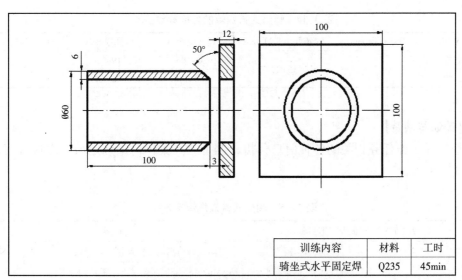

图 3-8 骑坐式水平固定焊技能训练工作图

注：技术要求：①二氧化碳气体保护焊，单面焊双面成型，间隙 b=3mm；②水平固定，中心线离地面高度 800mm，错边量≤0.5mm。

2. 任务步骤

（1）焊接设备、工件、焊接材料准备。

（2）焊前装配：将打磨好的工件（管板）装配成骑坐式水平固定焊角接接头，装配间隙 3~3.5mm，钝边 1mm。

（3）定位焊：采用与焊接时相同的焊丝进行定位焊。定位焊的位置以 120°夹角定两处，点固焊长度：10~15mm，错边量≤0.5mm。

（4）二氧化碳气体保护焊骑坐式水平固定焊示范、操作。

（5）焊后清理。

（6）焊缝检查。

3. 工具、设备、材料准备

（1）焊件清理：工件采用适合于焊接的 Q235A 低碳钢管、板各一件，其尺寸标准为管径ϕ60mm×100mm×6mm（管厚），板为 100mm×100mm×12 mm，先在板上加工出直径与管同样直径的孔。

（2）焊接设备：焊接电源采用 NBC-250 型半自动二氧化碳气体保护焊机，鹅颈式焊枪。

（3）焊接材料选择：H08Mn2SiA 焊丝，焊丝直径为ϕ1.2mm；瓶装 CO_2 气体纯度在 99.5%以上。

（4）劳动保护用品：面罩、工作服、绝缘鞋、焊接皮手套、皮围裙、脚盖、遮光眼镜、防尘口罩。

（5）辅助工具：锉刀、手锤、钢丝刷、角磨机、錾子、焊缝检验尺。

（6）采用二层两道焊，确定焊接工艺参数，如表 3-14 所示。

表 3-14 骑坐式管板焊的焊接参数参考

焊道层次	焊丝直径/mm	焊丝伸出长度/mm	焊接电流/A	电弧电压/V	气体流量/(L/min)
打底焊	1.2	15~20	80~105	19~21	12~15
盖面焊			120~130	22~24	

【计划与决策】

经过对工作任务相关的各种信息分析，制订并经集体讨论确定如下焊接方案，如表 3-15 所示。

表 3-15 骑坐式管板焊焊接方案

序号	骑坐式管板焊实施步骤		工具设备材料	工时
1	焊前准备	工件开坡口、清理	半自动火焰切割机、钢丝刷、角磨机	2.5
		焊丝、供气检查与准备	H08Mn2SiA，φ1.2mm 焊丝，瓶装 CO_2 气体	
		焊机检查	NBC-250 焊机	
		焊前装配	角磨机、钢尺	
		定位焊接	焊接设备、焊丝、CO_2 保护气	
2	示范与操作	示范讲解	面罩、皮手套、工作服、绝缘鞋、刨锤、钢丝刷、皮围裙、脚盖、遮光眼镜、防尘口罩	11
		调节工艺参数		
		打底焊		
		盖面焊		
3	焊缝清理	清理焊渣、飞溅	锉刀、钢丝刷	0.5
4	焊缝检查过程评价	焊缝外观检查	焊缝万能量规	1
		焊缝检测尺检测		

【实施】

二氧化碳气体保护焊工艺规程知识

一、焊接准备

（1）对焊机及附属设备严格进行检查，应确保电路、气路及机械装置的正常运行。

（2）焊接控制装置应能实现如下焊接程序控制：

启动 ⟶ 提前通气 $\xrightarrow[\text{送丝、引弧}]{(1\sim2\text{s})\quad \text{接通焊接电源}}$ （开始焊接）⟶ 停止送丝 ⟶

切断焊接电源（停止焊接）⟶ 滞后停气（2~3s）

（3）焊丝、坡口及坡口周围 10~20 mm 范围内必须保持清洁，不得有影响焊接质量的铁锈、油污、水和涂料等异物。

二、工艺参数的选择

表 3-16　工艺参数

接头形式	母材厚度/mm	坡口形式	焊接位置	焊丝直径/mm	焊接电流/A	电弧电压/V	气体流量/(L/min)	焊速/(m/h)
对接接头	5~50	单边 V 形、V 形	F	1.2~1.6	200~450	23~43	15~25	20~30
			V	0.8~1.2	100~150	17~21	10~15	
			H	1.2~1.6	200~400	23~40	15~25	
	10~80	K 形	F	1.2~1.6	200~450	23~43	15~25	20~30
			V	0.8~1.2	100~150	17~21	10~15	
			H	1.2~1.6	200~400	23~40	15~25	
T 型接头	5~40	单边 V 形	F	1.2~1.6	250~450	23~43	15~25	20~30
			V	0.8~1.2	100~150	17~21	10~15	
			H	1.2~1.6	200~400	23~40	15~25	
	5~80	K 形	F	1.2~1.6	200~450	23~43	15~25	20~30
			V	0.8~1.2	100~150	17~21	10~15	
			H	1.2~1.6	200~400	23~40	15~20	
角接接头	5~50	单边 V 形、V 形	F	1.2~1.6	200~450	23~43	15~25	20~30
			V	0.8~1.2	100~150	17~21	10~15	
			H	1.2~1.6	200~400	23~40	15~25	
	10~80	K 形	F	1.2~1.6	200~450	23~43	15~25	20~30
			V	0.8~1.2	100~150	17~21	10~15	
			H	1.2~1.6	200~400	23~40	15~25	
搭接接头	5~30		H	0.5~1.2	40~230	17~26	8~15	
				1.2~1.6	200~400	23~40	15~25	

注：焊接位置代号：F—平焊位置；V—立焊位置；H—横焊位置。

三、焊接施工

（1）焊接顺序应根据具体结构条件合理确定。

（2）定位焊缝应有足够的强度，如发现定位焊缝有夹渣、气孔和裂纹等缺陷，应将缺陷部位除尽后再补焊。定位焊缝的长度在 20~50mm，定位焊缝间距在 200~500mm。

（3）保护气体应有足够的流量并保持层流（保护气体在喷嘴内和喷嘴外的一定距离作有规则的层状流动），及时清除附在导电嘴和喷嘴上的飞溅物，确保良好的保护效果。

（4）焊接区域的风速应限制在 1.0m/s 以下，否则应采用挡风装置。

（5）应经常清理送丝软管内的污物，送丝软管的曲率半径不得小于 150mm。

四、注意事项

（1）焊接过程中，导电嘴到母材之间的距离一般为焊丝直径的10~15倍。

（2）立焊、仰焊时，以及对接接头横焊焊缝表面焊道的施焊，当选用大于或等于1.0mm的焊丝时，应选用较小的焊接电流。焊丝直径1.0mm，焊接电流70~120A；焊丝直径1.2mm，焊接电流90~150A。

（3）提高电弧电压，可以显著增大焊缝宽度。

（4）焊丝直径≤1.2mm时，气体流量一般为6~15L/min，焊丝直径>1.2mm时，气体流量一般为15~25L/min。焊接电流越大，焊接速度越高。仰焊时，应采取较大的气体流量。

熔化极气体保护焊生产技术管理知识

一、焊接工时定额规范

（一）规范说明

（1）本规范工时定额包括：基本时间、辅助时间、布置工作场地时间、休息与生理需要时间、准备与结束时间。

（2）本规范是以普通碳钢、CO_2气体保护焊接为基准。

（3）布置工作地时间30分钟，休息与生理需要时间35分钟，准备终了时间25分钟。

（二）焊接作业时间 T

（1）焊接基本时间 T_j。

$$T_j = \frac{A \times L}{A \times S \times \omega}(\text{min})$$

式中，A为焊缝横截面面积 mm²，L为焊缝长度 m，V为焊接速度（m/min），S为焊丝横截面面积 mm²，ω为焊丝的熔敷率。

注：实心 CO_2 气体保护焊丝熔敷率取85%。

（2）焊接辅助时间 T_f（min）。

$T_f = T_j \times 30\%$

（3）$T = T_j + T_f$。

（三）工件重量系数 K

表 3-17　工件重量系数 K

工件重量/kg	W≤5kg	5kg<W≤10kg	10kg<W≤20kg	20kg<W≤100kg	W>100kg
系数 K	1	1.05	1.1	1.15	1.2

注：根据所焊接的工件的重量，按上表所列取相应的系数 K，计算工时定额时，在焊接作业时间 T 的基础上乘以相应的系数 K。

（四）工件翻转时间 T_{fz}（min）（根据经验结合现场观察得出）

表 3–18　工件翻转时间 T_{fz}（min）

工件重量/kg	W≤5kg	5kg<W≤10kg	10kg<W≤20kg	20kg<W≤100kg	W>100kg
每次翻时间/min	1	2	3	6	10

注：翻转时间应以工艺设计所需的翻转次数为准，不需进行翻转时，T_{fz} 为零。

（五）焊接位置工时定额修订系数 K_W

表 3–19　焊接位置工时定额修订系数 K_W

焊接位置	平焊	横焊	立焊	仰焊
修正系数 K_W	1.0	1.2	1.3	1.4

（六）宽放系数 μ

宽放系数按 25% 计算

（七）计算焊接工时 T_D

$$T_D = T \times K(1 + \mu)K_W + T_{fz} = (T_j \times (1 + 30\%) \times K)(1 + 25\%)K_W T = \sum T_D + T_{fz}$$

（八）对接焊缝坡口截面积计算公式（以下公式仅供计算参考）

（1）I 形坡口对接焊。

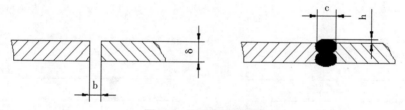

图 3–9　I 形坡口对接焊

$$A = \delta.b + \frac{4}{3}hc$$

上式为双面焊，若单面焊则：

$$A = \delta.b + \frac{2}{3}hc$$

（2）单边 V 形坡口对接焊。

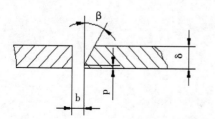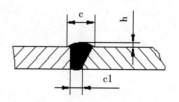

图 3–10　单边 V 形坡口对接焊

$$A = \delta b + \frac{1}{2}(\delta - p)^2 \tan\beta + \frac{2}{3}hc + \frac{2}{3}hc_1$$

上式为双面焊，若单面焊则为：

$$A = \delta b + \frac{1}{2}(\delta - p)^2 \tan\beta + \frac{2}{3}hc$$

（3）双边 V 形坡口对接焊。

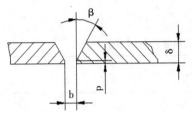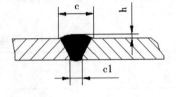

图 3-11　双边 V 形坡口对接焊

$$A = \delta b + (\delta - p)^2 \tan\beta + \frac{2}{3}hc + \frac{2}{3}hc_1$$

上式为双面焊，单面焊则为：

$$A = \delta b + (\delta - p)^2 \tan\beta + \frac{2}{3}hc$$

（4）X 形坡口对接焊。

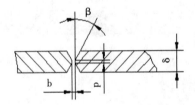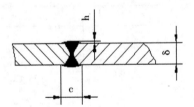

图 3-12　X 形坡口对接焊

$$A = \delta.b + \frac{(\delta - p)^2 \tan\beta}{2} + \frac{4}{3}hc$$

（5）其余类型接头焊缝形式参考（1）~（4）计算。

二、焊接耗材计算知识

（一）二氧化碳半自动焊耗材某些条件下消耗定额表

表 3-20　二氧化碳半自动焊耗材某些条件下消耗定额表

焊接材料消耗定额				
碳钢及低合金钢二氧化碳半自动焊				
焊接接头形式（示意图）	焊件厚度	焊丝直径	焊丝定额/(kg/m)	CO_2定额瓶/m
V形坡口双面焊（清根焊）	16	1.2~1.6	2.5	0.25
	18	1.2~1.6	3.0	0.30
	20	1.6	3.3	0.30
	22	1.6	4.1	0.35
	24	1.6	4.8	0.40
	26	1.6	5.4	0.40
	28	1.6	5.9	0.45
	30	1.6	6.7	0.50

（二）焊接耗材估算表

表 3-21　焊接耗材估算表

单位：kg、m

焊条、焊丝、焊剂消耗定额估算表

坡口	焊件厚度	焊缝截面	焊丝重量	焊剂重量	焊条重量
坡口 0~2	2				0.18
	3				0.23
	4	14.0	0.10	0.20	0.29
	5	21.0	0.15	0.30	
	6	26.5	0.20	0.40	
	8	32.0	0.30	0.60	
	10	37.5	0.35	0.70	
	12	46.0	0.45	0.85	
	14	59.0	0.55	1.00	
	16	75.0	0.70	1.20	
坡口 65° 2+1	4	16.0			0.26
	5	24.0			0.38
	6	30.0			0.45
	8	56.0	0.50	0.65	0.95
	10	80.0	0.70	0.84	1.21
	12	108.0	0.95	1.12	1.64
	14	142.0	1.25	1.50	2.2
	16	176.0	1.55	1.77	2.6
	18	205.0	1.90	2.25	3.28
	20	230.0	2.10	2.48	3.62

坡口	h值	单面焊焊条重量	双面焊焊条重量	
坡口 2-1	3	0.07	0.14	
	4	0.12	0.24	
	6	0.27	0.55	
	8	0.49	0.98	
	10	0.76	1.52	
	12	1.09	2.18	
	14	1.49	2.97	
	16	1.95	3.89	
焊条每公斤根数	A2.5	45	A4	18
	A3.2	34	A5	11.5
坡口 45°±5° 2+1	4	0.35	0.70	
	5	0.42	0.84	
	6	0.56	1.12	
	8	1.12	1.55	
	10	1.39	1.87	
	12	1.68	2.24	
	14	1.96	2.52	
	16	2.24	2.80	
单面焊时背面无焊脚	18	2.66	3.22	
	20	3.07	3.64	

焊条、焊丝、焊剂消耗定额估算表

坡口	焊件厚度	焊缝截面	焊丝重量	焊剂重量	焊条重量	坡口	h值	单面焊焊条重量	双面焊焊条重量
	16	105.0	0.93	1.10	1.6		14	1.54	1.96
	18	126.0	1.10	1.30	2.9		16	1.75	2.17
	20	152.0	1.35	1.60	2.33		18	1.96	2.38
	22	176.0	1.55	1.83	2.68		20	2.17	2.59
	24	205.0	1.90	2.25	3.28		22	2.38	2.80
	26	234.0	2.10	2.48	3.63		24	2.66	3.08
	28	270.0	2.40	2.84	4.15		26	2.94	3.43
	30	300.0	2.70	3.19	4.66		28	3.36	3.78
	32	340.0	3.10	3.66	5.35	双面焊时	30	3.71	4.20
	34	370.0	3.40	4.01	5.87	背面为 Δb	32	4.06	4.62
说明	本消耗定额仅仅是估算，因受施焊时的坡口尺寸公差、组装间隙大小、焊缝宽差、焊缝余高、焊缝返修等因素有一定误差，请及时增减调整定额。								

三、焊接生产过程中的质量管理

焊接生产技术管理工作的内容一般有焊接施工管理、焊接安全技术管理、焊接工艺评定管理、焊工培训考核管理、焊接质量管理、焊接热处理管理、焊接工程验收管理、焊接工程监理，等等。可以看出，焊接生产技术管理工作的内容大部分是质量管理工作的内容。焊接生产技术管理工作的根本目的就是保证焊接质量。

（一）焊接生产质量管理概念

质量管理的核心内涵是，使人们确信某一种产品或服务能满足规定的质量要求，并且使需方对供方能否提供符合要求的产品掌握充分的证据，建立足够的信心。同时，也使本企业自己对能否提供满足质量要求的产品或服务有相当的把握而放心地生产。

对焊接生产质量进行有效的管理和控制，使焊接结构制作和安装的质量达到规定的要求，是对焊接生产质量管理的最终目的。

焊接生产质量管理实质上就是在具备完整质量管理体系的基础上，运用以下六个基本观点，对焊接结构制作与安装工程中的各个环节和因素所进行的有效控制：

（1）系统工程观点。

（2）全员参与质量管理观点。

（3）实现企业管理目标和质量方针的观点。

（4）对人、机、物、法、环实行全面质量控制的观点。

（5）质量评价和以见证资料为依据的观点。

（6）质量信息反馈的观点。

（二）焊接生产企业的质量管理体系

由于产品的质量管理体系是运用系统工程的基本理论建立起来的，因此可把产品制造的全过程，按其内在的联系，划分若干个既相对独立而又有机联系的控制系统、环节和控制点，并采取组织措施，遵循一定的制度，使这些系统、环节和控制点的工作质量得到有效的控制，并按规定的程序运转。所谓组织措施，就是要有一个完整的质量管理机构，并在各控制、环节和点上配备符合要求的质控人员。

（1）质量控制点的设置。以国际焊接学会（IIW）的压力容器制造质量控制要点为例。

表 3-22　质量控制要点

控制项目	检查要点数
计划与计算书审核	6
母材验收与控制	20
焊材等消耗材料验收与控制	30
焊接工艺评定	23
焊前准备工作控制	4
焊接过程控制	15
焊后控制	20
热处理控制	20
出厂前试验（水压试验等）	6

（2）焊接生产质量管理体系的主要控制系统与控制环节。焊接生产质量管理体系中的控制系统主要包括材料质量控制系统、工艺质量控制系统、焊接质量控制系统、无损检测质量控制系统和产品质量检验控制系统等。在每个控制系统均有自己的控制环节和工作程序、检查点及责任人员。

（三）焊接工序质量的影响因素及控制措施

1. 施焊操作人员因素

各种不同的焊接方法对操作人员的依赖程度不同。对于手工电弧焊接，焊工的操作技能和谨慎的工作态度对保证焊接质量至关重要。对于埋弧自动焊，焊接工艺参数的调整和施焊也离不开人的操作。对于各种半自动焊，电弧沿焊接接头的移动也是靠焊工掌握。若焊工施焊时质量意识差，操作粗心大意，不遵守焊接工艺规程，或操作技能低下、技术不熟练等都会影响直接焊接的质量。对施焊人员的控制措施如下。

（1）加强对焊工"质量第一、用户第一、下道工序是用户"的质量意识教育，提高他们的责任心和一丝不苟的工作作风，并建立质量责任制。

（2）定期对焊工进行岗位培训，从理论上掌握工艺规程，从实践上提高操作技能水平。

（3）生产中要求焊工严格执行焊接工艺规程，加强焊接工序的自检与专职检验人员的检查。

（4）认真执行焊工考试制度，坚持焊工持证上岗，建立焊工技术档案。

对于重要或重大的焊接结构生产，还需对焊工进行更细化的考量。例如，焊工培训时间的长短、生产经验、目前的技术状况、年龄、工龄、体力、视力、注意力等，应当全部纳入考核的范围。

2. 焊接机器设备因素

各种焊接设备的性能及其稳定性与可靠性直接影响焊接质量。设备结构越复杂，机械化、自动化程度越高，焊接质量对它的依赖性也就越高。所以，要求这类设备具有更好的性能及稳定性。对焊接设备在使用前必须进行检查和试用，对各种在役焊接设备要实行定期检验制度。在焊接质量保证体系中，从保证焊接工序质量出发，对焊接机器设备应做到以下几点：

（1）定期对焊接设备维护、保养和检修，重要焊接结构生产前要进行试用。

（2）定期校验焊接设备上的电流表、电压表、气体流量计等各种仪表，保证生产时计量准确。

（3）建立焊接设备状况的技术档案，为分析、解决出现的问题提供思路。

（4）建立焊接设备使用人员责任制，保证设备维护的及时性和连续性。

另外，焊接设备的使用条件，如对水、电、环境等的要求，焊接设备的可调节性、运行所需空间、误差调整等也需要充分注意，这样才能保证焊接设备正常使用。

3. 焊接原材料因素

焊接生产所使用的原材料包括母材、焊接材料（焊条、焊丝、焊剂，保护气体）等，这些材料的自身质量是保证焊接产品质量的基础和前提。为了保证焊接质量，原材料的质量检验很重要。在生产的起始阶段，即投料之前就要把好材料关，才能稳定生产，稳定焊接产品的质量。在焊接质量管理体系中，对焊接原材料的质量控制主要有以下措施：

（1）加强焊接原材料的进厂验收和检验，必要时要对其理化指标和机械性能进行复验。

（2）建立严格的焊接原材料管理制度，防止储备时焊接原材料的污损。

（3）实行在生产中焊接原材料标记运行制度，以实现对焊接原材料质量的追踪控制。

（4）选择信誉比较高、产品质量比较好的焊接原材料供应厂和协作厂进行订货和加工，从根本上防止焊接质量事故的发生。

总之，焊接原材料的把关应当以焊接规范和国家标准为依据，及时追踪控制其质量，而不能只管进厂验收，忽视生产过程中的标记和检验。

4. 焊接工艺方法因素

焊接质量对工艺方法的依赖性很强，在影响焊接工序质量的诸因素中占有非常突出的地位。工艺方法对焊接质量的影响主要来自两个方面，一方面是工艺制订的合理性；另一方面是执行工艺的严格性。首先要对某一产品或某种材料的焊接工艺进行工艺评定，然后根据工艺评定报告和图样技术要求制订焊接工艺规程，编制焊接工艺说明书或焊接工艺卡，这些以书面形式表达的各种工艺参数是指导施焊时的依据，它是根据模拟相似的生产条件所作的试验和长期积累的经验以及产品的具体技术要求而编制出来的，是保证焊接质量的重要基础，它有规定性、严肃性、慎重性和连续性的特点。通常由经验比较丰富的焊接技术人员编制，以保证它的正确性与合理性。在此基础上确保贯彻执行工艺方法的严格性，在没有充足根据的情况下不得随意变更工艺参数，即使确需改变，也得履行一定的程序和手续。不合理的焊接工艺不能保证焊出合格的焊缝，但有了经评定验证的正确合理的工艺规程，若不严格贯彻执行，同样也不能焊出合格的焊缝。两者相辅相成，相互依赖，不能忽视或偏废任何一个方面。在焊接质量管理体系中，对影响焊接工艺方法的因素进行有效控制的做法是：

（1）必须按照有关规定或国家标准对焊接工艺进行评定。

（2）选择有经验的焊接技术人员编制所需的工艺文件，工艺文件要完整和连续。

（3）按照焊接工艺规程的规定，加强施焊过程中的现场管理与检查。

（4）在生产前，要按照焊接工艺规程制作焊接产品试板与焊接工艺检验试板，以验证工艺方法的正确性与合理性。

（四）建立"三检制度"

"三检制度"包括自检、互检、专检，是施行全员参与质量管理的具体表现。

1. 自检

自检就是生产者对自己所生产的产品，按照图纸、工艺或合同中规定的技术标准自行进行检验，并作出是否合格的判断。这种检验充分体现了生产工人必须对自己生产产品的质量负责。通过自我检验，使生产者充分了解自己生产的产品在质量上存在的问题，并开动脑筋，寻找出现问题的原因，进而采取改进的措施，这也是工人参与质量管理的重要形式。

2. 互检

互检就是生产工人相互之间进行检验。互检主要有：下道工序对上道工序流转过来的产品进行抽检；同一机床、同一工序轮班交接时进行的相互检验；小组质量员或班组长对本小组工人加工出来的产品进行抽检等。这种检验不仅有利于保证加工质量，防止疏忽大意而造成成批地出现废品，而且有利于搞好班组团结，加强工人之间良好的群体关系。

3. 专检

专检就是由专业检验人员进行的检验。专业检验是现代化大生产劳动分工的客观要求，它是互检和自检不能取代的。而且三检制必须以专业检验为主导，这是由于现代生产中，检验已成为专门的工种和技术，专职检验人员无论对产品的技术要求，工艺知识和检验技能，都比生产工人熟练，所用检测量仪也比较精密，检验结果比较可靠，检验效率也比较高。同时，由于生产工人有严格的生产定额，定额又同奖金挂钩，所以容易产生错检和漏检，有时，操作者的情绪也有影响。那种以相信群众为借口，主张完全依靠自检，取消专检，是既不科学，也不符合实际情况的。

（五）中华人民共和国国家标准 GB/T12467—90 对于有质量要求的钢制焊接产品的设计、制造及修复规定了产品保证的一般原则，这既是国家对焊接质量保证的标准文件，也是对企业的要求

1. 国家标准对生产企业的一般要求

生产企业在满足 GB/T 12468 中所列出的企业技术装备、人员及技术管理的要求外，还应保证产品的合理设计及安排合理的制造流程。对焊接接头的质量要求，应通过可靠的试验和检验予以验证。

2. 国家标准对焊接试验和工艺评定的要求

（1）焊接性试验。根据（GB/T12468），对于某些钢材，在进行工艺评定试验之前应根据有关的标准、规则，进行焊接性试验。

（2）工艺评定试验。企业应按产品相应的技术规程或技术条件要求及工艺评定标准的规定设计工艺评定试验内容。工艺评定的试验条件必须与产品条件相对应，工艺评定试验要使用与实际生产相同的钢材及焊接材料。为了减少试验结果的人为因素，工艺评定试验应由技术熟练的焊工施焊。进行工艺评定试验时，必须要考虑其他因素。工艺评定试验要根据有关的标准及规则进行，如理化分析标准、力学性能标准、无损检验标准、焊接方法标准等。

（3）确定工艺规程文件。工艺规程文件应由企业的技术主管部门根据工艺评定试验的结果并结合实践经验确定。对于重要产品，还应通过产品模拟件的复核验证之后最终确定。最终确定的工艺规程是产品生产中必须遵循的法则。

3. 对焊前、焊中、焊后及产品检验与验收的要求

（1）焊前准备。产品制造中的放样、下料应按有关的工艺要求进行，坡口形式、尺寸、公差及表面质量应符合有关标准或技术条件要求规定。当产品技术条件中要求对母材进行焊前处理时，应按确定的工艺规程进行。

（2）组焊。产品的组焊必须严格遵循焊接工艺规程，参加组焊的焊工应是按有关标准考试合格并取得相应资格的焊工，在生产现场，要有必要的技术资料，在不利的气候条件下，要采取特殊的措施，要仔细地焊接或拆除装配定位板，根据工艺要求，可以进行适当的焊后修整。

（3）焊后处理。当产品技术条件中要求进行焊后处理（如消除应力处理）时，应按产品的热处理工艺进行。

（4）焊接修复。进行焊接修复时，要根据有关标准、法规、认真制订修复程序及修复工艺，并严格遵照执行。

（5）产品检验与验收。检验应按有关的标准、规则进行。检验结果不合格，应按有关规定进行复验，复验不合格，则产品不合格。检验与产品的制造密切相连。检验应贯穿于整个制造过程。

生产活动中的"三按"：按图样、按工艺、按技术标准。出现质量问题和质量事故时的"三不放过"：没有查清原因不放过，没有定出改进措施不放过，没有总结经验教训不放过。

（六）焊接质量管理对企业的要求

为提高和保证以钢材焊接为主要制造方法的企业产品质量，国家标准 GB/T 12468—1990 对生产企业的技术装备、人员素质和技术管理等方面做了统一的基本要求。

（1）对企业技术装备的要求。企业必须拥有相应的装置和设备，以保证焊接工作顺利完成。

（2）对企业人员素质的要求。企业必须具有一定的技术力量，包括具有相应学历的各类专业技术人员和具有一定技术水平的各种技术工种的工人，其中焊工和无损检验人员必须经过培训或考试合格并取得相应证书。

（3）对企业技术管理的要求。企业应根据产品类别设置完整的技术管理机构，建立健全各级技术岗位责任制和厂长或总工程师技术负责制。

（4）企业说明书的内容与格式。企业说明书可在承揽制造任务或投标时作为企业能力的说明，必要时也可作为企业认证的基础文件，经备查核实后作为有关机关核定制造产品范围的依据。根据国家标准 GB/T12468—1990 填写企业说明书。

（5）证书。按有关管理条例、技术法规要求凡是进行申请认证的企业，可由国家技术监督局或有关主管部门及其授权的职能机构，根据企业申请及企业说明书对企业进行考察，全面验收后授予证书。

操作说明

一、操作要点

焊件装配及定位焊、打底焊、盖面焊。骑坐式管板焊因采用二层两道焊，故层间清渣一定要仔细，防止焊缝夹渣。

二、焊前准备

（1）启动焊机安全检查：焊前检查电源 NBC–250 焊机、送丝机构及所用工具，一切均无问题方可使用，调试电流。

（2）焊件加工：工件采用适合于焊接的 Q235A 低碳钢管、板各一件，其尺寸标准为管径ϕ60mm × 100mm × 6mm（管厚），一端开 50°坡口。板规格为 100mm × 100mm × 12mm，先在板上加工出直径与管同样内径ϕ48 的孔，焊件平整无变形。

（3）焊件的清理：用锉刀、砂轮机、钢丝刷等工具，清理坡口两面 20mm 范围内的铁锈、氧化皮等污物，直至露出金属光泽。

（4）焊材的选择：焊丝型号为 H08Mn2SiA，直径 1.2 mm，表面干净整洁无折丝现象。瓶装 CO_2 气体，气体纯度为 99.5%以上。

（5）焊件装配及定位焊：将试件放入组装槽内，使之在同轴线上，不得有错边现象，留出合适的间隙，试件组对形式如图 3-13 所示。因管径为ϕ60 故用二点定位，采用与焊接时相同的焊丝进行定位焊。定位焊的位置以 120°夹角定两处，点固焊长度：10~15mm，错边量≤0.5mm，定位焊缝焊完后，焊缝两端应用砂轮打磨成斜坡状，以利于接头。放置于焊接架上，准备进行焊接。

三、操作步骤

骑坐式管板的焊接难度较大，操作者在练习的过程中要掌握转动手腕动作，以及焊枪角度和电弧的对中位置，能够熟练地根据熔孔的大小控制背面焊道的成型，并焊

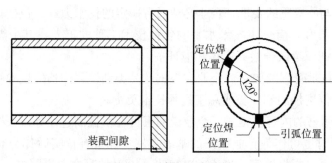

图 3-13　试件组对形式

出匀称美观的焊脚。

本例骑坐式水平固定焊单面焊双面成型 CO_2 气体保护焊的基本操作技术包括：打底焊、盖面焊，因管壁较薄只需要两层两道焊，采用左焊法。打底焊要求单面焊双面成型。

（一）打底焊

应保证得到良好的背面成型，要求单面焊双面成型。分两个半圈焊接。

在 5：30 左右位置的定位焊缝上引弧，形成熔孔后，进入正式焊接，首先按顺时针方向焊半圈，电弧重心要放在孔板一侧。打底焊仰焊部位焊接时，为获得较为饱满的背面焊缝成型焊枪作横向摆动时速度应稍快，为防止熔池中心产生高热造成焊缝下坠，焊接熔孔尺寸应比平焊位置时小些。焊接位置由仰焊至立焊时，焊枪横向摆动速度应逐步放慢，焊接时电弧在管和板上要稍作停留，并在板侧的停留时间要长一些。当焊至 9 点钟位置时，应中止焊接，调整焊工身体位置，以保证最佳的焊枪角度，从立焊到平焊位置时，为防止液态金属淌入背面焊缝，应适当减小熔孔尺寸，焊枪摆动在管板中间速度加快，至管板两侧应适当停顿。焊至顶部 12 点钟位置时，应继续向前施焊 10mm 左右停弧。顺时针方向的一半焊完后将始焊处和终焊处用砂轮修磨成斜坡状，以利于接头，然后再开始另外半部分的焊接，操作方法与前半部分的焊接方法相同。

收弧和接头。停弧要在坡口边缘，收弧后，焊枪不要立即离开熔池，待熔池完全凝固后再移开焊枪。接头前先将坡口内的飞溅物清理干净，若熔池尚处在高温状态时，可立即在熔池上端引弧焊接，待形成新的熔孔后即可恢复正常焊接。若熔池已从高温冷却下来，应用角磨机将接头处打磨成斜坡状，然后再接头。

打底操作要点。从以上焊接过程的分析可知，骑坐式水平固定 CO_2 气体保护焊操作要点是：操作过程中焊接位置由仰位到平位不断发生变化，焊枪角度和焊枪横向摆动的速度、幅度及在管板两侧停留时间均应随焊接位置的变化而变化。为保证背面焊缝良好成型，应控制好熔孔尺寸，在仰焊位置时，为防止液态金属下淌，造成内凹，熔孔应小些，立焊时，熔池对液态金属有托扶作用，熔孔可以大些；在平焊位置时液态金属易流向背面保缝，熔孔应适当缩小。

（二）盖面焊

盖面层焊接前将打底层焊缝表面清理干净，盖面层焊接操作方法：焊枪角度和焊枪横向摆动方法与打底层焊接时基本相同，但焊枪摆动幅度要大些，注意在管板两侧适当停顿，以保证焊缝两侧熔合良好。接头时，引弧点要在焊缝的中心上方，引弧后稍作稳定，即将电弧拉向熔池中心进行焊接。盖面层焊接时焊接速度要均匀，熔池深入管板两侧尺寸要一致，以保证焊缝成型美观。

四、焊缝清理

焊接结束后，清渣处理。主要清理焊件表面的焊渣、焊接飞溅物、氧化物等。在焊接检验前，不得对焊接缺陷进行修改。焊缝应处于原始状态。清理焊件表面的焊渣、焊接飞溅物，一定要戴好护目镜。

五、焊缝质量检验

外观检查一般以肉眼观察为主，有时用 5~20 倍的放大镜进行观察。

焊缝正、反两面不得有气孔、夹渣、焊瘤、未熔合缺陷，未焊透长度小于焊缝全长的 10%，深度不大于 15%管壁，且不超过 1.5mm，背面凹陷深度不大于 2mm，长度不超过焊缝有效长度的 10%。

焊接结束，关闭焊接电源、气源，工具复位，清理、清扫现场，检查安全隐患。

【检查】

（1）CO_2 气体保护焊骑坐式水平固定焊完成情况检查。

（2）记录资料。

（3）文明实训。

（4）实施过程检查。

【评价】

过程性考核评价如表 3-23 所示；实训作品评价如表 3-24 所示；最后综合评价按表 3-25 执行。

表 3-23　CO_2 气体保护焊骑坐式水平固定焊过程评价标准

考核项目		考核内容	配分
职业素养	安全意识	执行安全操作规程，安全操作技能，安全意识。如有违反，由考评员扣 1 分/项	10
	文明生产	做到对现场或岗位进行整理、整顿、清扫、清洁，文明生产。如不符合要求，由考评员扣 1 分/项	10
	责任心	有主人翁意识，工作认真负责，能为工作结果承担责任。如不符合要求，由考评员扣 1 分/项	10
	团队精神	有良好的合作意识，服从安排。如不符合要求，由监考员扣 1 分/项	10
	职业行为习惯	成本意识，操作细节。如不符合要求，由考评员扣 1 分/项	10

续表

考核项目		考核内容	配分
职业规范	工作前的检查	安全用电及安全防护、焊前设备检查。如不符合要求,由考评员扣1分/项	10
	工作前准备	场地检查、工量具齐全、摆放整齐、试件清理。如不符合要求,扣1分/项	10
	设备与参数的调节	参数符合要求、设备调节熟练、方法正确。如不符合要求,扣2分/项	10
	焊接操作	定位焊位置正确,引弧、收弧正确、操作规范;试件固定的空间位置符合要求。如不符合要求,扣2分/项	10
	焊后清理	关闭电源,设备维护、场地清理,符合6S标准。如不符合要求,由考评员扣1分/项	10

表 3-24　实训作品评价标准

姓名		学号		作品总得分	
项目	考核要求	分值	扣分标准	检验结果	各项得分
焊缝宽度	8~10mm	10	超差不得分		
焊缝凸度	0~3mm	10	超差不得分		
焊缝表面咬边	深度≤0.5mm	10	超差不得分		
未焊透	深度≤15%壁厚	5	超差不得分		
管板垂直度	90°±1°	5	出现缺陷不得分		
未熔合	无	8	出现缺陷不得分		
气孔	无	8	出现缺陷不得分		
夹渣	无	8	出现缺陷不得分		
焊瘤	无	8	出现缺陷不得分		
背面凹坑	≤1mm	8	超差不得分		
通球试验	球径为管内径的85%	10	球通不过不得分		
焊缝表面成型	波纹均匀,成型美观	10	根据成型酌情扣分		

表 3-25　综合评价表

学生姓名_____　　　　　　　　　　　　　　　　学号_____

评价内容		权重(%)	自我评价 占总评分(10%)	小组评价 占总评分(30%)	教师评价 占总评分(60%)
应知	笔试	10			
	出勤	10			
	作业	10			
应会	职业素养与职业规范	21			
	实训作品	49			
小计分					
总评分					

　　评价细则:综合评价表中应知部分的笔试、出勤、作业评价项及应会部分的职业素养与职业规范、实训作品评价项的各项分数按三方评价得出的分数乘以对应的权重

值最后累加得出总评分。

　　为突出技能，分值比例为应知：应会=3：7；职业素养与职业规范：实训作品=3：7。

任务思考

1. 通过实践操作，谈谈骑坐式水平固定 CO_2 气体保护焊的施焊方法及操作要领。

2. 骑坐式水平固定 CO_2 气体保护焊有哪些常见缺陷？如何避免？

3. 谈谈骑坐式水平固定 CO_2 气体保护焊焊件装配及定位焊注意事项。